AF210201

Carsten Rathgeber

Mathematik

Mathematik

(Grundlagen) für die (moderne) Welt

Dipl.-Ing. Carsten Rathgeber

FSC
www.fsc.org
MIX
Papier aus verantwortungsvollen Quellen
Paper from responsible sources
FSC® C105338

Bibliografische Information der Deutschen Nationalbibliothek: Die Deutsche Nationalbibliothek verzeichnet diese Publikation in der Deutschen Nationalbibliografie; detaillierte bibliografische Daten sind im Internet über http://dnb.dnb.de abrufbar.

Verlag: BoD · Books on Demand GmbH, In de Tarpen 42, 22848 Norderstedt

Druck: Libri Plureos GmbH, Friedensallee 273, 22763 Hamburg

ISBN: 978-3-7597-3161-6

Vorwort

„Ich behaupte aber, dass in jeder besonderen Naturlehre
nur so viel eigentliche Wissenschaft angetroffen werden könne,
als darin Mathematik anzutreffen ist."
Kant, Immanuel
Metaphysische Anfangsgründe der Naturwissenschaft, Vorrede

Mathematik ist in unserer Welt besonders bedeutsam für wissenschaftliche und technische Gestaltungen. Mit diesem Buch werden Grundlagen und Vertiefungsaspekte dargestellt, die aus dem Bereich der mittleren Ausbildungsjahre (Sekundarstufe I) bis zu den ersten Studienjahren reichen.

Die Inhalte werden knapp dargelegt und sind auch für die modernen Berufsausbildungen und weitergehenden Qualifizierungen geeignet.
Dabei eignet sich das Buch z. B. auch für Seiten- und Quereinsteiger der beruflichen Ausbildungen bzw. für entsprechende Studiengänge.
Es unterstützt selbstständige Lern- und Arbeitsprozesse.

Hinweise, die zur Verbesserung beitragen, nehmen Autor und Verlag jederzeit gerne auf.

Inhaltsverzeichnis

Werte

n	$n^{0,5}$	$n^{1/3}$	lg(n)	n!	n^2	n^3	1/n	$\exp(n) = e^n$
1	± 1	1	0	1	1	1	1	$e \cong 2{,}71828$
2	± 1,41421	1,259921	0,3010299	2	4	8	0,5	7,389056
3	± 1,73205	1,442249	0,47712122	6	9	27	0,3333	20,0855
4	± 2	1,58740	0,60206	24	16	64	0,25	54,598
5	± 2,23606	1,709975	0,698970	120	25	125	0,2	148,413
6	± 2,44948	1,81712	0,77815	720	36	216	0,1666	403,428
7	± 2,64575	1,91293	0,845098	5040	49	343	0,14285	1096,633
8	± 2,828427	2	0,903089	40320	64	512	0,125	2980,957
9	± 3	2,08008	0,954242	362880	81	729	0,111	8103,08
10	± 3,162277	2,154435	1	3628800	100	1000	0,1	22026,26
11	± 3,316624	2,223980	1,0413926	39916800	121	1331	0,0909	59874,14
12	± 3,46410	2,289428	1,0791812	479001600	144	1728	0,0833	162754,8
20	± 4,472135	2,7144176	1,3010299	$2{,}43290 \cdot 10^{18}$	400	8000	0,05	$4{,}8516 \cdot 10^{8}$
30	± 5,477225	3,1072325	1,47712125	$2{,}65252 \cdot 10^{32}$	900	27000	0,0333	$1{,}0686 \cdot 10^{13}$
50	± 7,07106	3,6840315	1,698970	$3{,}04140 \cdot 10^{64}$	2500	125000	0,02	$5{,}1847 \cdot 10^{21}$
100	± 10	4,6415888	2	$9{,}33262 \cdot 10^{157}$	10000	1000000	0,01	$2{,}6881 \cdot 10^{43}$
500	± 22,3606	7,937005	2,69897	$1{,}2201 \cdot 10^{1134}$	250000	$1{,}25 \cdot 10^{8}$	0,002	$1{,}4035 \cdot 10^{217}$

Elementare Winkelwerte

φ in deg	φ in rad	sin(φ)	cos(φ)	tan(φ)
0,1°	0,001745	0,00174532	0,99999847	0,00174533
1°	0,017453	0,01745240	0,99984769	0,01745506
2°	0,034906	0,03489949	0,99939082	0,03492076
5°	0,087266	0,08715574	0,99619469	0,08748866
10°	0,174532	0,17364817	0,98480775	0,17632698
20°	0,349065	0,34202014	0,93969262	0,36397023
22,5°	0,392699	0,38268343	0,92387953	0,41421356
25°	0,436332	0,42261826	0,90630778	0,46630765
30°	0,523598	0,5	0,86602540	0,57735026
40°	0,698131	0,64278760	0,76604444	0,83909963
45°	0,785398	0,70710678	0,70710678	1
50°	0,872664	0,76604444	0,64278760	1,19175359
60°	1,047197	0,86602540	0,5	1,73205080
70°	1,221730	0,93969262	0,34202014	2,74747741
80°	1,396263	0,98480775	0,17364817	5,67128181
90°	1,570796	1	0	∞
135°	2,356194	0,70710678	-0,70710678	-1
180°	3,141592	0	-1	0
270°	4,712388	-1	0	∞
360°	6,28318	0	1	0
720°	12,5663	0	1	0
1000°	17,4532	-0,984807	0,17364817	-5,6712818
57,295°	1	0,8414709	0,54030230	1,55740772

Symbole

Alpha	Α, α	Epsilon	Ε, ε	Iota	Ι, ι	Nü	Ν, ν	Rho	Ρ, ρ	Phi	Φ, ϕ, φ
Beta	Β, β	Zeta	Ζ, ζ	Kappa	Κ, κ	Xi	Ξ, ξ	Sigma	Σ, σ	Chi	Χ, χ
Gamma	Γ, γ	Eta	Η, η	Lambda	Λ, λ	Omicron	Ο, ο	Tau	Τ, τ	Psi	Ψ, ψ
Delta	Δ, δ	Theta	Θ, η	Mü	Μ, μ	Pi	Π, π	Üpsilon	Υ, υ	Omega	Ω, ω

SI-Präfixe (Festlegung gemäß DIN 1301)

Symbol	Name	Größe	Benennung
Y	Yotta	$(10^3)^8 = 10^{24}$	Quadrillion
Z	Zetta	$(10^3)^7 = 10^{21}$	Trilliarde
E	Exa	$(10^3)^6 = 10^{18}$	Trillion
P	Peta	$(10^3)^5 = 10^{15}$	Billiarde
T	Tera	$(10^3)^4 = 10^{12}$	Billion
G	Giga	$(10^3)^3 = 10^9$	Milliarde
M	Mega	$(10^3)^2 = 10^6$	Million
k	Kilo	$(10^3)^1 = 10^3$	Tausend
h	Hekto	10^2	Hundert
da	Deka	10^1	Zehn
d	Dezi	10^{-1}	Zehntel
c	Zenti	10^{-2}	Hundertstel
m	Milli	$(10^{-3})^1 = 10^{-3}$	Tausendstel
μ	Mikro	$(10^{-3})^2 = 10^{-6}$	Millionstel
n	Nano	$(10^{-3})^3 = 10^{-9}$	Milliardstel
p	Piko	$(10^{-3})^4 = 10^{-12}$	Billionstel
f	Femto	$(10^{-3})^5 = 10^{-15}$	Billiardstel
a	Atto	$(10^{-3})^6 = 10^{-18}$	Trillionstel
z	Zepto	$(10^{-3})^7 = 10^{-21}$	Trilliardstel
y	Yokto	$(10^{-3})^8 = 10^{-24}$	Quadrillionstel

Binärpräfixe (IEC-Präfixe zur Basis 2)

IEC: International **E**lectrotechnical **C**ommission

Symbol	Name	Größe
Ki	kibi	$2^{10} = 1024^1 = 1.024$
Mi	mebi	$2^{20} = 1024^2 = 1.048.576$
Gi	gibi	$2^{30} = 1024^3 = 1.073.741.824$
Ti	tebi	$2^{40} = 1024^4 = 1.099.511.627.776$
Pi	pebi	$2^{50} = 1024^5 = 1.125.899.906.842.624$
Z	exbi	$2^{60} = 1024^6 = 1.152.921.504.606.846.976$
Zi	zebi	$2^{70} = 1024^7 = 1.180.591.620.717.411.303.424$
Yi	yobi	$2^{80} = 1024^8 = 1.208.925.819.614.629.174.706.176$

Informationseinheiten

- 1 Byte = 8 bit (1 Byte entspricht einem Oktett)
- B: Byte
- b: bit
- $[I(a_i)] = [-\log_2(p(a_i))] = [-\mathrm{ld}(p(a_i))]$ = bit
- $[I(a_i)] = [-\log_e(p(a_i))] = [-\ln(p(a_i))]$ = nat
- $[I(a_i)] = [-\log_{10}(p(a_i))] = [-\lg(p(a_i))]$ = Hartley

Umrechnungen

1 Ki ≡ 1024; 1 Mi ≡ 1048576; 1 k ≡ 1024; 1 M ≡ 1000000

Symbol	Erläuterung / Hinweis
=	gleich
≠	nicht gleich; ungleich
:=; $=_{\delta\epsilon\phi}$	gleich gemäß Definiton
≈	in etwa
≅	gleich bzw. fast; nahezu gleich; ungefähr
≡	entspricht
~	proportional zu
<	kleiner als
>	größer als
>>	sehr viel größer
<<	sehr viel kleiner
≥	kleiner als oder gleich
≤	größer als oder gleich
+	und, plus
–	weniger, minus
·	mal, multipliziert
/	geteilt durch, dividiert
!	Fakultätszeichen (z. B.: 3! = 1 · 2 · 3 = 6)
%	Prozentzeichen
∞	unendlich
ℵ; ℵ₀	Aleph; Aleph$_{\text{Null}}$

Symbol	Erläuterung / Hinweis
∈	Element von; ist Element von
∉	kein Element von; ist nicht Element von
{ }	Menge
{ ξ | ξ = ... }	Menge aller x, für die gilt
∅	leere Menge
⊂	ist Teilmenge von
⊄	ist nicht Teilmenge von
⊆	Teilmenge bzw. unechte Teilmenge von
∩	Durchschnitt; geschnitten mit
∪	Vereinigung; vereinigt mit
∴	ohne; Differenzmenge
/	und; Element von a und von b
∧	oder; Element von a oder von b
∨	
→	daraus folgt; aus … folgt; folglich ist
∀	für alle
∃	es existiert genau
¬	Negation
Σ	Summe
′	Ableitung
∂	Differenzial
∫	Integral

Grundbegriffe der Mathematik

Gleichungen, Benennungen, Bezeichnungen

$a = b$	a ist gleich b	$\sim$	ist proportional, bzw. steht für Gleichmächtigkeit
$a \neq b$	a ist ungleich b	$\neg$	Negation
$a := b$	a wird durch b definiert	$\geq$	ist größer oder gleich
$a =: b$	definitionsgemäß ist a gleich b	$\leq$	ist kleiner oder gleich
$\equiv$	… ist identisch gleich …	$\forall$	Allquantor (für alle)
$\cong$	ist gleich (angenähert)	$\exists$	Existenzquantor
$\approx \sim$	ist ungefähr gleich	$\rightarrow$	strebt gegen

Gleichung, Regel, Schreibweisen	Bezeichnung; Erklärung; Hinweise
a; b; …;	Variable $\equiv$ Platzhalter; Terme $\rightarrow$ mit Rechenoperationen verknüpfte Zahlen bzw. Variable
$a + b = c$	a: Summand; b: Summand; a + b: Summenterm; c: Summenterm
$a - b = c$	a: Minuend; b: Subtrahend; a - b: Differenzterm; c: Differenzterm
$a \cdot b = c$	a: Faktor; b: Faktor; $a \cdot b$: Produktterm; c: Produktterm
$a/b = \frac{a}{b} = a : b = c$	a: Zähler b: Nenner; a / b: Bruchterm; c: Bruchterm
x	x: Variable
f(x)	Funktion f in Abhängigkeit von der Variable x
t(n)	Funktion t in Abhängigkeit von n
$2 \cdot a = a \cdot 2 = a + a$	A: Variable; 2: Koeffizient (Faktor)
$a \cdot 1 = a = 1 \cdot a$	Einselement
$a \cdot 0 = 0 = 0 \cdot a$	Nullelement
$a + b = b + a$	Die Addition ist kommutativ für $a, b \in \mathbb{R}$
$a \cdot b = b \cdot a$	Die Multiplikation ist kommutativ für $a, b \in \mathbb{R}$
$a + b + c = a + (b + c) = (a + b) + c$	Die Addition ist assoziativ für $a, b, c \in \mathbb{R}$
$a \cdot b \cdot c = a \cdot (b \cdot c) = (a \cdot b) \cdot c$	Die Multiplikation ist assoziativ für $a, b, c \in \mathbb{R}$
$(a + b) \cdot c = a \cdot c + b \cdot c$	Die Addition und Multiplikation sind distributiv $a, b, c \in \mathbb{R}$
$(a + b) \cdot (c + d) = ac + ad + bc + bd$	$(a + b) \cdot (c + d) = (a + b) \cdot c + (a + b) \cdot d$ ¦ $(a + b) \cdot (c + d) = (c + d) \cdot a + (c + d) \cdot b$

Exponenten und Wurzeln

$a \cdot a = a^2$	a: Basis; a^2: Potenzterm; 2 [^2 $\rightarrow$ $(\ )^2$]: $\rightarrow$ Exponent
$a^0 = a^{1-1} = a^1 \cdot a^{-1} = a/a = 1$	
$a^{-b} = 1/a^b$	$(a^{1/m})^n = a^{n \backslash m} = \sqrt[m]{a^n}$
$b \cdot a^n + c \cdot a^n = (b + c) \cdot a^n$	$(a^n)^m = a^{nm} = a^{n \cdot m}$
$a^n \cdot a^m = a^{n+m}$	$a^{1/m} \cdot b^{1/m} = (ab)^{1/m}$
$a^n \cdot b^n = (ab)^n$	$a^{1/m} \backslash b^{1/m} = (a/b)^{1/m}$
$a^n/b^n = (a/b)^n$	$(a^{1/m})^{1/n} = a^{1/m \cdot n} = \sqrt[n \cdot m]{a}$

Logarithmen

$\log_a b = c$	Log: Logarithmus; a: Basis; b: Numerus; n: Logarithmus	$\log_a$
$\log_a b^n = n \cdot \log_a b$	Definition	n = 2: log dualis
$\log_a(ef) = \log_a e + \log_a f$	Logarithmus von einem Produkt	n = e: log naturalis
$\log_a(e/f) = \log_a e - \log_a f$	Logarithmus von einem Quotienten	n = 10: log dekadischer
$\log_a b^n = n \cdot \log_a b$	Logarithmus einer Potenzfunktion	
$\log_a b^{1/n} = (1/n) \cdot \log_a b$	Logarithmus einer Wurzelfunktion	$\log_n b = \log_m b / \log_m n$

Rechengesetze		Elementare Beziehungen	
Kommutativgesetz	$a + b = b + a$; $a \cdot b = b \cdot a$	$A = A$	Reflexivität
Assoziativgesetz	$a + (b + c) = (a + b) + c$	$A = B \rightarrow B = A$	Symmetrie
	$a \cdot (b \cdot c) = (a \cdot b) \cdot c$	$A = B \wedge B = X \rightarrow A = X$	Transitivität
Distributivgesetz	$a \cdot (b + c) = a \cdot b + a \cdot c$		

Zahlen

Definition der Zahl

(nach Peano)

1. Null ist eine Zahl.
2. Der Nachfolger irgendeiner Zahl eine Zahl.
3. Es gibt nicht zwei Zahlen mit demselben Nachfolger.
4. Null ist nicht der Nachfolger irgendeiner Zahl.
5. Jede Eigenschaft der Null, die auch der Nachfolger jeder Zahl mit dieser Eigenschaft besitzt, kommt allen Zahlen zu.

Zahlmengen

- **N**: Menge der natürlichen Zahlen
  |N = **N** = {0; 1; 2; 3; 4; 5; ...}
- In der DIN 5473 (92-07) aus dem Jahr 1992 wurde festgelegt, dass auch die Null zur Menge |N gehört.
- **|Z**: Menge der ganzen Zahlen |Z = **Z** = {0; ± 1; ± 2; ± 3; ± 4; ...}
- **|Q**: Menge der rationalen Zahlen
  |Q = **Q** = {p /q | p ∈ **|Z**; q ∈ **N** \ {0} }
- **|R**: Menge reelle Zahlen; |R = **R**
- **|C**: Menge der komplexen Zahlen: |C = **C**
  z ∈ **C** mit z = x + i · y; x ∈ **R**; y ∈ **R** und $i^2 = -1$

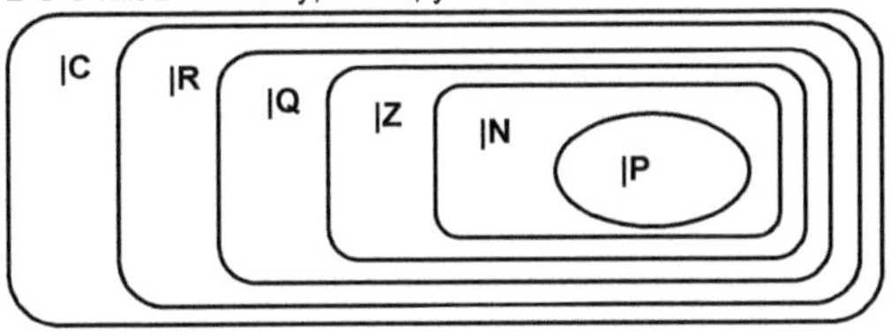

- Die Elemente der Primzahlmenge (**|P**) sind natürliche Zahlen.
- Mengenbeziehungen: |P ⊂ |N ⊂ |Z ⊂ |Q ⊂ |R ⊂ |C

Komplexe Zahlen: Basisdefinitionen

- **Kartesische Form**: für z ∈ |C gilt: z = x + i · y
  mit x ∈ R, y ∈ R und $i^2 = -1$, also $\sqrt{-1} = \pm\ i$
  z - komplexe Zahl
  x - Realteil von z: x = Re{z}; y – Imaginärteil von z: y = Im{z}
- $\bar{z}$ - konjugiert komplexe Zahl zu z
  $\bar{z} = x - i \cdot y$ zu $z = x + i \cdot y$
- Betrag („Länge") von z: $|z| = (x^2 + y^2)^{0,5}$
  |z| = r: Abstand vom Nullpunkt
- **Trigonometrische Form**:
  $z = r \cdot (\cos(\varphi) + i \cdot \sin(\varphi)) = r \cdot \exp(i \cdot \varphi)$
  $\varphi = \arg(z)$; $|z| = \sqrt{a^2 + b^2} = r$; $\cos(\varphi) = a/r$; $\sin(\varphi) = b/r$
- **Eulersche Formel**: $\exp(i\varphi) = \cos(\varphi) + i \cdot \sin(\varphi)$

Quersumme

Die einzelnen Zahlziffern werden addiert.
Die Summe der Ziffern ist die Quersumme.

Division

- a teilt b: a | b (Somit gilt: a · x = b mit a, b, x ∈ |Z)
- a teilt nicht b: a |/ b

Teilbarkeitsregeln

1. a | b und b | c → a | c
2. a | b und a | c → a | (b + c)
3. a | b → a | b · c
4. a | b_1, ... a | b_n → a | (b_1 + ... + b_n)
5. a · b = a · c → b = c

Teilbarkeit

- Teilbarkeit einer Zahl a durch eine Zahl b ist dann gegeben, wenn die Zahl a ohne Rest durch die Zahl b teilbar ist.
- b | a: a ist teilbar durch b. b ist der Teiler von a.

Größter gemeinsamer Teiler (ggT)

- d ist gemeinsamer Teiler von a und b, wenn gilt: d | a und d | b
- ggT(a, b) = 1 → a und b sind teilerfremd

Teilbarkeit mit Rest

a = q · b + r (a ≠ 0; b ≠ 0) → ggT(a, b) = ggT(b, r)

Teilbarkeit mit Rest

a = q · b + r (a ≠ 0; b ≠ 0) → ggT(a, b) = ggT(b, r)

Kleinste gemeinsame Vielfache (kgV)

- a ∈ |Z; b ∈ |Z; a ≠ 0; b ≠ 0
- kgV(a,b) ist das kleinste gemeinsame Vielfache von a und b
- kgv(m · a, m · b) = m · kgv(a, b)
- **ggT** und **kgV**: ggT(| a |, | b |) · kgV(a, b) = | a | · | b |

Rechenregeln

1. ggT(a, b) = ggT(b, a)
2. ggT(a, b) = ggT(- a, b)
3. ggT(a, b) = ggT(a - b, b)
4. d = ggT(a, b) → ggT(a/d, b/d) = 1
5. ggT(a, b) → ggT(a mod b, b)

Teilbarkeitsregeln

Teiler	Regel
1	Jede Zahl ist durch 1 teilbar.
2	Jede gerade Zahl ist durch 2 teilbar.
3	Die Quersumme der Zahl muss durch 3 teilbar sein. 9234 → 18 → 9: teilbar durch 3
4	Die Zahl aus den beiden kleinsten Zahlstellen (10^1 und 10^0) muss durch 4 teilbar sein. 38924 → 24 ist durch 4 teilbar: 38924 ist teilbar.
5	Die letzte Zahl ist eine 0 oder 5.
6	Die Quersumme muss durch 3 teilbar sein. Und die Zahl muss gerade sein. 379752 → Quersumme: 33 → ist durch 3 teilbar; da die Zahl gerade ist, ist sie durch 6 teilbar.
7	Die alternierende 3er Quersumme (→ 3-q) muss durch 7 teilbar sein. 45772874 → 3-q → + 045 - 772 + 874 = 14 → ist durch 7 teilbar.
8	Eine Zahl ist durch 8 teilbar, wenn die aus ihren letzten 3 Ziffern gebildete Zahl durch 8 teilbar ist. 123456 → 456 ist durch 8 teilbar.
9	Die Quersumme der Zahl muss durch 9 teilbar sein.

Euklidischer Algorithmus zur ggt-Bestimung

Eingabe: a und b (a ∈ |N; b ∈ |N)

(1) x = a und y = b
(2) y = 0, dann ist das Ergebnis: ggT(a, b) = x
(3) y ≠ 0, dann sei
r = x mod y; x = y; y = r; Rückkehr zur Position (2).

[→ Basis für die Bestimmung von Kettenbrüchen.]

Erweiterter Euklidischer Algorithmus

a ∈ |Z; b ∈ |Z; a ≠ 0; b ≠ 0; ggT(a, b) = s · a + t · b

Zahlen

Primzahlen

- Definition: Eine ganze Zahl, die nur durch sich selbst und durch eins ohne Rest teilbar ist, ist eine Primzahl (p).
  |P: Menge der Primzahlen; $p \in |P$
- Alle natürlichen Zahlen besitzen eine eindeutige Primfaktorzerlegung: $n = \prod_{p \in |P} p^{VT(n;p)}$, wobei VT angibt, wie oft p Teiler von n ist.
- Z. B.: $72 = 2^3 \cdot 3^2 \cdot 3$; $74 = 2 \cdot 37$; $78 = 2 \cdot 3 \cdot 13$

2, **3, 5, 7**, **11, 13, 17, 19**, 23, **29, 31**, 37, 41, 43, 47, 53, **59, 61**, 67
71, 73, 79, 83, 89, 97, **101, 103**, **107, 109**, 113, 127, 131, 139, 149
151, 157, 163, 167, 173, **179, 181, 191, 193, 197, 199**, 211, 223
227, 229, 233, **239, 241**, 251, 257, 263, 269, 271, 277, **281, 283**
293, 307, **311, 313**, 317, 331, 337, **347, 349**, 353, 359, 367, 373
379, 383, 397, 401, 409, **419, 421, 431, 433**, 439, 443, 449, 457
461, 463, 467, 479, 487, 491, 499, 503, 509, **521, 523**, 541, 547
557, 563, **569, 571**, 577, 587, 593, **599, 601**, 607, 613, **617, 619**
631, **641, 643,** 647, 653, **659, 661**, 673, 677, 683, 691, 701, 709
719, 727, 733, 739, 743, 751, 761, 769, 773, 787, 797, **809, 811**, **821**
823, 827, 829, 839, 853, **857, 859**, 863, 877, **881, 883**, 887, 907, 911
919, 929, 937, 941, 947, 953, 967, 971, 977, 983, 991, 997, 1009

Primteiler

$n \in |Z$. p ist eine Primzahl. Es sei: $p \lfloor n$. Dann ist p ein Primteiler von n.

Zahl – Primzahlpotenzdarstellung

Zahl	Prim-Potenz	Zahl	Prim-Potenz
$4 = 2^2$	2	$14 = 2^1 \cdot 7^1$	2
$5 = 5^1$	1	$15 = 3^1 \cdot 5^1$	2
$6 = 2^1 \cdot 3^1$	2	$16 = 2^4$	4
$7 = 7^1$	1	$17 = 17^1$	1
$8 = 2^3$	3	$8 = 2^1 \cdot 3^2$	3
$9 = 3^2$	2	$19 = 19^1$	1
$10 = 2^1 \cdot 5^1$	2	$20 = 2^2 \cdot 5^1$	3
$11 = 11^1$	1	$21 = 3^1 \cdot 7^1$	2
$12 = 2^2 \cdot 3^1$	3	$22 = 2^1 \cdot 11^1$	2
$13 = 13^1$	1	$23 = 23^1$	1

Primzahlen - Kurvenverlauf

Primzahlen bis 100:
2, 3, 5, 7,
11, 13, 17, 19,
23, 29,
31, 37,
41, 43, 47,
53, 59,
61, 67,
71, 73, 79,
83,
91, 97

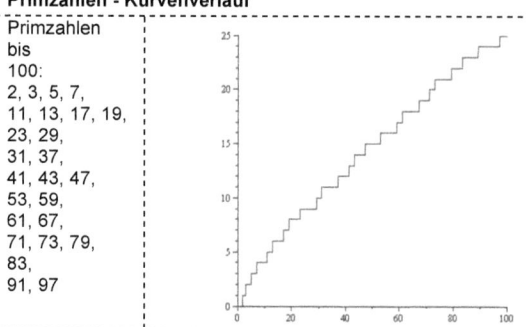

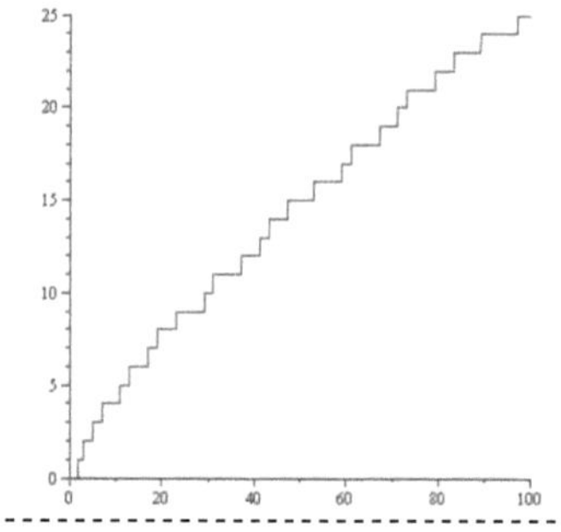

Primzahlbeziehungen

- Wenn $2^n - 1$ prim ist, dann ist n prim.
- $p \equiv 1 (\text{mod } 4) \rightarrow (p - 1)/2$ ist gerade
- $p \equiv 3 (\text{mod } 4) \rightarrow (p - 1)/2$ ist ungerade

Siebe

- Vorgehensweisen verstanden, durch die systematisch Zahlen als Nicht-Primzahlen erkannt werden können. Von Bedeutung sind nur Zahlen mit ungeraden Endungen.
- Auch sind Zahlen mit den Endungen 0, 2, 4, 5, 6, 8 keine Primzahl. Dabei sind 2 und 5 aber prim.
- Vielfache von Primzahlen – wie $n \cdot 3$ (3; 6; 9; 12; ...) oder $n \cdot 13$ (= 13; 26; 39; 52; 65; ...) sind ebenfalls nicht prim.

Sieb des Eratosthenes

Idee: Alle Primzahlen und echten Vielfachen der Primzahlen werden gestrichen. Es bleiben die unbekannten Primzahlen erhalten.

Algorithmus (Sei $n \in |N$):

1. P = {2; 3; ... ; n}
   i = 1 (p_i ist das i-te Element von P}
2. p_i existiert nicht. Oder aber $p_i > n^{0,5}$: gehe zu Pos (4.)
3. Entferne alle Vielfache von p_i aus P.
   (Entferne: $k \cdot p_i$ aus P; $k \in |N$ und $2 \leq k \leq n / pi$.
   Setze: i = i + 1. - Gehe zu 2.
4. Ausgabe von P und Abschluss.

Primzahlzwillinge; Primzahldrillinge

- p: Primzahl
- (p, p + 2) ist ein Primzahlzwilling, wenn p + 2 auch prim ist.
- (p, p + 2, p + 4) ist ein Primzahldrilling, p + 2 und p + 4 auch Primzahlen sind.
- Es gibt mit (3, 5, 7) nur einen Primzahldrilling

Zusammengesetzte Zahl

- Jede Zahl n > 1, die nicht prim ist, ist zusammengesetzt.
- 1 ist dabei keine Primzahl.
- Jede zusammengesetzte Zahl n hat zumindest einen Primteiler p mit $1 < p \leq n^{0,5}$

Primfaktorzerlegung

- Jede Zahl $n \in |Z$ ist ein Produkt von Primzahlen.
- Die Primzahlen sind eindeutig bestimmt.

Mersenne'sche Primzahlen

- $M_n = 2^n - 1$; bekannt sind (Jahr 2010) 47 Zahlen.
- Vermutlich gibt es unendlich viele Mersenne'sche Primzahlen.
- Z. B.: 3 (p=2); 7 (p=3); 31 (p=5); 127 (p=7); 8191 (p=13); 131071 (p=17); 524287 (p=19); 2147483647 (p=31); ...
- Eine vollkommene Zahl korrespondiert jeweils mit M_n.

Teiler einer Primzahl

Teiler von p: 1 und p; $\tau(p) = 2$
Teiler von p^n: 1, p, p^2, p^3, ... , p^n; $\tau(p^n) = n + 1$

Kanonische Primfaktorzerlegung

Für $n \in |Z$ mit $n \notin \{-1, 0, 1\}$ gilt:
$n = \pm p_1^{e1} \cdot p_2^{e2} \cdots p_r^{er}$ ($\rightarrow$ kanonische Primfaktorzerlegung)
$p_1, p_2, \ldots p_r$: Primzahlen
$e_1, e_2, \ldots, e_r$: Exponenten (ganzzahlig mit $e_i \geq 1$)

Größte bekannte Primzahlen

Dies verändert sich durch Computeranalysen immer wieder:
$2^{521} - 1$; $2^{607} - 1$; $2^{2281} - 1$; $2^{1257787} - 1$; $2^{6972593} - 1$; $2^{13466917} - 1$; $2^{24036583} - 1$; $2^{25964951} - 1$

Zahlen

Teilerfremde Zahlen

- Zahlen, die keine gemeinsamen Teiler haben, sind teilerfremd.
  Beispiele: $\varphi(6) = 2$ (teilerfremde Zahlen zur 6 sind: 1; 5)
  $\varphi(8) = 4$ (teilerfremd zur 8 sind: 1; 3; 5; 7)
- Primzahlen haben nur teilerfremde Zahlen; $\varphi(p) = p - 1$.
- **Teilerfremde Zahlen**: Für die Anzahl $\varphi(n)$ der teilerfremden Zahlen zur Zahl n gilt:

n	**1**	**2**	**3**	**4**	**5**	**6**	**7**	**8**	**9**
$\varphi(n)$	1	1	2	2	4	2	6	4	6
n	10	11	12	13	14	15	16	17	18
$\varphi(n)$	4	10	4	12	6	8	8	16	6

Teiler einer Zahl

p, q sind Primzahlen. $n \in |N$. $d \mid n$ mit $d > 0$.
$\tau(n)$: Teileranzahlfunktion
τ: $|N \to |N$; $\tau(n) = \sum 1$ (1 jeweils für $d \mid n$)
$\tau(1) = 1$ (und dies ist auch nur bei n = 1 gegeben.)
$\tau(n) = 2$ (dies ist nur für Primzahlen (n = p) gegeben.)

n	$\tau(n)$	n	$\tau(n)$	**n**	**$\tau(n)$**
1	1	6	4	11	2
2	2	7	2	12	6
3	2	8	4	13	2
4	3	9	3	14	4
5	2	10	4	15	4

Kongruenzen

$a, b \in |Z$; $m \in |N$; $m > 1$
a ist kongruent zu b modulo m, wenn $m \mid (a - b)$
$m \mid (a - b) \Leftrightarrow a \equiv b (\text{mod } m)$; $m \nmid (a - b) \Leftrightarrow a \not\equiv b(\text{mod } m)$

Mod-Einsichten

$\forall\, p > 5$ gilt: $p \equiv 1(\text{mod } 6)$ oder aber $p \equiv 5(\text{mod } 6)$
$a \equiv b(\text{mod } m) \Leftrightarrow a \text{ mod } m = b \text{ mod } m$

Rechenregeln (modulo)

$a, b, c \in |Z$ und $m \in |N$, $m > 1$

- $(a + b) \text{ mod } m = ((a \text{ mod } m) + (b \text{ mod } m) \text{ mod } m$
- $(a \cdot b) \text{ mod } m = ((a \text{ mod } m) \cdot (b \text{ mod } m)) \text{ mod } m$
- $a \equiv a$ (mod m)
- Ist $a \equiv (b \text{ mod } m)$ und $b \equiv c$ (mod m), dann gilt: $a \equiv c$ (mod m)
- $a \equiv b$ (mod m), so gilt: $a + c \equiv b + c$ (mod m)
- $a \equiv b$ (mod m), so gilt $ac \equiv bc$ (mod m)
- $ac \equiv bc$ (mod m) und gilt ggT(c, m) = 1, so folgt: $a \equiv b$ (mod m)
- $ac \equiv bc$ (mod m) und gilt ggT(c, m) = d, so folgt: $a \equiv b$ (mod m/d)
- $a \equiv b$ (mod m), so gilt $a^n \equiv b^n$ (mod m) $\forall\, n \in |N$

Lineare Diophantische Gleichungen

- $a \cdot X + b \cdot Y = c$ mit $a, b, c \in |Z$
- **Lösungen** (Es sei: d = ggT(a, b))
  1. $d \mid c \to$ es existiert eine Lsg.; 2. $d \nmid c \to$ es existiert keine Lsg.

Reduzierte lineare Diophantische Gleichungen

Es sei mit $a, b, c \in |Z$
$a \cdot X + b \cdot Y = c$ eine lineare Diophantische Gleichung
Nun sei: d = ggT(a, b): $a^* = a/d$; $b^* = b/d$; $c^* = c/d$
Nun ist $a^* \cdot X + b^* \cdot Y = c^*$: die zu $a \cdot X + b \cdot Y = c$ reduzierte lineare Diophantische Gleichung.

Lineare Kongruenz

$a, b \in |Z$ und $m \in |N$, $m > 1$; $aX \equiv b$ (mod m)
Es gilt hierfür:
$ax \equiv b$ (mod m) für ein $x \in |Z$, so folgt: $a(x \text{ mod } m) \equiv b$ (mod m)
$ax \equiv b$ (mod m) für ein $x \in |Z$, so folgt:
$a(x + km) \equiv b$ (mod m) $\forall\, k \in |Z$

Chinesischer Restsatz

$m_1, m_2, \ldots, m_r$ sind natürliche Zahlen (|N), die paarweise teilerfremd sind. Weiterhin sind $a_1, a_2, \ldots, a_r$ ganze Zahlen (|Z).
Es sei $M = m_1 \cdot m_2 \cdots m_r$
Nun gibt es ein $x_{Ergebnis} \in |Z$, mit dem sich ergibt:
(1) $x_{Ergebnis} \equiv a_1$ (mod m_1)
(2) $x_{Ergebnis} \equiv a_2$ (mod m_2)
(3) $x_{Ergebnis} \equiv a_3$ (mod m_3)
etc.

Algorithmus (zur Lösung simultaner linearer Kongruenzen)
(1) Eingabe: r lineare Kongruenzen
$X \equiv a_i$ (mod m_i); $1 \leq i \leq r$
(2) $M = m_1 \cdot m_2 \cdots m_r$
(3) Bestimmung von $M_i = M / m_i\ \forall$ i mit $1 \leq i \leq r$
(4) Bestimmung von x_i für jedes Mi bezüglich $M_i \cdot X \equiv 1$ (mod m_i) unter Nutzung de erweiterten Euklidischen Algorithmus
(5) $x_{Ergebnis} = a_1 \cdot M_1 \cdot x_1 + \ldots + a_r \cdot M_r \cdot x_r$ (mod M)

Primzahl-Anzahl

n	**$\pi(n)$**
10	4
100	25
1.000	168
10.000	1229
100.000	9592
1.000.000	78498
10.000.000	664579
100.000.000	5761455
1.000.000.000	50847534
10.000.000.000	455052511
100.000.000.000	4118054813
1.000.000.000.000	37607912018

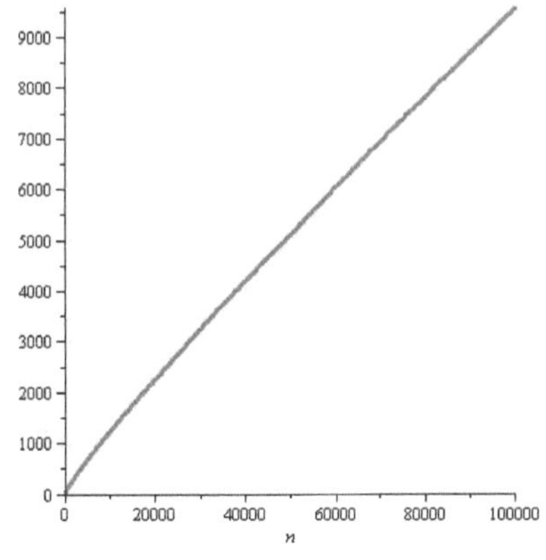

Komplexe Zahlen

Geschichte

- Erste Darstellung zu komplexen Zahlen durch Cardano (1501 - 1576) um 1545
- 1572 erste Angabe zu imaginären Zahlen mit $(-1)^{0,5} \cdot (-1)^{0,5} = -1$ bei Bombelli (1526 – 1573)
- Descartes (1596-1650) erkannte komplexe Nullstellen
- Giraud (1595-1632) beschrieb imaginäre Nullstellen
- Euler (1707-1783): korrekte Berechnung komplexer Zahlen

Zahlenebene

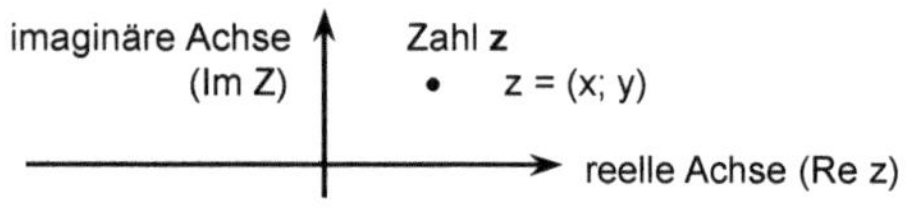

Basisdefinitionen

- **Kartesische Form**: für $z \in |C$ gilt: $z = x + i \cdot y$
  mit $x \in R$, $y \in R$ und $i^2 = -1$, also $\sqrt{-1} = \pm\, i$
  z - komplexe Zahl
  x - Realteil von z: $x = Re\{z\}$
  y – Imaginärteil von z: $y = Im\{z\}$
- $\bar{z}$ - konjugiert komplexe Zahl zu z
  $\bar{z} = x - i \cdot y$ zu $z = x + i \cdot y$
- Betrag („Länge") von z: $|z| = (x^2 + y^2)^{0,5}$
  $|z| = r$: Abstand vom Nullpunkt
- **Trigonometrische Form**: $z = r \cdot (\cos(\varphi) + i \cdot \sin(\varphi)) = r \cdot \exp(i \cdot \varphi)$
  $\varphi = \arg(z)$; $|z| = \sqrt{a^2 + b^2} = r$; $\cos(\varphi) = a/r$; $\sin(\varphi) = b/r$
- **Eulersche Formel**: $\exp(i \cdot \varphi) = \cos(\varphi) + i \cdot \sin(\varphi)$

Rechenregeln

- $z_1 = x_1 + i \cdot y_1$; $z_2 = x_2 + i \cdot y_2$
- $z_1 + z_2 = (x_1 + i \cdot y_1) + (x_2 + i \cdot y_2) = x_1 + x_2 + i \cdot (y_1 + y_2)$
- $Re\{z_1 + z_2\} = x_1 + x_2$; $Im\{z_1 + z_2\} = y_1 + y_2$
- $|z_1 \cdot z_2| = |z_1| \cdot |z_2|$
- $|z_1/z_2| = |z_1|/|z_2|$
- $z_1/z_2 = (r_1/r_2) \cdot \exp(i \cdot (\varphi_1 - \varphi_2))$

Dreiecksgleichung

- $||z_1| - |z_2|| \le |z_1 + z_2| \le |z_1| + |z_2|$
- $|z| = |\bar{z}|$
- $z \cdot \bar{z} = |z|^2$
- $\overline{z_1 + z_2} = \bar{z}_1 + \bar{z}_1$
- $\overline{z_1 \cdot z_2} = \bar{z}_1 \cdot \bar{z}_1$
- $\frac{1}{z} = \frac{1}{\bar{z}}$

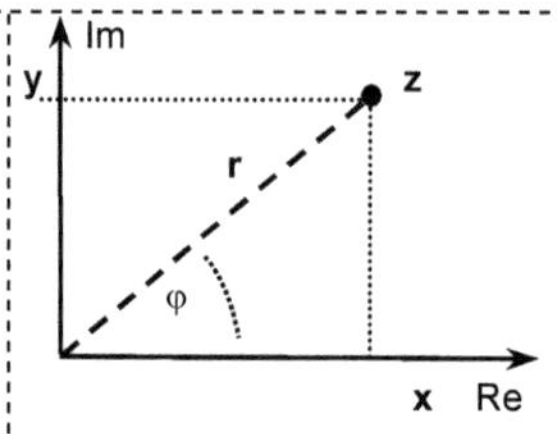

- $x = r \cdot \cos(\varphi)$; $y = r \cdot \sin(\varphi)$; $z = r \cdot (\cos(\varphi) + i \cdot \sin(\varphi))$
- $\frac{1}{z} = \frac{1}{r} \cdot (\cos(\varphi) - i \cdot \sin(\varphi))$
- φ - Argument von z: $\arg(z) = \varphi$; $\tan(\varphi) = \frac{y}{x}$
- φ ist der Winkel zwischen der x_+-Achse und der gedachten Verbindungslinie vom Nullpunkt zu z; $\arg(z) = -\arg(\bar{z})$

Moivresche Formeln

- $\cos(x) = 0{,}5 \cdot (e^{+ix} + e^{-ix})$
- $\sin(x) = (1/(2 \cdot i) \cdot (e^{+ix} - e^{-ix})$
- $\log(i) = (i \cdot \pi)/2$
- $z^n = r^n \cdot (\cos(n \cdot \varphi) + i \cdot \sin(n \cdot \varphi))$ da gilt:
  $(r \cdot (\cos(\varphi) + i \cdot \sin(\varphi))^n = r^n \cdot (\cos(n \cdot \varphi) + i \cdot \sin(n \cdot \varphi))$
- $z^n = w = |w| \cdot (\cos(\alpha) + i \cdot \sin(\alpha))$
- Für w können n Lösungswerte ermittelt werden.
- Jede Wurzel ist eine Lösung:
  $z_k = (|w|)^{1/n} \cdot (\cos(\alpha/n + (2\,k\,\pi/n)) + i \cdot \sin(\alpha/n + (2\,k\,\pi/n)))$
  mit k = 0; 1; 2; ...; n-1
- Die z_k-Werte liegen auf einem Kreis in gleichmäßiger Anordnung. Der Radius beträgt $(|w|)^{1/n}$.

Nullstellenlage: $\omega_n = \exp(2 \cdot \pi \cdot i/n)$

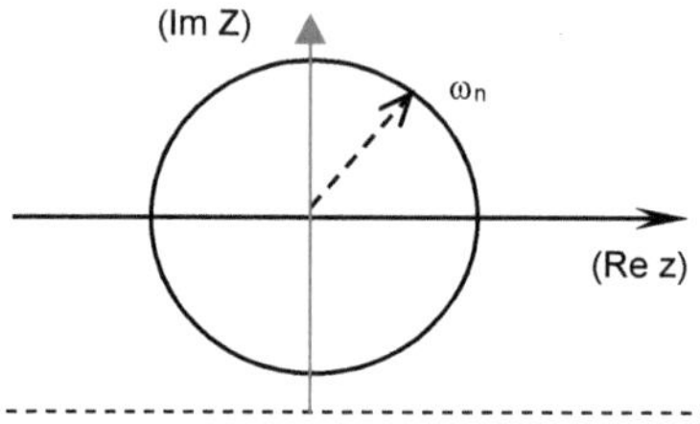

Logarithmen

- $w = \log z$ mit $z \in |C \setminus \{0\}$
  $\to \exp(w) = \exp(\log z)$
  $\to e^w = e^{\log z} = z$
- $w = \ln|z| + i \cdot (\arg z + 2k\pi)$; mit $k \in |Z$

Exponentialfunktion

- $e^z = \exp(z) = \sum_{n=0}^{\infty} \frac{z^n}{n!}$ mit $z \in |C$
- $\exp(z) \cdot \exp(w) = \exp(z + w)$
- $\exp(z + i2\pi) = \exp(z)$
- $(\exp(z))' = \exp(z)$
- $\exp(0) = \exp(i2\pi) = 1$
- $\exp(x + iy) = \exp(x) \cdot \exp(i \cdot y) = \exp(x) \cdot (\cos y + i \cdot \sin y)$
- $|\exp(iy)| = 1$
- $|\exp(z)| = \exp(Re(z))$
- $\arg(\exp(z)) = Im(z)$
- $\exp(z) = \sinh(z) + \cosh(z)$
- $\sin(z) = -i/2\,(\exp(iz) - \exp(-iz))$
- $\cos(z) = ½\,(\exp(iz) + \exp(-iz))$
- $\sinh(z) = ½\,(\exp(z) - \exp(-z))$
- $\cosh(z) = ½\,(\exp(z) + \exp(-z))$

$\exp(i \cdot 0) = 1$ $\quad\exp(\pm\,\pi/2) = \pm\, i$
$\exp(i \cdot \pi) = -1$ $\quad\exp(\pm\, i \cdot \pi/4) = 0{,}5 \cdot \sqrt{2} \cdot (1 \pm i)$

Möbius-Transformation

$$\alpha(z) = w = \frac{a \cdot z + b}{c \cdot z + d} = \frac{a}{c} - \frac{a \cdot d - b \cdot c}{c \cdot (c \cdot z + d)}$$

mit $a, b, c, d \in |C$ und $A = \begin{bmatrix} a & b \\ c & d \end{bmatrix} = (a \cdot d - b \cdot c) \neq 0$

Grundlagen

Algebraische Regeln

- $a^0 = 1$ für $a \neq 0$
- $a^n \cdot b^n = (a \cdot b)^n$
- $a^n \cdot a^m = a^{n+m}$
- $a^{1/n} = \sqrt[n]{a}$
- $a^{-m} = 1 / a^m$
- $(a/b)^n = a^n/b^n$

Potenzen und Wurzeln

- $x^a \cdot x^b = x^{a+b}$
- $1/x^a = x^{-a}$
- $1/x^{-a} = x^a$
- $x^a/x^b = x^{a-b}$
- $(x^a)^b = x^{a \cdot b}$
- $(x)^{-a} = 1/x^a$
- $x^{1/a} = \sqrt[a]{x}$
- $x^{1/a} = \sqrt[a]{x}$
- $x^{-1/a} = 1/\sqrt[a]{x}$
- $x^{a/b} = (x^a)^{1/b} = \sqrt[b]{x^a}$
- $x^0 = 1$ für $x \neq 0$ ($x^0 = x^{(1-1)}$ $= x^1 \cdot x^{-1} = x^1/x^1 = 1/1 = 1$

Fakultät

$n! = 1 \cdot 2 \cdot \ldots \cdot n$

$0! = 1$ $\quad 1! = 1$ $\quad 2! = 1 \cdot 2 = 2$ $\quad 5! = 1 \cdot 2 \cdot 3 \cdot 4 \cdot 5 = 120$

Ungleichung von Bernoulli

$(1 + x)^n > 1 + n \cdot x$ für $n \in$ |N mit $n \geq 2$

Binomische Formeln, Binomialbeziehungen

- $(a + b)^0 = 1$ (für $(a + b) \neq 0$)
- $(a + b)^1 = a + b$
- $(a + b)^2 = a^2 + 2ab + b^2$
- $(a - b)^2 = a^2 - 2ab + b^2$
- $(a + b) \cdot (a - b) = a^2 - b^2$
- $(a + b)^3 = a^3 + 3 \cdot a^2 \cdot b^1 + 3 \cdot a^1 \cdot b^2 + b^3$
- $(a + b)^4 = a^4 + 4 \cdot a^3 \cdot b^1 + 6 \cdot a^2 \cdot b^2 + 4 \cdot a^1 \cdot b^3 + b^4$
- Allgemeine binomische Formel:
  $(a + b)^n = \binom{n}{0} \cdot a^n + \binom{n}{1} \cdot a^{n-1} \cdot b^1 + \ldots + \binom{n}{k} \cdot a^{n-k} \cdot b^k + \ldots + = \binom{n}{n} \cdot b^n$
- $\binom{n}{0} = \dfrac{n!}{k! \cdot (n-k)!} = \dfrac{n \cdot (n-1) \cdot \ldots \cdot (n-k+1)}{k \cdot (k-1) \cdot \ldots \cdot 1}$

Bionomialkoeffizienten und Pascalsches Dreieck

n-Wert	Koeffizienten	Summe der Potenzzahlen von a + b
0	1	0
1	1 1	1
2	1 2 1	2
3	1 3 3 1	3
4	1 4 6 4 1	4
5	1 5 10 10 5 1	5
6	1 6 15 20 15 6 1	6
7	1 7 21 35 35 21 7 1	7
8	1 8 28 56 70 56 28 8 1	8
9	1 9 36 84 126 126 84 36 9 1	9

Beispiel: $(a + b)^9 = 1 \cdot a^9 b^0 + 9 \cdot a^8 b^1 + 36 \cdot a^7 b^2 + 84 \cdot a^6 b^3 + 126 \cdot a^5 b^4 + 16 \cdot a^4 b^5 + 84 \cdot a^3 b^6 + 36 \cdot a^2 b^7 + 9 \cdot a^1 b^8 + 1 \cdot a^0 b^9$

Begriff der Funktion

- Eine Funktion ist eine Menge von geordneten Paaren, von denen keine zwei verschiedene im ersten Element übereinstimmen. Ein Zahlenpaar ist somit ein Element der Funktion f, wenn es unter den geordneten Paaren von f vorkommt.
- *F* heißt eine Funktion oder eindeutige Relation genau dann, wenn gilt
  (F1) *F* ist eine Relation
  (F2) Für alle x, y und z gilt: $(x, y) \in F$ und $(x, z) \in F \rightarrow y = z$.
- Die Funktion ist umkehrbar, wenn durch die Umkehrung wieder eine Funktion vorliegt. Umkehrunktion : f^{-1}
- Es gilt : $f(f^{-1}(x)) = f^{-1}(f(x)) = x$

Argument, Variab(e, Funktion

Weiterhin ist grundsätzlich bei Funktionsausdrücken zwischen

- der Variablen und dem Argument und
- der bedingten (abhängigen) Größe, dem Funktionswert zu unterscheiden.

Funktionsdarstellung

- explizite Form: $y = f(x)$
- implizite Form: $f(x, y) = 0$
- Parameterdarstellung: $x = x(t)$; $y = y(t)$

Gleichungsarten

Unterschieden werden

- Bestimmungsgleichungen
- Identische Gleichungen
- Funktionsgleichungen.

Elementare Funktionen

- Die lineare Funktion $\quad y = m \cdot x + b$
- Die quadratische Funktion $y - y_s = a \cdot (x - x_s)^2$
- Höhere Parabelfunktionen $y - y_s = a \cdot (x - x_s)^n$; $n \in$|N; $n > 2$
- Allgemeine rationale Funktionen
  $f(x) = a_n \cdot x^n + a_{n-1} \cdot x^{n-1} + \ldots + a_1 \cdot x + a_0$
- Transzendente Funktionen
  a. Kreisfunktion $\quad$ b. Exponentialfunktionen: $y = b^x$; $e^x = \exp(x)$
- Abschnittsweise definierte Funktionen (Beispiel)
  $f(x) = f_1(x)$ für $a \leq b$ und $f(x) = f_2(x)$ für $b \leq c$

Linearfaktordarstellung

- $f(x) = x^n + b_1 \cdot x^{n-1} + \ldots = (x - a_1) \cdot (x - a_2) \cdot (x - a_3) \cdot \ldots$
- Bestimmung der Nullstellen über Polynomdiskussion.

Allgemeine ganzrationale Funktion

- f: $y = a_n \cdot x^n + a_{n-1} \cdot x^{n-1} + \ldots + a_1 \cdot x^1 + a_0 = \sum_{k=0}^{n} a_k \cdot x^k$
- f: $y = (x - x_{n1}) \cdot (x - x_{n2}) \cdot (x - x_{n3}) \cdot \ldots$; x_{ni}: Nullstelle n_i

Allgemeine gebrochen-rationale Funktion

$$f(x) = k \cdot \frac{a_n \cdot x^n + a_{n-1} \cdot x^{n-1} + \ldots + a_1 \cdot x^1 + a_0}{b_m \cdot x^m + \ldots + b_1 \cdot x^1 + b_0}$$

Nullstellen von f ergeben Zählerpolynome: $(x - x_n)$
Polstellen von f ergeben Nennerpolynome: $(x - x_p)$
Lücken von f ergeben Nenner- und zugleich Zählerpolynome: $(x - x_L)$

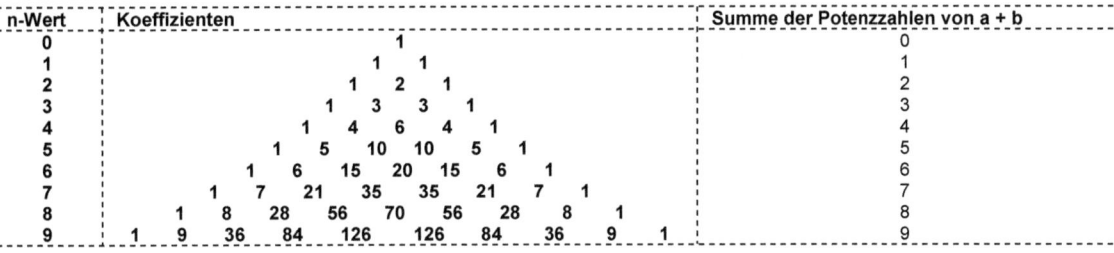

Grundlagen

Anordnungen

- Es sei: $x \in |R$; dann folgt: $x < 0$ oder $x = 0$ oder $x > 0$
- $x < 0$, dann gilt: $-x > 0$
- $x > 0$ und $y > 0$; dann folgt: $x + y > 0$; $-x - y < 0$
- $x > 0$ und $y > 0$; dann folgt: $x \cdot y > 0$
- $|x| := \begin{cases} x \text{ für } x > 0 \\ 0 \text{ für } x = 0 \\ -x \text{ für } x < 0 \end{cases}$
- $|x + y| \leq |x| + |y|$
- Archimedisches Axiom ($x \in |R^+$, $y \in |R^+$): $n \cdot x > y$ mit $n \in |N$

Ungleichungen

- $a < b \rightarrow a + c < b + c$
- $a < b \rightarrow a \cdot c < b \cdot c$ für $c > 0$
- $a < b \rightarrow a \cdot c > b \cdot c$ für $c < 0$
- $0 < a < b \rightarrow a^n < b^n$ für $n > 1$
- $0 < a < b \rightarrow a^{1/n} < b^{1/n}$ für $n > 1$

Beweisverfahren

Zum Beweis von Behauptungen unter Beachtung von Vorgaben werden unter anderem folgende Verfahren eingesetzt:

1. **Direkter Beweis**
2. **Indirekter Beweis** (**Widerspruchsbeweis**)
3. **Induktiver Beweis** (Prinzip der **vollständigen Induktion**)
   Dieses Verfahren ermöglicht den Schluss von gegebenen Sachverhalten auf unendlich viele. Insofern wird hier in induktiver Art eine Beziehung vollständig belegt. Dabei wird die Struktur der natürlichen Zahlen als Leitmodell genutzt.
   a. **Induktionsanfang**: Die zu beweisende Aussage wird für einen konkreten n-Wert nachgewiesen.
   b. **Induktionsvoraussetzung**: $n = n_0$
   Die zu beweisende Aussage wird für $n = n_0$ erfasst.
   c. **Induktionsbehauptung**:
   Für $n = n_0 + 1$ wird die Aussage erstellt.
   d. **Induktionsschluss**:
   Es wird gezeigt, dass ausgehend von $n = n_0$ die Aussage für $n = n_0 + 1$ zwingend folgt.

Winkelsumme im Dreieck

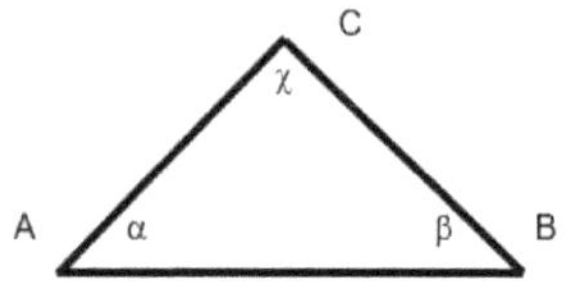

Es gilt für jedes Dreieck ($\rightarrow \Delta_{ABC}$) auf einer planen Ebene:

(deg): $\alpha + \beta + \chi = 180°$

(rad): $\alpha + \beta + \chi = \pi$

$[180° \equiv \pi]$

Satz von Pythagoras

Herleitung: Quadrat mit der Seitenlänge a + b. In dieses Quadrat wird ein Quadrat gedreht mit der Seitenlänge c eingezeichnet.

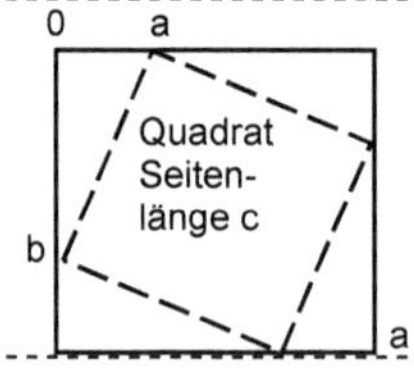

Die Flächenbetrachtung ergibt:

$c \cdot c = (a + b) \cdot (a + b) - 4 \cdot (a \cdot b)/2$

$c^2 = a^2 + 2ab + b^2 - 2ab$

$c^2 = a^2 + b^2$

Geradengleichung (Lineare Funktionen)

- Zur Beschreibung einer Geraden benötigen wir in einem definierten Koordinatensystem die Daten von zwei Punkten, die auf der Geraden liegen.
- Eine Gerade wird mit einer linearen Funktion beschrieben:
  $f(x) = a \cdot x + b$.
  b: Achsenabschnitt auf der y-Achse für $x = 0$
  a: Steigung der Geraden $a = \tan \alpha = \frac{\Delta y}{\Delta x} = (y_2 - y_1)/(x_2 - x_1)$

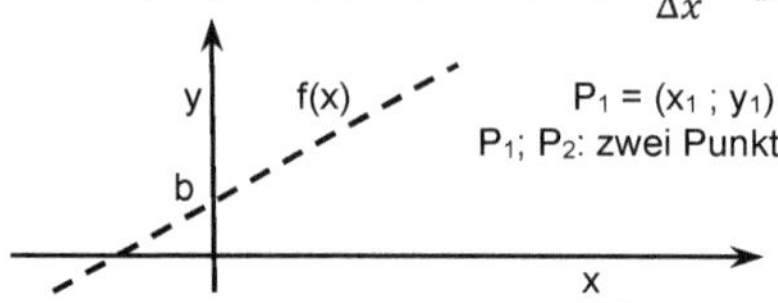

$P_1 = (x_1 ; y_1)$ und $P_2 = (x_2 ; y_2)$
P_1; P_2: zwei Punkte auf der Geraden g

- Länge der Strecke von P_1 zu P_2: $\overline{P_1 P_2} = |P_1 P_2|$
  $|P_1 P_2| = ((x_2 - x_1)^2 + (y_2 - y_1)^2)^{0,5}$

Quadratische Funktionen

- Sie beschreiben den Verlauf von **Parabeln**:
  $y = f(x) = ax^2 + bx + c$ (mit $a \neq 0$)
- $f(x) = x^2$: Normalparabel (Scheitelpunkt bei S(0/0))
- Für $f(x) = ax^2 + bx + c$ gilt: $S(-b/2a; c - b^2/(4a))$

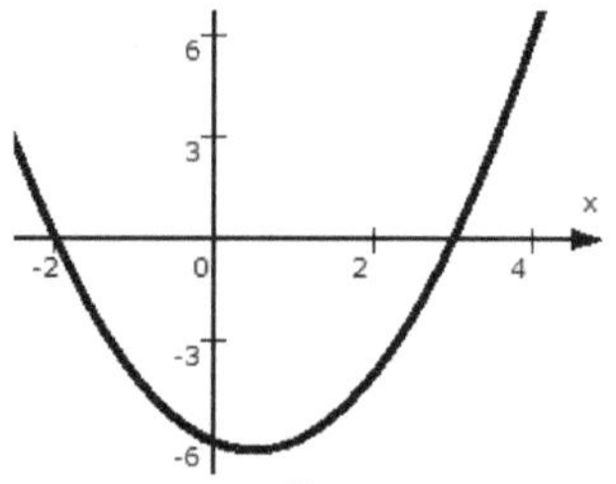

- x_{n1}, x_{n2}: Nullstellen; S: Scheitelpunkt: $S(x_S, y_S)$

Lösungsformeln für quadratische Funktionen

Allgemeine Lösungsformel: p-q-Lösungsformel

Lösungsformel für quadratische Gleichungen ($x^2 + p \cdot x + q = 0$)

$$x_{1/2} = \frac{p}{2} \pm \sqrt{-q + \left(\frac{p}{2}\right)^2}$$

Satz von Vieta

- Für die Nullstellen x_1 und x_2 einer quadratischen Funktion $x^2 + px + q = 0$ gilt: $x_1 + x_2 = -p$ und $x_1 \cdot x_2 = q$
- Weiterhin gilt: $(x - x_1) \cdot (x - x_2) = 0$

Tangente und Normale

t, **m**: Vektoren

- Eine Tangente **t** berührt eine Funktion an der Stelle x_0.
- Die Tangente **t** gibt die Steigung der Funktion genau an der Stelle x_0 an.
- Für die Tangentensteigung m gilt: $m = D(f(x))$
- Die Normale **n** steht senkrecht auf der Tangente **t**.
- Die Tangente $\mathbf{t} = (x_1, y_1)$ besitzt die Normale $\mathbf{n} = (-y_1, x_1)$

Grundlagen

Abbildungen

- $f(x) = y$: eine Abbildung von der Definitionsmenge X in die Wertemenge Y ($f: X \to Y$)
- **Surjektivität**: f ist surjektiv, wenn $f(X) = Y$ gilt. Insofern gilt für jedes $y \in Y$, dass zumindest ein $x \in X$ existiert mit $f(x) = y$.
- **Injektivität**: f ist injektiv, wenn aus $f(x_1) = f(x_2)$ folgt: $x_1 = x_2$. D.h., für jedes y existiert maximal ein verursachendes $x \in X$.
- **Bijektivität**: f ist bijektiv, wenn f zugleich surjektiv und jinjektiv ist.

Beispiele: Elementare Abbildungen

keine Abbildung (Zuordnung ist nicht eindeutig)

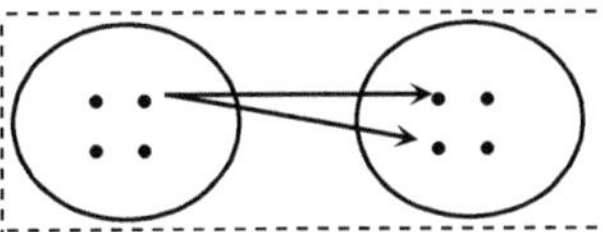

surjektive Abbildung (eindeutige Zuordnung; jedes |W-Element ist zumindest Bild eines |D-Elements

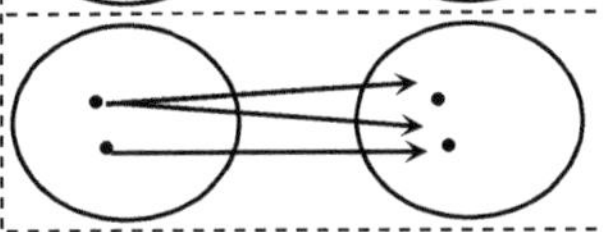

injektive Abbildung (eindeutige Zuordnung; jedes |W-Element ist höchstens Bild eines |D-Elements)

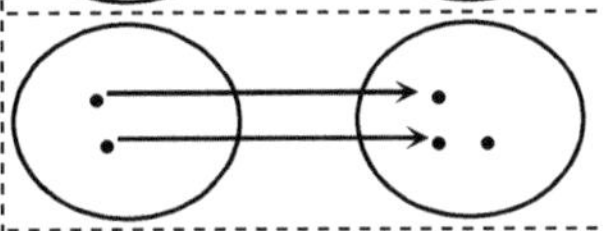

bijektive Abbildung (eindeutige Zuordnung; jedes |W-Element ist genau Bild eines |D-Elements)

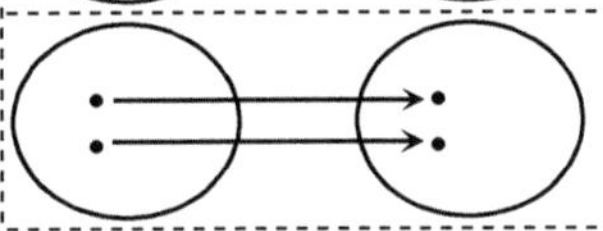

Eine bijektive Abbildung ist zugleich injektiv und surjektiv

Symbole

o: allgemeines Verknüpfungssymbol	**∈**: Element von
∃: „es existiert ein" (Existenzoperator)	**∀**: für alle

Äquivalenzrelation

- **Reflexivität:** Die Relation R ist reflexiv, wenn gilt: $(x, x) \in R$
- **Symmetrie:** Die Relation R ist symmetrisch, wenn gilt: $(x, y) \in R \to (y, x) \in R$
- **Transitivität:** Die Relation R ist transitiv, wenn gilt: $(x, y) \in R$ und $(y, z) \in R \to (x, z) \in R$
- Eine Äquivalenzrelation liegt vor, wenn $R \subset X \times X$ zugleich reflexiv, symmetrisch und transitiv ist.

Anordnungen

- Es sei: $x \in |R$; dann folgt: $x < 0$ oder $x = 0$ oder $x > 0$
- $x < 0$, dann gilt: $-x > 0$
- $x > 0$ und $y > 0$; dann folgt: $x + y > 0$; $-x - y < 0$
- $x > 0$ und $y > 0$; dann folgt: $x \cdot y > 0$
- $|x| := \begin{cases} x \text{ für } x > 0 \\ 0 \text{ für } x = 0 \\ -x \text{ für } x < 0 \end{cases}$
- $|x + y| \leq |x| + |y|$
- Archimedisches Axiom: $x \in |R^+$, $y \in |R^+$; dann folgt: $n \cdot x > y$ mit einem $n \in |N$

Gruppe

- Eine Gruppe liegt vor, wenn G1 bis G4 erfüllt sind.
- Eine Abelsche Gruppe liegt vor, wenn G1 bis G5 erfüllt sind.

G1 Abgeschlossenheit: $a, b \in G \to a \circ b \in G$

G2 Existenz des neutralen Elements

$\exists n \in G$; $a \circ n = n \circ a = a$, $\forall a \in G$

G3 Existenz des Inversen: $a \circ a^* = a^* \circ a = n$

G4 Assoziativgesetz: $a \circ (b \circ c) = (a \circ b) \circ c$

G5 Kommutativgesetz: $a \circ b = b \circ a$

Ring

- Ein Ring ist eine nicht leere Menge R mit zwei Verknüpfungen (Addition : + und Multiplikation: ·), für die gilt $(a, b, c, 0, 1 \in R)$:

R1 Kommutativität der Addition : $a + b = b + a$

R2 Assoziativgesetz der Addition und der Multiplikation:

$(a + b) + c = a + (b + c)$; $(a \cdot b) \cdot c = a \cdot (b \cdot c)$

R3 $a + 0 = 0 + a$ (0: Nullelement)

R4 $a \cdot 1 = 1 \cdot a$ (1: Einselement mit $1 \in R \setminus \{ 0 \}$)

R4 $a + (-a) = (-a) + a = 0$

R5 Distributivgesetz: $a \cdot (b + c) = a \cdot b + a \cdot c$

- Von einem **kommutativen Ring** wird dann gesprochen, wenn noch erfüllt ist: $a \cdot b = b \cdot a$

Körperaxiome

$x \in |R$, $y \in |R$; Addition: $(x, y) \to x + y$; Multiplikation: $(x, y) \to x \cdot y$

- **Axiome der Addition**

Assoziativgesetz: $x + (y + z) = (x + y) + z$; $\forall x, y, z \in |R$

Kommunikativgesetz: $x + y = y + x$; $\forall x, y \in |R$

Existenz der Null: Es gibt eine Zahl $0 \in |R$ mit $x + 0 = x$; $\forall x \in |R$

Existenz des Negativen $(-x)$: $x + (-x) = 0$; $\forall x \in |R$

- **Axiome der Multiplikation**

Assoziativgesetz: $x \cdot (y \cdot z) = (x \cdot y) \cdot z$; $\forall x, y, z \in |R$

Kommunikativgesetz: $x \cdot y = y \cdot x$; $\forall x, y \in |R$

Existenz der Eins: Es gibt eine Zahl $1 \in |R$ mit $x \cdot 1 = x$; $\forall x \in |R$

Existenz des Inversen ($x^{-1} = 1/x$): $x \cdot (1/x) = 1$; $\forall x \in |R$

- **Distributivgesetz:** $x \cdot (y + z) = x \cdot y + x \cdot z$; $\forall x, y, z \in |R$

Vektorraum

V : additive abelsche Gruppe mit der Verknüpfung $+V$

K : Körper mit der additiven Verknüpfung $+K$ und der multiplikativen Verknüpfung ·

(v* ∈ *V sind Vektoren; a* ∈ *K sind Skalare)

Ein Vektorraum liegt vor, wenn bezüglich der Verknüpfung

$\cdot : K \times V \to V$ folgendes erfüllt ist :

(V1) $1 \cdot x = x$ mit $x \in V$

(V2) $a \cdot (x + V y) = a \cdot x + V a \cdot y$ mit $a \in K$, $x, y \in V$

(V3) $(a + V b) \cdot x = a \cdot x + V b \cdot x$ mit $a, b \in K$, $x \in V$

(V4) $(a \cdot b) \cdot x = a \cdot (b \cdot x)$ mit $a, b \in K$, $x \in V$

Begriff der Relation

- Jede Teilmenge *R* der Produktmenge A x B heißt Relation zwischen A und B.
- Ist A = B = M, also *R:* M x M, so nennt man R eine Relation in M.
- Sind eine Grundmenge *U* und eine Bildmenge *B* gegeben, ferner zwei Mengen *D* und *W* mit $D \subset U$ und $W \subset B$ so gilt: Eine Zuordnungsvorschrift r heißt Relation von *D* auf *W* bzw. Relation von *D* in *B* (auch Relation aus) *U* in *B*, wenn gilt:

1. Jedem Element aus *D* werden ein oder mehrere Elemente aus *W* zugeordnet.

(2. Jedes Element von *W* kommt mindestens einmal vor.)

Kurven, Figuren, Körper

Quadrat

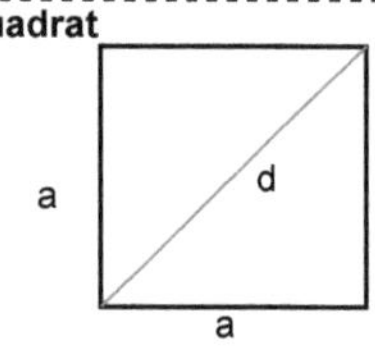

Alle Winkel sind rechtwinklig ($\alpha = \beta = 90°$).

Umfang: U = 4 · a
Fläche: A = a^2
Diagonale: d = a^2

Rechteck

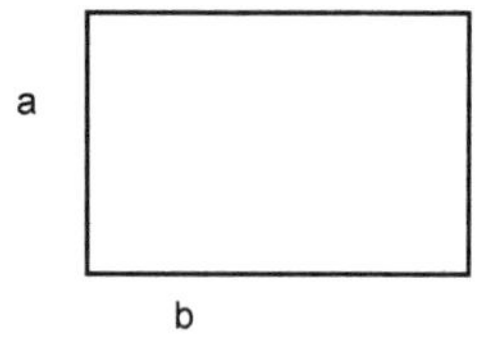

Alle Winkel sind rechtwinklig ($\alpha = \beta = 90°$).

Umfang: U = 2(a + b) = 2a + 2b
Fläche: A = a · b

Trapez, Trapezoid

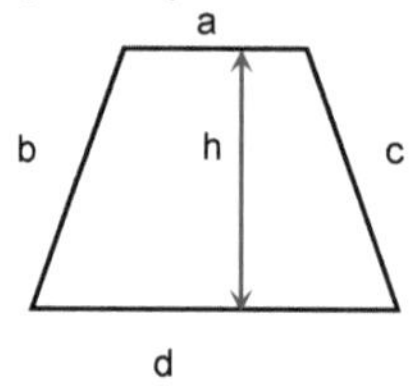

Zwei Seiten sind parallel zueinander (hier: a und d; also a || d).

Umfang: U = a + b + c + d
Fläche: A = h · (a + d) / 2

Kreis (Kreisradius: r)

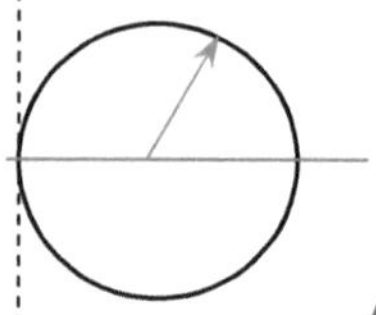

Kreissegment (F) (Bogenlänge b)

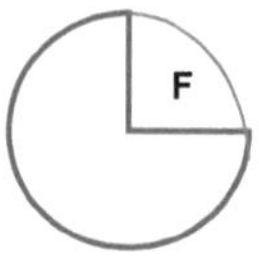

Umfang: **U** = $2\pi \cdot r = \pi \cdot d$
Fläche: **A** = $r^2 \cdot \pi$
Kreissegmentfläche: F = r · b/2

Parallelogramm

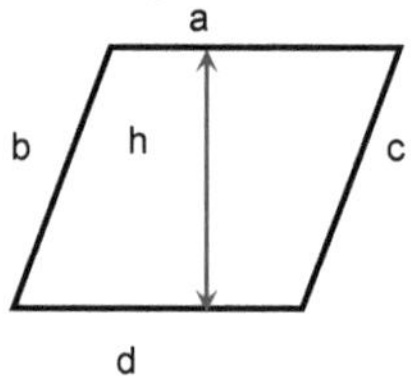

Zwei Seiten sind parallel zueinander: a || d; und b || c. Weiterhin gilt: |a| = |d| und |b| = |c|.

Umfang:
U = 2 · (a + b) = 2 · a + 2 · b
Fläche: A = a · h

Raute

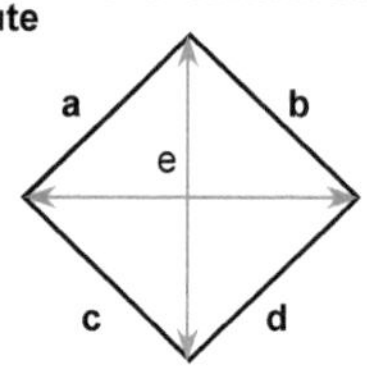

Die Diagonalen e und f stehen senkrecht aufeinander. Sie halbieren sich. Der Schnittpunkt der Diagonalen ist auch der Schwerpunkt der Raute.

Umfang: U = 4 · a
Fläche: A = e · f/2

Ellipse: Menge aller Punkte, deren Entfernungssumme von den Brennpunkten F_1 und F_2 gleich ist.

Mittelpunktsgleichung

$$\frac{x^2}{a^2} + \frac{y^2}{b^2} = 1$$

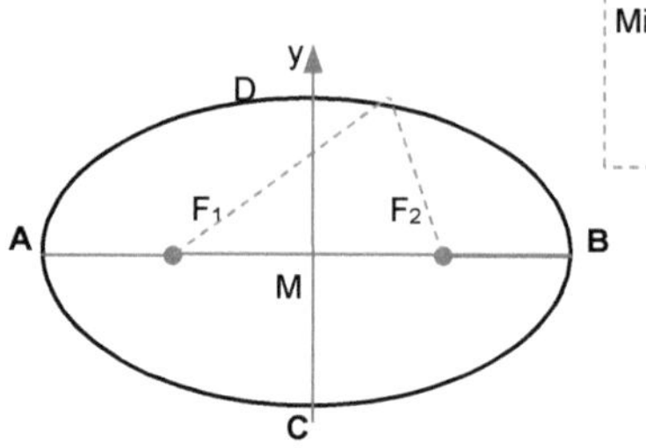

A, B: Hauptscheitel; C, D: Nebenscheitel; M: Mittelpunkt
MA = a; MD = b; große Achse: 2a; kleine Achse: 2b; F_1F_2 = 2e
Lineare Exzentrizität: $e = \sqrt{a^2 + b^2}$; numerische Exzentrizität: $\varepsilon = \frac{e}{a}$

Umfang (genähert): $U \approx \pi \cdot (1{,}5 \cdot (a + b) - \sqrt{ab})$
Fläche: A = $a \cdot b \cdot \pi$

Würfel

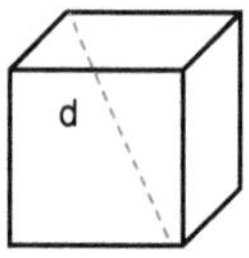

Alle Eckwinkel sind rechtwinklig (→ 90°). Seitenlänge: a

Oberfläche: O = 6 · a^2

Volumen: V = a^3
Raumdiagonale: d = $a \cdot \sqrt{3}$

Quader

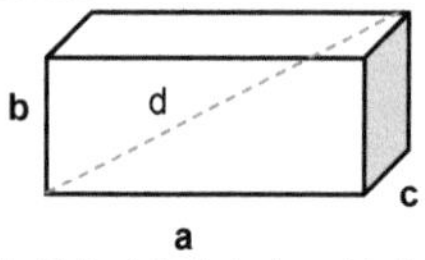

Alle Eckwinkel sind rechtwinklig.

Oberfläche: O = 2(ab+ ac + bc)
Volumen: V = a · b · c
Raumdiagonale:
d = $\sqrt{a^2 + b^2 + c^2}$

Zylinder

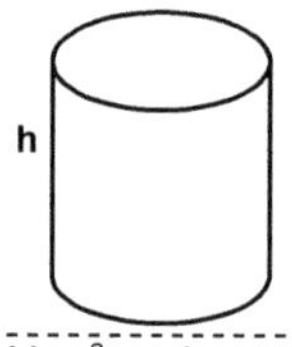

Höhe: h

Volumen: V = $r^2 \cdot \pi \cdot h$
Oberfläche:
O = $2\pi \cdot r^2 + 2\pi \cdot r \cdot h$

Kegel
r: Radius
s: Seitenlinie
h: Höhe

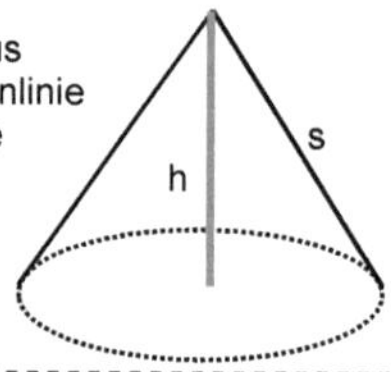

Volumen: V = $r^2 \cdot \pi \cdot h / 3$
Oberfläche: O = $r \cdot \pi \cdot (r + s)$

Kugel

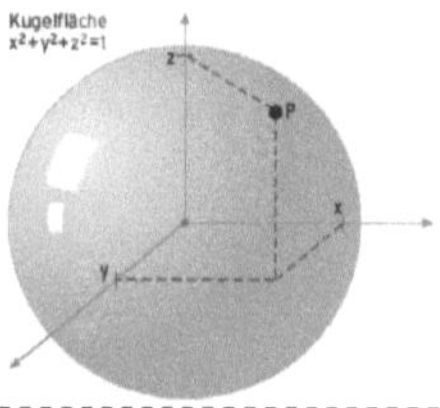

Volumen: V = $r^3 \cdot \pi \cdot 4 / 3$
Oberfläche: O = $4 \cdot \pi \cdot r^2$

Geoid
(tatsächliche Erdgestalt)

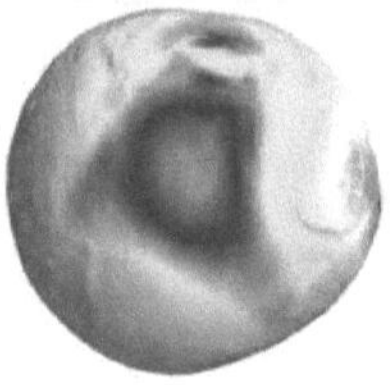

- Himalaya (Berg: Monte Everest): Höhe 8.848 m
- Tiefe Meeressenke (Marianengraben): 11.034 m
- Entfernung des Äquators zum Erdmittelpunkt: 6378 km
- Entfernung der Polkappen zum Erdmittelpunkt: 6357 km
- Mittlerer Erdradius: 6.370 km (volumengleiche Kugel)
- Durchschnittliche Meerestiefe: 3.730 m
- Volumen der Wassermassen auf der Erde:
  1,38 Milliarden Kubikkilometern;
  davon: 48 Millionen Kubikkilometer Süßwasser (3,5 % der Vorräte)
- Erdbeschleunigung (Pol): 9,83 m/s^2; (Äquator): 9,78 m/s^2

Kurven, Figuren, Körper

Körper (Bezug: antike Weltvorstellung)

Hexaeder (Würfel)
Bezug: Erde

- 6 Flächen (Quadrate)
- $\{p, q\} = \{4, 3\}$
- Volumen: $V = a^3$
- Oberfläche: $O = 6 \cdot a^2$
- Diagonale einer Fläche: $d_F = a \cdot \sqrt[2]{2}$
- Raumdiagonale: $d_V = a \cdot \sqrt[2]{3}$

Tetraeder (Vierflächner)
Bezug: Feuer

- 4 Flächen (gleichseitige Dreiecke)
- $\{p, q\} = \{3, 3\}$
- Volumen: $V = \frac{a^3}{12}$
- Oberfläche: $O = \sqrt{3} \cdot a^2$

Oktaeder (Achtflächner)
Bezug: Luft

- 8 Flächen (gleichseitige Dreiecke)
- $\{p, q\} = \{3, 4\}$
- Volumen: $V = a^3$
- Oberfläche: $O = 6 \cdot a^2$

Ikosaeder
Bezug: Wasser

- 20 Flächen (gleichseitige Dreiecke)
- $\{p, q\} = \{3, 5\}$
- Volumen: $V = a^3$
- Oberfläche: $O = 6 \cdot a^2$

Dodekaeder
Bezug: Universum

- 12 Flächen (regelmäßige Fünfecke)
- $\{p, q\} = \{5, 3\}$
- Volumen: $V = a^3$
- Oberfläche: $O = 6 \cdot a^2$

Schläfli-Symbol: $\{p, q\}$ mit p: Anzahl der Kanten eines Einzelfeldes und q: Kantenanzahl in einer Ecke.
Zu allen Körpern liegen vielfältige Symmetriebeziehungen vor. (Es sind reguläre Figuren (Polyeder).)
Es können jeweils innere Kugeln (Inkugel), umhüllende Kugeln (Umkugeln) und Kugeln mit den Kanten (Kantenkugeln) bestimmt werden.

R^2-Kurven

Gerade

$c(t) = (a \cdot t, b \cdot t)$

Kreis

$\chi(t) = r \cdot (\cos(t), \sin(t))$

$0 \le t \le 2$

Ellipse

$\chi(t) = (a \cdot \cos(t), b \cdot \sin(t))$

$0 \le t \le 2 \cdot \pi$

Kettenline

$\chi(t) = (t, \cosh(t));\ t \in \mathbf{R}$

Neilsche Parabel

$C(t) = (t^2, t^3)$

Schleifenkurven (Lemniskate)

$r = a \cdot (\cos(2 \cdot \varphi))^{0,5}$

Bzw. $(x^2 + y^2)^2 = a^2 \cdot (x^2 - y^2)$

Archimedische Spirale

$r = a \cdot \varphi;\quad a > 0;\ 0 \le \varphi < \infty$

Cartesisches Blatt

$x = 3 \cdot a \cdot t/(1 + t^3)$

$y = 3 \cdot a \cdot t^2/(1 + t^3);\ a > 0;\ t \ne -1$

Herzkurve (Kardioide)

$r = a \cdot (1 + \cos(\varphi));\ a > 0;\ 0 \le \varphi < 2 \cdot \pi$

Kleeblatt (mit n bzw. 2n Blättern)

$r = a \cdot \cos(n \cdot \varphi)\ ;\ a > 0;\ n \in \mathbb{N}$

Logarithmische Spirale

$r = a \cdot \exp(b \cdot \varphi);\ a > 0;\ b > 0;\ 0 \le \varphi < \infty$

Sternkurve (Astroide)

$x = a \cdot \cos^3(t);\ y = a \cdot \sin^3(t)$

$a > 0;\ 0 \le t < 2\pi$

Strophoide

$x = a \cdot (t^2 - 1)/(t^2 + 1)$

$y = a \cdot t \cdot (t^2 - 1)/(t^2 + 1);\ a > 0$

$-\infty < t < \infty$

Schleppkurve (Traktrix)

$c(t) = a \cdot \exp(t)$

Schleppkurve (Traktrix)

$c(t) = a \cdot (x\ p(t), \int_0^1 \sqrt{1 - \exp(2x)} \cdot dx$

Schraubenlinie (gemeine)

$\chi(t) = (R \cdot \cos(t), R \cdot \sin(t)\ h \cdot t);\ t \in \mathbf{R}$

Zykloide (gemeine)

$\chi(t) = r \cdot (t - \sin(t), 1 - \cos(t));\ t \in \mathbf{R}$

R^3-Körper

„Cube"

$x^6 + y^6 + z^6 = 1$

„Ding-Dong"

$(1 - z) \cdot z^2 = x^2 + y^2$

„Dullo"

$(x^2 + y^2 + z^2)^2 = x^2 + y^2$

„Sofa"

$x^2 + y^3 + z^5 = 0$

“Zitrus”

$x^2 + y^2 = y^3 \cdot (y - 1)^3$

Geometrien

Definitionen, Postulate, Axiome von Euklid

- **Definitionen** (insgesamt 35)
  1: Ein Punkt ist, was keine Teile hat.
  2: Eine Linie ist eine Länge ohne Breite.
  (Bzw.: Eine Linie ist eine breitenlose Länge.)
  4: Eine Linie ist gerade, wenn sie gegen die in ihr sich befindlichen Punkte auf einerlei Art gelegen ist. (Bzw.: Eine Gerade ist eine Linie, die bezüglich der Punkte auf ihr stets gleich liegt.)
- 5 Postulate, z. B.: Alle rechten Winkel sind einander gleich.
  (**5. Postulat**: **Parallelenaxiom**)

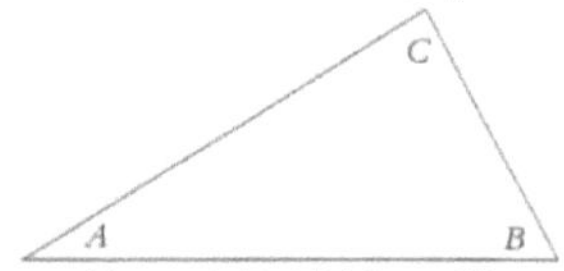

Geometrie nach **Euklid** (**von Alexandria** ~ 3. Jahrh. v. Chr.)

- Bei **Hilbert**, David (1862–1943) werden folgende Axiome (A) unterschieden:
  - 8 A der Verknüpfung (Inzidenz)
  - 4 A. der Anordnung (Ordnung)
  - 6 A. der Kongruenz (Kongruenz)
  - 1 A. der Parallelen (Parallelenaxiom)
  - 2. A. der Stetigkeit (archimedisches Axiom und Vollständigkeitsaxiom)

Hyperbolische Oberfläche (Sattel)

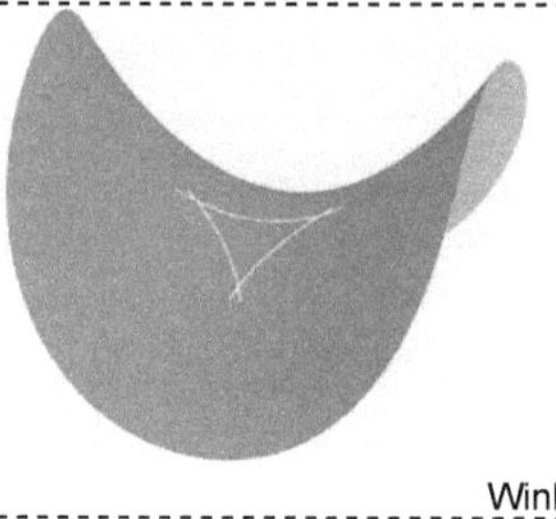

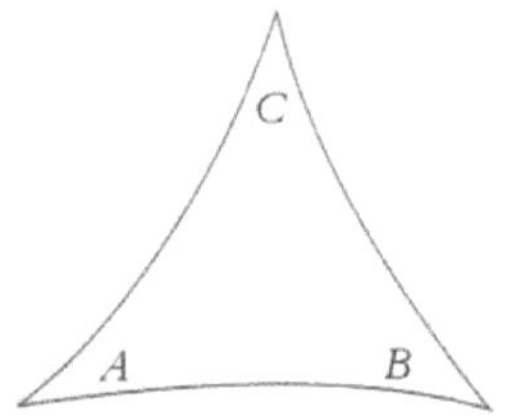

Winkelsumme ($\angle A + \angle B + \angle C < 180°$)

Kugel (Erde) – Elliptische-Geometrie

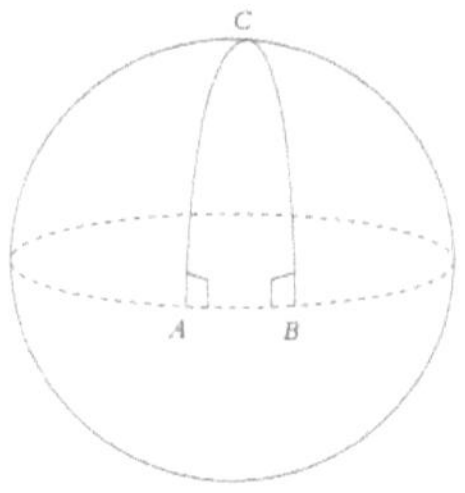

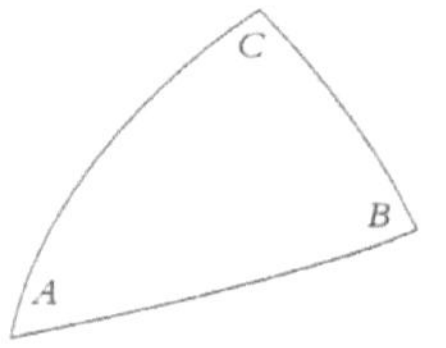

Winkelsumme ($\angle A + \angle B + \angle C > 180°$)

Arbeiten zur nichteuklidischen Geometrie

- **Personen**
  - Saccheri, Giovanni Girolamo (5.09.1667-25.10.1733)
  - Lambert, Johann Heinrich (26.08.1728-25.09.1777)
  - Gauß, Johann Carl Friedrich (1777-1855)
  - Schweikart, Ferdinand Karl (28.02.1780-17.08.1857)
  - Lobatschewski, Nikolai I. (1792-1856)
  - Taurinus, Franz Adolph (15.11.1794-13.02.1874)
  - Bolyai, János (1802-1860)
  - Riemann, Georg Friedrich Bernhard (17.09.1826-20.07.1866)
  - Christoffel, Elwin Bruno (10.11.1829-15.03.1900)
  - Ricci-Curbastro, Gregorio (12.01.1853-6.08.1925)
  - Levi-Civita, Tullio (29.03.1873-29.12.1941)
- **Stumpfe- und Spitze-Winkel-Hypothesen**

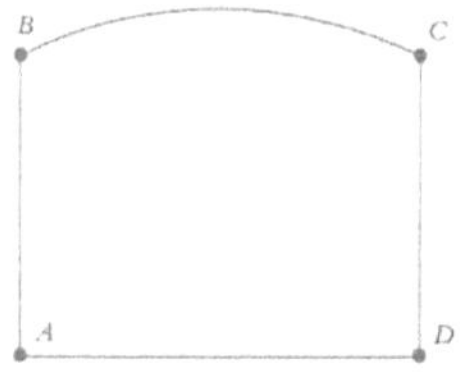

Stumpfe Winkel bei B; C

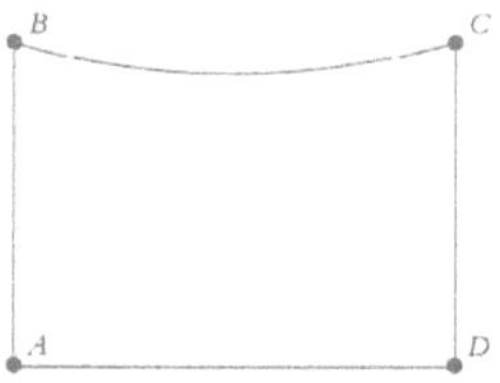

Spitze Winkel bei B; C

Kegelschnitte

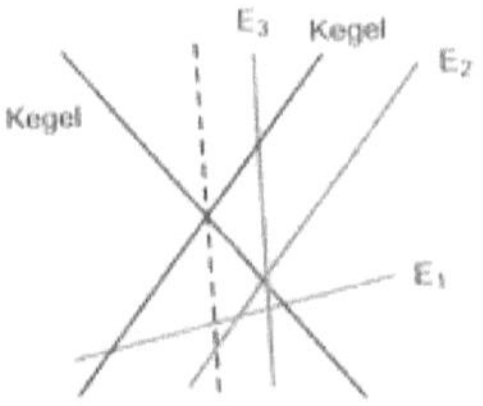

Kegelschnittlinien

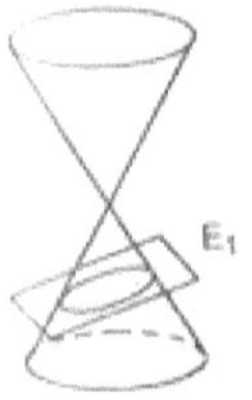

Ellipse

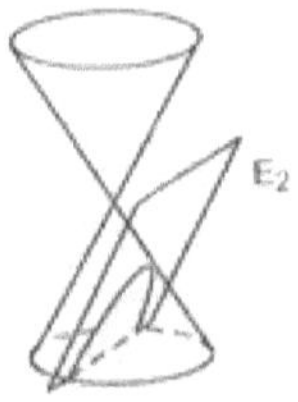

Parabel

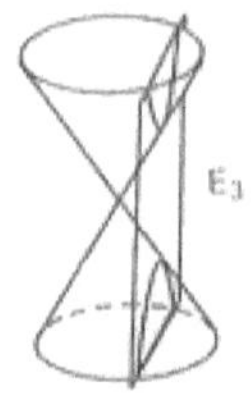

Hyperbel

Geometrien-Übersicht

Geometrie	Bezug	Parallelen durch externen Punkt	Winkelsumme	Länge von Geraden
Ebene	Euklid	eine	180°	∞
Hyperbolisch	Bolyai-Lobtschewski	mehrere	< 180°	∞
Elliptisch	Riemann	keine	> 180 °	endlich

Geometrien

Dreieck

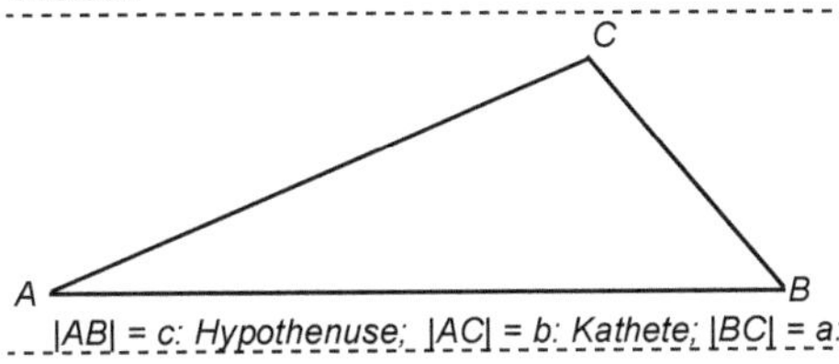

|AB| = c: Hypothenuse; |AC| = b: Kathete; |BC| = a: Kathete

Primzahlen und Teiler

p = $a^2 + b^2 \Leftrightarrow$ p(mod4) = 1; p $\neq$ 2

p	*a^2*	*b^2*	*p(mod4)*	*p*	*a^2*	*b^2*	*p(mod4)*
5	1	4	1	89	25	64	1
13	4	9	1	97	16	81	1
17	1	16	1	101	1	100	1
29	4	25	1	109	9	100	1
37	1	36	1	113	49	64	1
41	16	25	1	137	16	121	1
53	4	49	1	149	49	100	1
61	25	36	1	157	36	121	1
73	9	64	1	193	49	144	1

Tabelle für pythagoreische Zahlen

p	*q*	*a = 2pq*	*$b = p^2 - q^2$*	*$c = p^2 + q^2$*
2	1	4	3	5
3	1	6	8	10
4	1	8	15	17
5	1	10	24	26
6	1	12	35	37
7	1	14	48	50
8	1	16	63	65
3	2	12	5	13
4	2	16	12	20
5	2	20	21	29
4	3	24	7	25
5	3	30	16	34
5	4	40	9	41
6	5	60	11	61
7	2	28	45	53
7	3	42	40	58
7	4	56	33	65
9	1	18	80	82
9	2	36	77	85

Möbiusband

- Möbius, August Ferdinand (1790-1868) fand dieses Band.
- Ein in sich verdrehtes Band wird in sich überführt.
- Eine Unterscheidung zwischen oben und unten ist nicht möglich. Das Band ist nicht orientierbar.

- Möbius-Bänder können nicht ineinander geschachtelt werden.

Kleinsche Flasche

- Klein, Felix (1849 – 1925).
- Eine Unterscheidung zwischen innen und außen ist nicht möglich. Es liegt eine nichtorientierbare Fläche vor. Sie ist randlos.

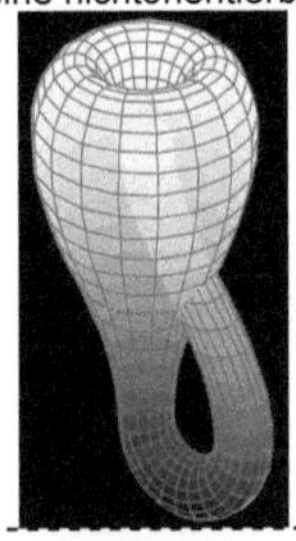

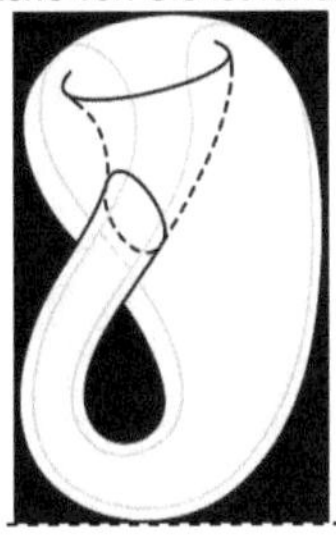

Fraktale

- Benoît Mandelbrot (!924 – 2010) bedachte fraktale Strukturen (1975)
- Mustergestaltung gemäß dem Prinzip der Selbstähnlichkeit. Die Konstruktion beruht auf iterativen Vorschriften, die auch zu chaotischen Strukturen führen können.
  (1) Sierpinski-Teppich
  (2) Julia-Menge (3) Koch-Kurve

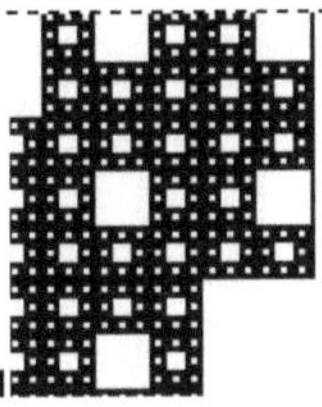
1

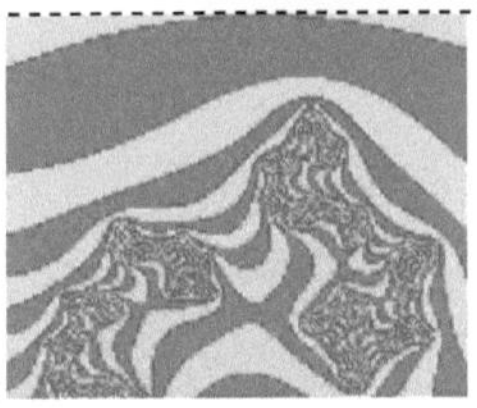
2

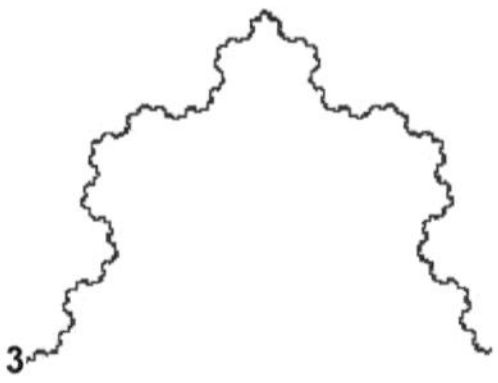
3

Dimensionen

Klassisches Verständnis

- Definition: Anzahl der unabhängigen Bewegungsgrade im Raum
- Klassische Dimensionen
  - $|R^0$: Punkt - $|R^1$: Gerade - $|R^2$: Ebene - $|R^3$: Raum
  - $|R^4$ bzw. $|R^5$: Einsteinraum - $|R^{11}$ etc.: Stringraum

Fraktale Geometrie

- Besondere Bedeutung besitzt die Definition der Hausdorff-Dimension bei der Betrachtung von fraktalen Beziehungen
- **Hausdorff-Dimension** (***D***) nach Felix Hausdorff (1868-1942)
  D = log(*n*)/log(*m*); *n:* Anzahl der disjunkten Teilobjekte
  m: Maßstabs-Verkleinerung (1 zu m) der Größe der Teilobjekte im Vergleich zur Größe des Gesamtobjekts

Trigonometrische Funktionen

Definitionen

Rechtwinkliges Dreieck

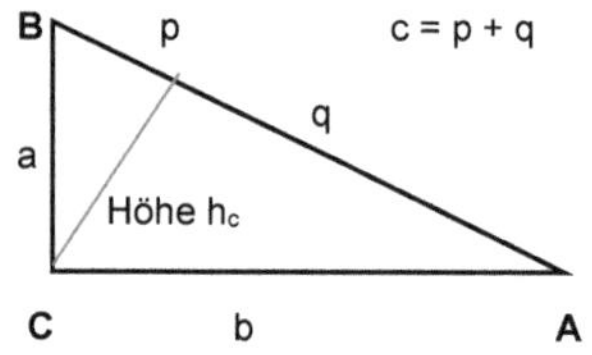

- Winkelsumme im Dreieck
  $\alpha + \beta + \chi = 180°$
- Trig. Beziehungen
  $\sin(\alpha) = a/c$; $\cos(\alpha) = b/c$
  $\tan(\alpha) = a/b$; $\cot(\alpha) = b/a$
- Die Höhe h_c teilt die Hypotenuse c in p und q

- Hypotenuse (längste Seite im rechtwinkligen Dreieck): AB
- Katheten: AC, BC
- Winkeldefinitionen allgemein
  sin(Winkel) = Gegenkathete/Hypotenuse
  cos(Winkel) = Ankathete/Hypotenuse
  tan(Winkel) = Gegenkathete/Ankathete

Einheitskreis / Ergänzung

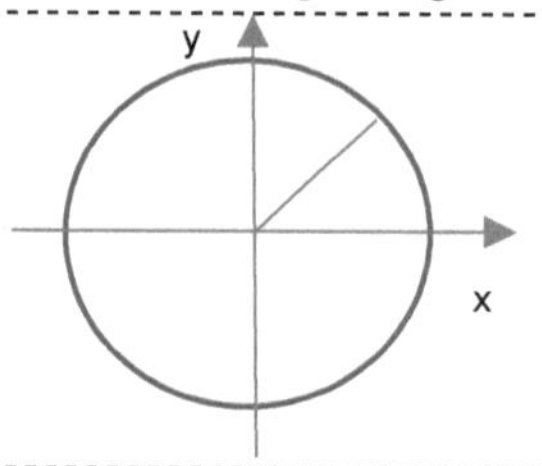

- Einheitskreis: r = 1.0
  $\rightarrow \sin(\alpha) = y$
  $\rightarrow \cos(\alpha) = x$
- Bogenmaß – Winkelwert:
  $x(\text{rad}) = x(\text{Grad}) \cdot 2 \cdot \pi / 360$
  mit
  x(rad): x in Bogenmaß
  x(Grad): x in Grad (deg)

- Folgerungen: $c^2 = a^2 + b^2 \rightarrow c^2/c^2 = a^2/c^2 + b^2/c^2$
  $\rightarrow 1 = (a/c)^2 + (b/c)^2$
  $\rightarrow 1 = [\sin(\alpha)]^2 + [\cos(\alpha)]^2 \rightarrow \sin^2\alpha + \cos^2\alpha = 1$
- $\sin(x) = x - x^3/3! + x^5/5! - \ldots$ (x in Bogenmaß)
- $\cos(x) = 1 - x^2/2! + x^4/4! - \ldots$ (x in Bogenmaß)

Eingeschränkte Kreisfunktion und Umkehrfunktionen

Fkt.	Definitionsmenge: ID	Wertemenge: IW	Umkehrfunktion	Definitionsmenge: ID	Wertemenge: IW
sin(x)	$[-\pi/2; \pi/2]$	$[-1; 1]$	arcsin(x)	$[-1; 1]$	$[-\pi/2; \pi/2]$
cos(x)	$[0; \pi]$	$[-1; 1]$	arccos(x)	$[-1; 1]$	$[0; \pi]$
tan(x)	$]-\pi/2; \pi/2[$	IR	arctan(x)	IR	$]-\pi/2; \pi/2[$
cot(x)	$]-\pi/2; \pi/2[$	IR	arccotan(x)	IR	$]0; \pi[$

Winkelwerte

	0°	30°	45°	60°	90°
sin	0	0,5	$2^{0,5}/2$	$3^{0,5}/2$	1
cos	1	$3^{0,5}/2$	$2^{0,5}/2$	0,5	0
tan	0	$3^{0,5}/3$	1	$3^{0,5}$	∞
cot	∞	$3^{0,5}$	1	$3^{0,5}/3$	0

Allgemeine Sinusfunktionen

f: $y = a \cdot \sin[b \cdot (x + c)] + d$
- Amplitude: $|a|$
- Periode: $2 \cdot \pi/(|b|)$
- Phasenverschiebung: - c
- Gleichgewichtsniveau („Gleichstromüberlagerung"): d

Trigonometrische Sätze

- **Sinussatz:** $\alpha/\sin(\alpha) = \beta/\sin(\beta) = \gamma/\sin(\gamma)$
- **Kosinussatz**
  $a^2 = b^2 + c^2 - 2 \cdot b \cdot c \cdot \cos\alpha$
  $b^2 = a^2 + c^2 - 2 \cdot a \cdot c \cdot \cos\beta$
  $c^2 = a^2 + b^2 - 2 \cdot a \cdot b \cdot \cos\gamma$

Modi-Einstellungen beim TR

Modus	›Winkelwert‹ (ein Vollkreis)
deg	360°
rad	$2 \cdot \pi$ rad $\cong 2 \cdot 3{,}1415926$ rad
grad	400°

Umwandlungen

$\sin^2\alpha + \cos^2\alpha = 1$	$\tan(\alpha) = \sin(\alpha)/\cos(\alpha)$
$\sin(\alpha + 90°) = \cos(\alpha)$	$\cot(\alpha) = \cos(\alpha)/\sin(\alpha)$
$\sin(\alpha + 180°) = \cos(\alpha + 90°)$	$\cot(\alpha) = 1/\tan(\alpha)$
$\cos(90° + \alpha) = -\sin(\alpha)$	$\cos(\alpha + 180°) = -\sin(\alpha + 90°)$
$\cos(x) = 1 - 2 \cdot \sin^2\left(\frac{x}{2}\right)$	$\cos^2(\alpha) = \frac{1}{1+\tan^2(\alpha)}$

Graphenverläufe

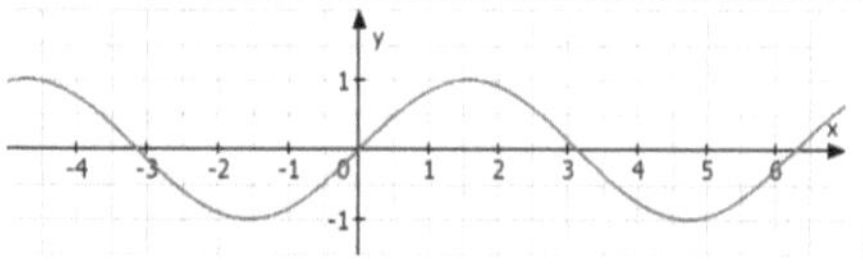

sin(x)

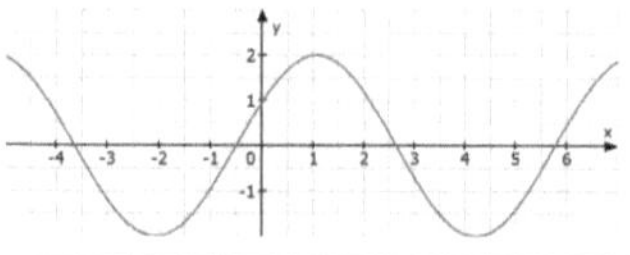

$2 \cdot \sin(x + 0{,}5)$

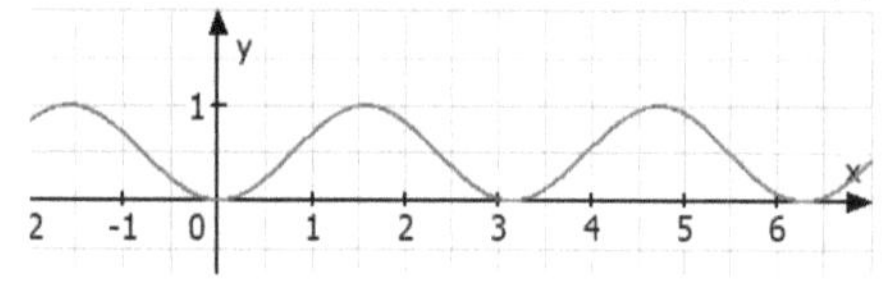

$\sin^2(x)$

Umformungen

$\sin(\alpha \pm \beta) = \sin(\alpha) \cdot \cos(\beta) \pm \sin(\beta) \cdot \cos(\alpha)$

$\cos(\alpha \pm \beta) = \cos(\alpha) \cdot \cos(\beta) -/+ \sin(\alpha) \cdot \sin(\beta)$

$\sin(\alpha) + \sin(\beta) = 2\sin((\alpha + \beta)/2) \cdot \cos((\alpha - \beta)/2)$

$\sin(\alpha) - \sin(\beta) = 2\cos((\alpha + \beta)/2) \cdot \cos((\alpha - \beta)/2)$

$\cos(\alpha) - \cos(\beta) = -2 \cdot \sin((\alpha + \beta)/2) \cdot \sin((\alpha - \beta)/2)$

$\sin(2\alpha) = 2 \cdot \sin(\alpha) \cdot \cos(\alpha)$

$\cos(2\alpha) = \cos^2(\alpha) - \sin^2(\alpha) = 1 - 2 \cdot \sin^2(\alpha)$

$\sin(3\alpha) = 3 \cdot \sin(\alpha) - 4 \cdot \sin^3(\alpha)$

$\sin(\alpha/2) = \pm((1 - \cos(\alpha))/2)^{0,5}$

$\cos(\alpha/2) = \pm((1 + \cos(\alpha))/2)^{0,5}$

$\tan(\alpha/2) = \sin(\alpha)/(1 + \cos(\alpha))$

$\tan(2\alpha) = 2\tan(\alpha)/(1 - \tan^2(\alpha))$

Exponentialfunktion und Logarithmen

Exponentialfunktion

- $y = b^x$; Exponentialfunktion (Basis b mit $b > 0$, $b \in R$, $x \in R$).
  x: Exponent
  Mit $b > 1$ wächst f streng monoton.
  Mit $0 < b < 1$ fällt f streng monoton.
- $\exp(0) = 1$
- $f(x) = \exp(x + a) = \exp(x) \cdot \exp(a)$
- $f(x) = (e^x)^2 = (e^x) \cdot (e^x) = (e^{x \cdot 2}) \rightarrow f'(x) = 2 \cdot (\exp(x \cdot 2))$
- $e^x = \lim_{n\to\infty} \left(1 + \frac{x}{n}\right)^n = \exp(x)$; $x \in R$
- $\exp(x) = 1 + x/1! + x^2/2! + x^3/3! + x^4/4! + \ldots$ für $|x| < \infty$
- $\exp(x) = \sum_{n=0}^{\infty} \frac{x^n}{n!}$

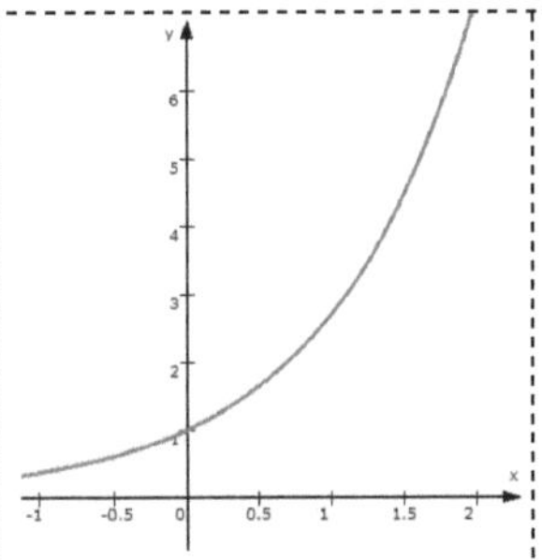

$f(x) = \exp(x)$

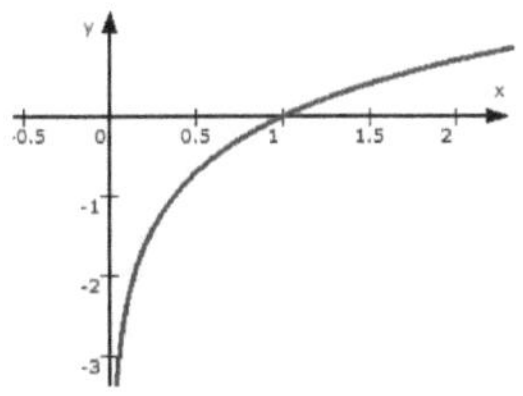

$f(x) = \ln(x) \rightarrow f'(x) = 1/x$

Logarithmus

- Es ist die Umkehrfunktion zur (allgemeinen) Exponentialfunktion.
- $x = b^y \Leftrightarrow y = \log_b x$
- $\ln(\exp(x)) = x$
- $\lg(10^x) = x$
- $\mathrm{ld}(2^x) = x$
- $\ln(x) = \log_e(x)$: natürlicher Logarithmus; logarithmus naturalis
- $\lg(x) = \log_{10}(x)$: dekadischer Logarithmus; 10er Logarithmus
- $\mathrm{ld}(x) = \log_2(x)$: binärer Logarithmus; logarithmus dualis
- $\log(u \cdot v) = \log(u) + \log(v)$
- $\log(u^{-1}) = \log(1/u) = -\log(u)$
- $\log(u/v) = \log(u) - \log(v)$
- $\log(u^m) = m \cdot \log(u)$

Umrechnung der Logarithmen

- $\log_b(x) = (1/\log_c(b)) \cdot \log_c(x)$
- Konkret:
  Umrechnung von ln zu lg:
  $\lg(x) = \log_{10}(x) = (1/\ln(10)) \cdot \ln(x) = (1/\log_e(10)) \cdot \log_e(x)$
  Umrechnung von ln zu ld:
  $\mathrm{ld}(x) = \log_2(x) = (1/\ln(2)) \cdot \ln(x) = (1/\log_e(2)) \cdot \log_e(x)$

Ableitungen

- $f(x) = \ln(x) \rightarrow f'(x) = D(\ln(x)) = 1/x$
- $f(x) = a^x \rightarrow \ln(f(x)) = \ln(a^x) = x \cdot \ln(a) \rightarrow f(x) = \exp(x \cdot \ln(a))$
  $\rightarrow f'(x) = D(a^x) = \ln(a) \cdot \exp(x \cdot \ln(a)) = \ln(a) \cdot f(x) = \ln(a) \cdot a^x$
- $f(x) = \exp(x) \rightarrow f'(x) = 1 + x/1! + x^2/2! + x^3/3! + x^4/4! + \ldots$
- $f(x) = e^x \rightarrow f'(x) = D(\exp(x)) = \exp(x) = e^x$

Logarithmus und Exponentialfunktion

- $\ln(\exp(x)) = x$
- $\exp(\ln(x)) = x$

exp, sin, cos

- $\exp(i \cdot x) = 1 + i \cdot x/1! + (i \cdot x)^2/2! + (i \cdot x)^3/3! + \ldots =$
  $= 1 + i \cdot x/1! - (x)^2/2! - I \cdot (x)^3/3! + \ldots =$
- $\sin(x) = x - x^3/3! + x^5/5! - \ldots$ (x in Bogenmaß) für $|x| < \infty$
- $\cos(x) = 1 - x^2/2! + x^4/4! - \ldots$ (x in Bogenmaß) für $|x| < \infty$
- Eulersche Formel: $\exp(i \cdot x) = \cos x + i \cdot \sin x$

sinh(x), cosh(x), tanh(x)

- cosh(x): $|R \rightarrow |R$; cosinus hyperbolicus
- sinh(x): $|R \rightarrow |R$; sinus hyperbolicus
- $\cosh(x) := ½ \cdot (\exp(x) + \exp(-x))$
- $\sinh(x) := ½ \cdot (\exp(x) - \exp(-x))$
- $\cosh(x + y) = \cosh(x) \cdot \cosh(y) + \sinh(x) \cdot \sinh(y)$
- $\sinh(x + y) = \cosh(x) \cdot \sinh(y) + \sinh(x) \cdot \cosh(y)$
- $\cosh^2(x) - \sinh^2(y) = 1$
- $\tanh(x) = (\exp(x) - \exp(-x))/(\exp(x) + \exp(-x))$
- $\coth(x) = (\exp(x) + \exp(-x))/(\exp(x) - \exp(-x))$
- $\tanh(x) = 1/\coth(x) = \sinh(x)/\cosh(x)$

Allgemeine gebrochen-rationale Funktion

$$f(x) = k \cdot \frac{a_n \cdot x^n + a_{n-1} \cdot x^{n-1} + \ldots + a_1 \cdot x^1 + a_0}{b_m \cdot x^m + \ldots + b_1 \cdot x^1 + b_0}$$

Nullstellen von f ergeben Zählerpolynome: $(x - x_n)$
Polstellen von f ergeben Nennerpolynome: $(x - x_p)$
Lücken von f ergeben Nenner- und Zählerpolynome: $(x - x_L)$

$m < n$: echt gebrochen; $m \geq n$: unecht gebrochen

Allgemeine gebrochen-rationale Funktion mit Linearfaktoren

$$f(x) = k \cdot \frac{(x - x_{n1}) \cdot (x - x_{n2}) \cdot \ldots \cdot (x - x_{nN}) \cdot (x - x_{l1}) \cdot (x - x_{l2}) \cdot \ldots \cdot (x - x_{lL})}{(x - x_{p1}) \cdot (x - x_{p2}) \cdot \ldots \cdot (x - x_{pP}) \cdot (x - x_{l1}) \cdot (x - x_{l2}) \cdot \ldots \cdot (x - x_{lL})}$$

Es existieren N Nullstellen mit $0 \leq N \leq \infty$, L Lücken mit $0 \leq L \leq \infty$ und P Pole mit $0 \leq P \leq \infty$.

Zugehörige Ersatzfunktion: $f_E(x) = \frac{(x - x_{n1}) \cdot (x - x_{n2}) \cdot \ldots \cdot (x - x_{nN})}{(x - x_{p1}) \cdot (x - x_{p2}) \cdot \ldots \cdot (x - x_{pP})}$

Finanzrechnung

Begriffe / Zinsabschnitte

- Zinstage: Bestimmung der Zinstage
  - Sparbuchverzinsung: Das Jahr wird mit 360 Tagen und jeder Monat mit 30 Tagen gerechnet.
  - Geldmarktpapiere: Die genaue Tageszahl wird beachtet. Das Jahr wird mit 365 Tagen angenommen. (Alternative: Bei Schaltjahren wird das Jahr mit 366 Tagen gerechnet.)
- Zins: Vergütung für geliehenes Geld (Kapital)
- Antizipative Zinszahlung (Vorschüssige Verzinsung): Zu Beginn eines Verzinsungsabschnitts (Verzinsungsperiode) fallen die Zinsen an.
- Dekursive Zinszahlung (Nachschüssige Zinsen): Am Ende des Verzinsungsabschnitts fallen die Zinsen an.
- Unterjährige Verzinsung: Zinsen werden nach Ablauf eines Teilabschnitts bereits gezahlt: d. h., die Verzinsungsperiode wird in gleiche Teilabschnitte aufgegliedert.
- Eine stetige Verzinsung (unterjährige Verzinsung) liegt vor, wenn sich von Jahr zu Jahr die Dauer eines Teilabschnitts verringert.
- Rente: In gleichmäßigen Abständen erfolgen Einzahlungen (E) [bzw. Auszahlungen (Leistungen)]

Beispiel (Kapitalverdopplung bei Zinseszins-Rechnung)

$K_n = 2 \cdot K_0 = K_0 \cdot (1 + i)^n \rightarrow n = \ln(2)/\ln(1 + i)$

(mit **$n = 70/p$**) $\rightarrow i = -1 + 2^{1/n}$

Näherungen für $\ln(1 + x) \sim x$

$i = 0{,}2\ \%$; $\ln(1 + 0{,}002) = \ln(1{,}002) \sim 0{,}001998$
$i = 1\ \%$; $\ln(1 + 0{,}01) = \ln(1{,}01) \sim 0{,}009950$
$i = 3\ \%$; $\ln(1 + 0{,}03) = \ln(1{,}03) \sim 0{,}029559$
$i = 5\ \%$; $\ln(1 + 0{,}05) = \ln(1{,}05) \sim 0{,}048702$
$i = 9\ \%$; $\ln(1 + 0{,}09) = \ln(1{,}09) \sim 0{,}0861777$

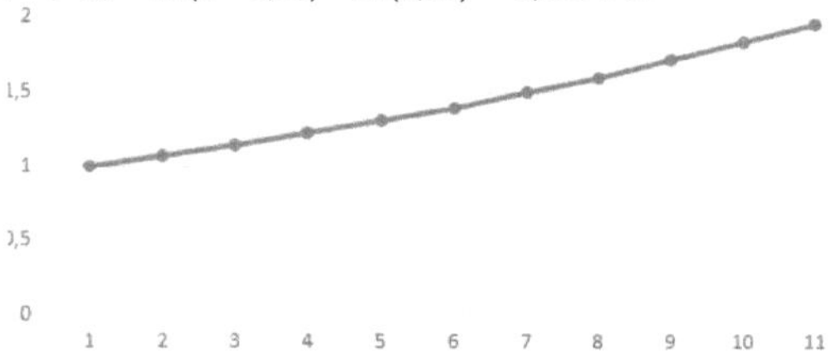

Entwicklung für $(1{,}07)^n$

Symbolik / Beispiele

i: Zinssatz (Zinsen - engl. **i**nterest): $i = p/100$ (p: Prozentwert)	K: Kapital; K_0: Anfangskapital
q: (Aufzinsungsfaktor) $q = 1 + p/100$	K_t: Endkapital (Kapital am Ende des Jahres t; Endwert)
	t: Zeit (Laufzeit (in Jahren))

Darlehen

- **Abzahlungsdarlehen** (auch **Ratentilgung**)
  Gleichbleibende (konstante) Tilgungsraten
  → da der Zinsbetrag im Verlauf abnimmt, reduziert sich die Annuität: $T_m = const. = K_0/n = T$; $K_m = K_0 - m \cdot T$
- **Annuitätendarlehen**
  Gleichbleibende (konstante) Rückzahlungssumme während der gesamten Tilgungszeit. Da die Zinszahlung abnimmt, erhöht sich im Rückzahlungsverlauf die Tilgungsrate
  $A_m = T_m + Z_m = const. = A$; $K_m = K_0 - T_1 - T_2 - \ldots - T_m$

Fall A: Zinsrechnung: Einmalige Einzahlung

Einfache Verzinsung: $K_t = K_0 \cdot (1 + t \cdot i)$

Verzinsung mit Verzinsung der Zinsen (Zinseszins) $K_t = K_0 \cdot (1 + i)^t$

Unterjährige Verzinsung (m: Anzahl der Zinsabschnitte/Jahr)
$K_{(m \cdot n)} = K_0 \cdot (1 + p/(100 \cdot m))^{(m \cdot n)}$

B: Rentenrechnung: Regelmäßige Zahlung (E)

I.: Vorschüssige Einzahlung (praenumerando Einzahlung)
- **Rentenendwert:** $K_n = E \cdot q \cdot [(q^n - 1)/(q - 1)]$
- **Rentenbarwert:** $K_0 = K_n/q^{n-1}$

II.: Nachschüssige Einzahlung (postnumerando Einzahlung)
- **Rentenendwert:** $K_n = E \cdot [(q^n - 1)/(q - 1)] = E \cdot [(q^n - 1)/i]$
- **Rentenbarwert:** $K_0 = K_n/q^n$

C: Tilgung

Annuität: jährliche Summe von Tilgung (**T_i**) und Zinszahlung (**Z_i**)

A_i: Annuität (jährliche Gesamtrückzahlungssumme): **$A_i = T_i + Z_i$**

Tilgung: Schuldrückzahlung; **T_m**: (Tilgungsrate) - **Restschuld**

Symbolik (der Ökonomierechnung)

BSP: Bruttosozialprodukt	P: Güterpreisniveau
C: Konsum (Verbrauch)	n: Kapitalkoeffizient
g: Wachstumsrate	Q: Gewinnsumme
I: Investition; i: Zinssatz	s: Sparquote
K: Kapital (Anlagevermögen; Realkapitalbestand)	T: Steuerzahlung
	w: Nominallohn pro Arbeitsstunde
S: Sparsumme privater Haushalte (Ersparnis)	N: Arbeit (Arbeits- bzw. Beschäftigungsvolumen)
Y: Bruttoinlandsprodukt (Produktionsvolumen; Realeinkommen)	N^d: Arbeitsnachfrage (demand); N^s: Arbeitsangebot (supply)

Volkswirtschaftliche Gesamtgleichung

- $BSP = CP + CS + IP + I_s + EX - IM$
- CP: privater Konsum; CS: staatlicher Konsum; IP: private Investitionen; IS: staatliche Investitionen
- **Einkommen der Haushalte** über Lohn: $w \cdot N^s$

Makroökonomische Produktionsfunktion (Y)

- $Y = Y(N, K)$
- $Y_N = \delta Y/\delta N$ (→ partielle Ableitung von Y nach N)
  Totales Differential von Y: $dY = Y_N \cdot dN + Y_K \cdot dK$
  Für Y gilt unter Beachtung der Bildungskosten (B): $Y = C + I + B$

Rahmenbedingungen (Budgetgrenzen)

Haushalte	$w N^s$	$+ i (B/i)$	$- P Cd$			$+ PQ$	$+ M$	$+ B/i$	$- Md$	$- PTH$	$- Bd/i$	$= 0$
Unternehmen	$- w N^d$	$- i B_U/i$		$+ PY^s$	$- PI^d$	$- PQ$		$- B_U/i$		$- PT_U$	$+ B_U^s/i$	$= 0$
Staat		$- i B_s/i$	$- PG^d$				$- M$	$- B_s/i$	$+ M^s$	$+ PT$	$+ B_s^s/i$	$= 0$

Walras-Beziehungen

Arbeitsmarktbeziehung: $w \cdot (N^s - N^d)$

Gütermarktbeziehung: $P \cdot (Y^s - C^d - I^d - G^d) = P(Y^s - Y^d)$

Geldmarktbeziehung: $P \cdot (M^s/P - M^d/P)$

Wertpapiermarktbeziehung: $(1/i) \cdot (B_U^s + B_s^s - B^d) = (1/i) \cdot (B^s - B^d)$

Wirtschaftsfunktionen

Produktionsfunktion (nach Cobb, C. W.; Douglas, P. H. (1929))
$Y = Y(N, K) = N^a \cdot K^b$ mit $0 < a, b < 1$ (**Cobb-Douglas-Funktion**)

Konsumhypothese $C^d = C(Y - T)$ mit $0 < C_{Y-T} < 1$; $C = c \cdot Y = (1 - s)\, Y$

Gewinnhypothese: $Q = Y - (w/P)\, N - i\, K$

Gütermarktgleichung $S(Y - T, i) = I(i) + G - T$ mit $S_{Y-T} > 0$; $S_i > 0$ und $I_i < 0$

Sparhypothese $S = S(Y - T, i)$ mit $0 < S_{Y-T} < 1$ und $0 < S_i$

Geldmarktgleichung $M = L(Y, i) \cdot P$ mit $L_Y > 0$ und $L_i < 0$

Analysis

Folge, Schranke, Grenze

- Eine Folge ist eine Funktion, die den Werten aus dem Definitionsbereich (|D = |N) Werte aus |R zuordnet.
  $n \to a_n$ mit $a_n \in$ |R.
- Zahlenfolge: $\{a_n\}$; $a_n = f(n) \in$ |R; $n \in$ |R.
- Alle a_s mit $a_s \geq a_n$ sind obere Schranken von a_n.
  Alle a_s mit $a_s \leq a_n$ sind untere Schranken von a_n.
  Eine Folge, die eine obere Schranke (untere Schranke) hat, ist nach oben (nach unten) beschränkt.
  Eine Folge ist allgemein beschränkt, sofern für sie jeweils eine untere und obere Schranke existiert.
- Die kleinste obere Schranke ist das Supremum (sup; obere Grenze). Die größte untere Schranke ist das Infimum (inf; untere Grenze. Allgemein gilt: inf $\leq a_n \leq$ sup
- Eine Folge ist monoton steigend, wenn für alle n gilt: $a_n \leq a_{n+1}$.
  Eine Folge ist monoton fallend, wenn für alle n gilt: $a_n \geq a_{n+1}$.
  Sie ist streng monoton steigend, wenn für alle n gilt: $a_n < a_{n+1}$.
  Sie ist streng monoton fallend, wenn für alle n gilt: $a_n > a_{n+1}$.
  (Jeweils mit $n \in$ |N.)
- **arithmetische** Folge: an-1 – an = d = const. für alle $n \in$ |N
- **geometrische** Folge: $\frac{a_{n+1}}{a_n}$ = q = const. für alle $n \in$ |N

Konvergenz, Grenzwert

- Die Folge a_n ((a_n) (mit $n \in$ |N) heißt konvergent gegen a, wenn $| a_n - a | < \varepsilon$ gilt.
  Dies muss für alle $n > N(\varepsilon)$ erfüllt sein. Hierbei geht ε gegen Null.
  Es wird geschrieben: $\lim(a_n) = a$. Bzw. auch: $\lim\limits_{n \to \infty} (a_n) = a$.
  (lies: „limes von a von n für n gegen unendlich ist a".)
  (D. h.: Die Folge a_n geht für n gegen unendlich gegen den Wert a. a ist hierbei der **Grenzwert** der Folge.)
- Grenzwert der Folge {an}:
  $\forall \varepsilon > 0 \; \exists \; n(\varepsilon)$: $|a_n - a| < \varepsilon \; \forall n \geq n(\varepsilon)$; $a =: \lim\limits_{n \to \infty} (a_n)$
- Die Folge a_n ((a_n) (mit $n \in$ |N) heißt konvergent gegen a, wenn um a (in der Umgebung von a) quasi alle Folgenglieder von der Folge a_n liegen. Insofern gilt mit $\varepsilon \to 0$:
  $a - \varepsilon < a_{nx} < a + \varepsilon$ für fast alle a_n mit $n_x > n_0 \in$ |N.
- Eine Funktion, die nicht konvergent ist („sie konvergiert nicht"), ist divergent.
- Der Grenzwert einer Folge ist eindeutig.
- Eine Folge ist beschränkt, wenn sie konvergiert.
- Jede beschränkte Folge besitzt zumindest eine konvergente Teilfolge. Der Konvergenzpunkt der Teilfolge wird auch Häufungspunkt genannt.
- Die Summe zweier Folgen (a_n und b_n) konvergiert gegen die Summe der Grenzwerte a + b.
  $\lim\limits_{n \to \infty} a_n = a \wedge \lim\limits_{n \to \infty} b_n = b \to \lim\limits_{n \to \infty} (a_n + b_n) = a + b$.
- uneigentliche Grenzwerte: $\lim\limits_{n \to \infty} (f(x)) = a = \pm \infty$
- rechtsseitiger Grenzwert: $\lim\limits_{x \to x0, x > x0} f(x) = a$
- linksseitiger Grenzwert: $\lim\limits_{x \to x0, x < x0} f(x) = a$
- **Cauchy-Folge**
  (a_n) mit $n \in$ |N sei eine Folge, die Cauchy-Folge heißt, wenn zu jedem möglichen $\varepsilon > 0$ jeweils ein $n_0 \in$ |N existiert, so dass $| a_n - a_m | < \varepsilon$ für alle $n, m \geq n_0$ gilt.
  Diese Forderung ist für jede reelle Zahlenfolge erfüllt.

- Eine **Nullfolge** liegt vor, wenn gilt: $\lim\limits_{n \to \infty} (a_n) = 0$.

Reihen; Konvergenzkriterium

- **Geometrische Reihe**: $\sum_{i=0}^{n} q^n = \frac{1}{1-q}$, für 0 < q < 1.
- Notwendige Konvergenzbedingung einer Reihe $\sum_{i=1}^{n} a_i$
  $\lim\limits_{n \to \infty} (a_n) = 0$. Insofern muss an eine Nullfolge sein.
- Das Vorliegen einer Nullfolge ist nicht zureichend für die Existenz des Grenzwertes einer Reihe.
- Die harmonische Reihe mit $a_n = \frac{1}{n}$ ist divergent.
- Die Reihe mit an = $\frac{1}{2^n}$ konvergiert gegen 2:
  $2 = 1 + \frac{1}{2} + \frac{1}{4} + \frac{1}{8} + \ldots$
- a_n sei eine Nullfolge mit $a_n \geq 0$. Dann konvergiert: $\sum_{i=0}^{n} (-1)^n \cdot a_i$
- Wenn die Reihe $\sum_{i=1}^{n} c_i$ konvergiert, dann auch für $| a_n | \leq c_n$ die Reihe $\sum_{i=1}^{n} a_i$
- Wenn die Reihe $\sum_{i=1}^{n} c_i$ divergiert, dann auch für $| c_n | \leq a_n$ die Reihe $\sum_{i=1}^{n} a_i$
- Sofern $\left| \frac{a_{n+1}}{a_n} \right| < 1$ (ab einem n_o für alle $n \in$ |N) gilt, konvergiert $\sum_{i=0}^{n} a_i$ absolut.
- **Quotientenkriterium**
  Für die Reihe $\sum_{i=1}^{n} a_i$ gilt:
  1.) gilt für $n > n_0$: $\frac{a_{n+1}}{a_n} < 1$, dann ist die Reihe konvergent;
  2.) gilt für $n > n_0$: $\frac{a_{n+1}}{a_n} \geq 1$, dann ist die Reihe divergent.
- **Konvergenzkriterium** nach **Cauchy**:
  $\sum_{i=1}^{n} a_i$ ist konvergent, wenn es für jedes mögliche $\varepsilon > 0$ ein n_0 gibt, so dass für alle $n_0 \leq k < l$ erfüllt ist: $| \sum_{n=k+1}^{l} a_i | < \varepsilon$

Stetigkeit

- **Lokale Stetigkeit**: Eine Funktion f(x) ist stetig im Punkt a, sofern erfüllt ist: $\lim\limits_{x \to a} f(x) = f(a)$.
- Ist die Funktion in einem Punkt, der Element der Definitionsmenge ist, nicht stetig, dann ist die Funktion bei diesem Punkt nicht stetig. Sie ist in diesem Punkt **unstetig**.
- Ist die Funktion in einem Punkt nicht definiert, dann ist sie in dem Punkt weder stetig noch unstetig.
- **Globale Stetigkeit**: Die Funktion ist an jedem Definitionspunkt lokal stetig.

Grenzwerte

- $\lim_{n \to \infty} \frac{1}{n} = 0$
- $\lim_{n \to \infty} \frac{n}{n+\alpha} = 1$ für $\alpha \in$ |R
- $\lim_{n \to \infty} q^n = 0$ für |q| < und q $\in$ |R
- $\lim_{n \to \infty} (1 + \frac{\lambda}{n})^n = \exp(\lambda)$ für $\lambda \in$ R
- $\lim_{n \to \infty} \sqrt[n]{c} = 1$ für c > 0 und c $\in$ |R
- $\lim_{x \to \infty} \frac{x^n}{e^x} = 0$
- $\lim_{x \to 0} \frac{\sin(x)}{x} = 1$
- $\lim_{x \to 0} \frac{1-\cos(x)}{x} = 0$
- $\lim_{x \to \infty} (x \cdot \exp(x)) = 0$
- $\lim_{x \to 0} (x \cdot \ln(x)) = 0$

Summe, Reihe, Produkt

- $\sum_{i=1}^{n} a_i = a_1 + a_2 + \ldots + a_{n-1} + a_n$
- $\prod_{i=1}^{n} a_i = a_1 \cdot a_2 \cdot \ldots \cdot a_{n-1} \cdot a_n$
- Partialsumme: $s_n = \sum_{k=1}^{n} a_k$

Reihenwerte

- $\sum_{n=1}^{\infty} \frac{1}{n^2} = \frac{\pi^2}{6}$;
- $\sum_{n=1}^{\infty} \frac{1}{n^4} = \frac{\pi^4}{90}$
- $\sum_{n=1}^{\infty} \frac{1}{n^6} = \frac{\pi^6}{945}$

Nullstellen, Pole, Lücken

- $F(x) = \frac{Z(X)}{N(X)}$
- Nullstelle x_n: $Z(x_n) = 0$ und $N(x_n) \neq$
- Pol (Polstelle) x_p: $Z(x_p) \neq 0$ und $N(x_p)$
- Lücke x_L: $Z(x_L) = 0$ und $N(x_L) = 0$

Cauchy-Produkt

Sind die Reihen (n = 0 bis n = ∞) über a_n und b_n absolut konvergent, dann gilt dies auch für die Reihe
$c_n = \sum_{k=0}^{n} a_{n-k} \cdot b_k$

Analysis

Grenzwerte von Funktionen

- uneigentliche Grenzwerte: $\lim_{n \to \infty} (f(x)) = a = \pm \infty$
- rechtsseitiger Grenzwert: $\lim_{x \to x_0,\ x > x_0} f(x) = a$
- linksseitiger Grenzwert: $\lim_{x \to x_0,\ x < x_0} f(x) = a$

Funktionscharakteristika

- monoton wachsende Funktion: $f(x_1) \leq f(x_2)$ mit $x_1 < x_2$
- streng monoton wachsende Funktion: $f(x_1) < f(x_2)$ mit $x_1 < x_2$
- monoton fallende Funktion: $f(x_1) \geq f(x_2)$ mit $x_1 < x_2$
- streng monoton fallende Funktion: $f(x_1) > f(x_2)$ mit $x_1 < x_2$
- gerade Funktion: $f(-x) = f(x)$
- ungerade Funktion: $f(-x) = -f(x)$
- periodische Funktion: $f(x + p) = f(x)$; p: Periodik

Ableitung

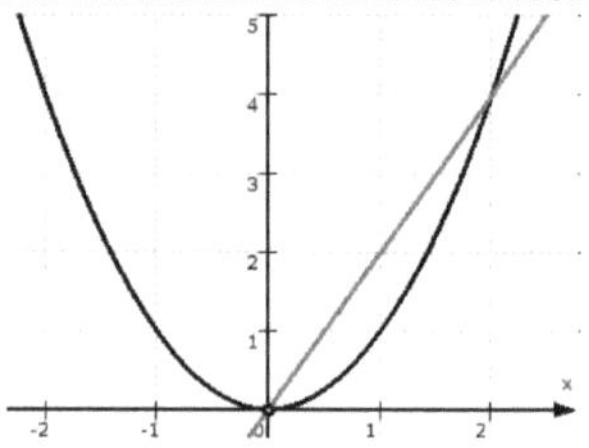

- $\Delta x = x_2 - x_1$
- $\Delta y = y_2 - y_1$
- $\Delta y = f(x_2) - f(x_1)$
- $\Delta f(x) = \Delta x / \Delta y$: Differenzenquotientenfunktion
- Mit Δx gegen Null ($\Delta x \to 0$) geht die Differenzenquotientenfunktion in die Differenzialfunktion über.
- Die Differenzialfunktion f'(x) gibt die momentane Änderungsrate der Funktion f(x) an. Dies ist geometrische gesehen die Steigung der Tangente im Punkt x_1.
  Man spricht auch vom Differenzial an der Stelle x_1.
- $\lim_{\Delta x \to 0} \left(\frac{\Delta y}{\Delta x}\right) = f'(x) = \tan\alpha = m$: Steigung von f(x) für $x_2 \to x_1$

Ableitungsregeln

Differentialoperator D: $f' =: Df$ („D angewandt auf f")
also: $f'(x_0) =: Df(x_0)$; $f'' = D(Df) =: D^2f$

1. **Potenzregel**
   $D(x^n) = n \cdot x^{n-1}$ für alle n Element von |Z
2. **Faktorregel**
   (f ist eine differenzierbare Funktion; c ist eine reelle Konstante)
   $D(cf) = c \cdot (Df)$
3. **Lineare Funktion**
   $D(a \cdot x + b) = a$
4. **Summenregel**
   (g und h sind differenzierbare Funktionen) $D(g + h) = Dg + Dh$
5. **Produktregel**
   (g und h sind differenzierbare Funktionen;
   es gilt: $f(x) = g(x) \cdot h(x)$)
   $D(f) = D(gh) = (Dg) \cdot h + g \cdot (Dh)$ Also:
   $f'(x_0) = (g(x_0) \cdot h(x_0))' = g'(x_0) \cdot h(x_0) + g(x_0) \cdot h'(x_0)$
6. **Quotientenregel**
   (g und h sind differenzierbare Funktionen und h(x) ist ungleich Null; f = g/h)
   $D(f) = D(g/h) = [(Dg) \cdot h - g \cdot (Dh)]/(h^2)$
7. **Reziprokregel**
   (h ist eine differenzierbare Funktion und h(x) ist ungleich Null)
   $D(1/h) = (-Dh)/h^2$
8. **Kettenregel**
   (g sei in x_0 differenzierbar; f in z_0 mit $z_0 := g(x_0)$;
   $h(x) = f(g(x))$, also $h = f \circ g$)
   $h'(x_0) = f'(g(x_0)) \cdot g'(x_0)$ bzw. anders geschrieben:
   $D(f \circ g) = (Df \circ g) \cdot D(g)$
   Verallgemeinert gilt: $dy/dx = dy/da \cdot da/db \cdot \ldots \cdot dz/dx$
9. **Mittelwertsatz**
   a.) **Satz von Rolle**
   Zwischen zwei Nullstellen einer differenzierbaren Funktion f muss wenigstens eine Nullstelle ihrer ersten Ableitungsfunktion f' liegen.
   b.) **Mittelwertsatz der Differentialrechnung**
   f sei im betrachteten Intervall [a; b] differenzierbar und f' Ist stetig. Dann gilt: $f'(x) = [f(b) - f(a)]/(b - a)$, wobei x eine Stelle innerhalb des Intervalls (a; b) ist.
   Es gibt also ein x im Intervall, an der die Tangente parallel zur Sekante von a nach b verläuft.

Funktionscharakteristika

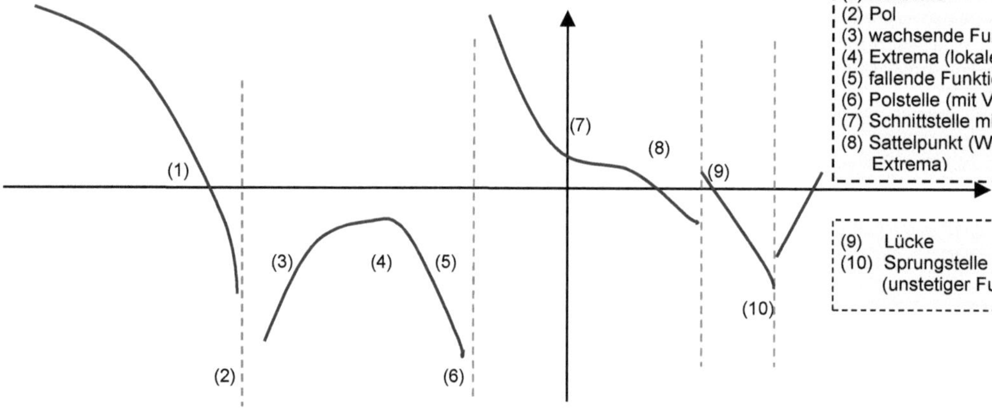

(1) Nullstelle
(2) Pol
(3) wachsende Funktion
(4) Extrema (lokales Maximum)
(5) fallende Funktion
(6) Polstelle (mit Vorzeichenwechsel)
(7) Schnittstelle mit der y-Achse
(8) Sattelpunkt (Wendepunkt und Extrema)

(9) Lücke
(10) Sprungstelle (unstetiger Funktionsverlauf)

Analysis

Elementare Ableitungsbeziehungen

1. **Steigungsverhalten** einer Funktion
   Existiert die Funktion f und ist in einem Intervall [a; b] differenzierbar, dann gilt:
   → Ist Df = f ' > 0 für alle x-Werte im Intervall, dann wächst die Funktion im Intervall streng monoton.
   → Ist Df = f ' < 0 für alle x-Werte im Intervall, dann fällt die Funktion im Intervall streng monoton.
2. **Extrema**: f '(x) = 0 (f(x) sei mindestens zweimal differenzierbar.)
   → f '(x) = 0 und f ''(x) = D^2(f(x)) > 0, dann liegt ein relativer Tiefpunkt (relatives Minimum) vor.
   → f '(x) = 0 und f ''(x) = D^2(f(x)) < 0, dann liegt ein relativer Hochpunkt (relatives Maximum) vor.
3. **Wendepunkte**: (f(x) sei mindestens dreimal differenzierbar.)
   Bei einem Wendepunkt wechselt das Krümmungsverhalten einer Kurve.
   Anschaulich: Im Wendepunkt geht der Graph einer Funktion von einer Links- in eine Rechtskurve (bzw. umgekehrt) über.
   Notwendige Bedingung: f''(x) = D^2(f(x)) = 0.
   Weiterhin muss f'''(x) = D^3(f(x)) ungleich Null sein.
   Bei einem Sattelpunkt ist im Gegensatz zu einem Wendepunkt die erste Ableitung auch Null.
4. Konvexes und konkaves Verhalten
   D^2(f(x)) > 0 → konvexer Kurvenverlauf
   D^2(f(x)) < 0 → konkaver Kurvenverlauf

Funktionsuntersuchungen

Es sei: f(x) = P(x)/Q(x)

1. Bestimmung des **Definitionsbereichs**
2. Bestimmung der **Nullstellen**
   f(x) = 0; wobei Q(x) ungleich Null sein muss.
3. Bestimmung der **Pole**
   Q(x) ist gleich Null und zugleich ist P(x) ungleich Null.
4. Bestimmung der **Lücken**
   P(x) und Q(x) müssen zugleich Null sein.
5. Bestimmung der **Asymptoten**
   - vertikale A. → Pole
   - horizontale A. → Grenzwertbetrachtung mit x gegen ± ∞
6. Bestimmung der **Extremwerte, Wendepunkte, Sattelpunkte**
7. **Schnittpunkt** des Graphen mit der y-Achse
8. **Graph** der Funktion

Extremwertuntersuchung

- Die zu bestimmende Größe für ein Extrema wird mit einer **Hauptfunktion** erfasst. Liegen in dieser Funktion mehrere Variablen vor, dann kann durch die Bildung von **Nebenfunktionen** diese zusätzlichen Variablen eliminiert werden.
- Es ergibt sich dann eine **Zielfunktion**. Unter Verwendung der Ableitungen wird für ein Extrema (D(f) = 0) der zugehörige Variablenwert bestimmt.

Regeln von Bernoulli und l'Hospital

Unter der Voraussetzung, dass die Ableitungen von f(x) und g(x) und dass der Grenzwert lim $\frac{f'(x)}{g'(x)}$ existieren, gilt:

1. f(a) = 0 ∧ g(a) = 0 → $\lim\limits_{x \to a} \frac{f(x)}{g(x)} = \lim\limits_{x \to a} \frac{f'(x)}{g'(x)}$
2. f(x) → ∞ für x → a → $\lim\limits_{x \to a} \frac{f(x)}{g(x)} = \lim\limits_{x \to a} \frac{f'(x)}{g'(x)}$
   g(x) → ∞ für x → a → $\lim\limits_{x \to a} \frac{f(x)}{g(x)} = \lim\limits_{x \to a} \frac{f'(x)}{g'(x)}$
3. $\lim\limits_{x \to \infty} f(x) = 0 \wedge \lim\limits_{x \to \infty} g(x) = 0 \to \lim\limits_{x \to \infty} \frac{f(x)}{g(x)} = \lim\limits_{x \to \infty} \frac{f'(x)}{g'(x)}$
4. f(x) → ∞ für x → ∞ → $\lim\limits_{x \to \infty} \frac{f(x)}{g(x)} = \lim\limits_{x \to \infty} \frac{f'(x)}{g'(x)}$
   g(x) → ∞ für x → ∞ → $\lim\limits_{x \to \infty} \frac{f(x)}{g(x)} = \lim\limits_{x \to \infty} \frac{f'(x)}{g'(x)}$

Ableitung von sin x, cos x, tan x, cot x

Hinweis: $\sin^2 x$ = (sin x) · (sin x) etc.

1. D(sin x) = cos x
2. D(cos x) = - sin x;
3. D(tan x) = 1/($\cos^2$ x) in allen Punkten, in denen cos x ungleich Null ist.
4. D(cot x) = - 1/($\sin^2$ x) in allen Punkten, in denen sin x ungleich Null ist.

Ableitung von ln(x), lg(x), log(x), exp(x), a^x

- Elementare Definitionen und Beziehungen
  $x = b^k \to \log_b(x) = k \cdot \log_b(b) = k$; $\log_c(x) = k \cdot \log_c(b)$
- $\log_b(x) = (1/\log_c(b)) \cdot \log_c(x)$; $\log(x \cdot y) = \log(x) + \log(y)$
  $\log_r(x) = (\log_b(x))/(\log_b(r))$; $a \cdot \log(x) = \log(x^a)$
  ld(x) = (1/lg(2)) · lg(x); lg(x) = (1/ln(10)) · ln(x)
  $\lim\limits_{x \to 0}(x \cdot \log(x)) = 0$; ln(x) ≤ x - 1
  D(ln(x)) = 1/x; D(lg(x)) = 1/10 · (1/x)
  exp(x) = e^x; D(exp(x)) = exp(x)

Graphen

1. f(x) = sin(x); f'(x) = cos(x); f''(x) = - sin(x)

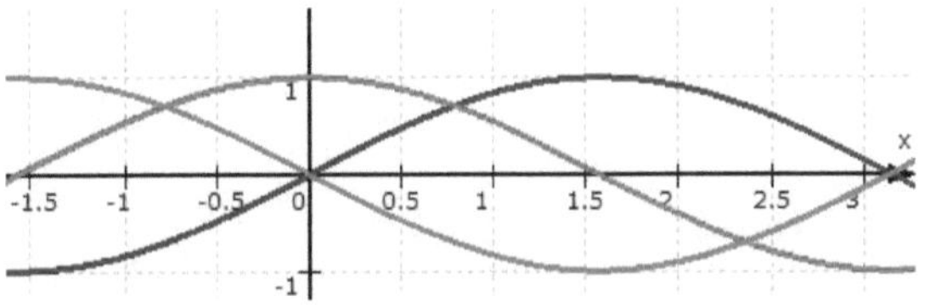

2. f(x) = exp(x) = e^x = f'(x) = exp(x) = f''(x) = exp(x)

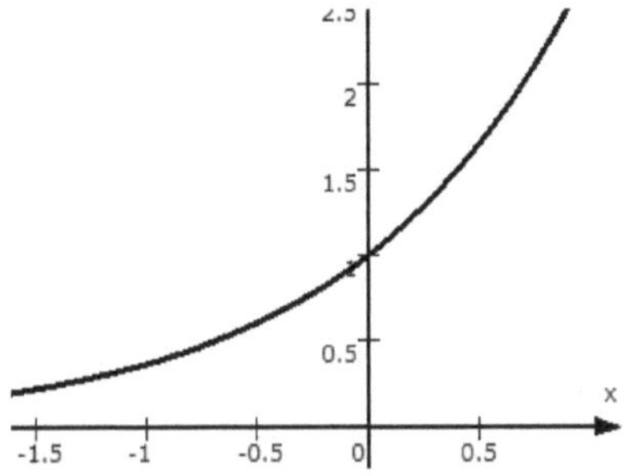

3. f(x) = ln(x); f'(x) = 1/x; f''(x) = - 1/x^2

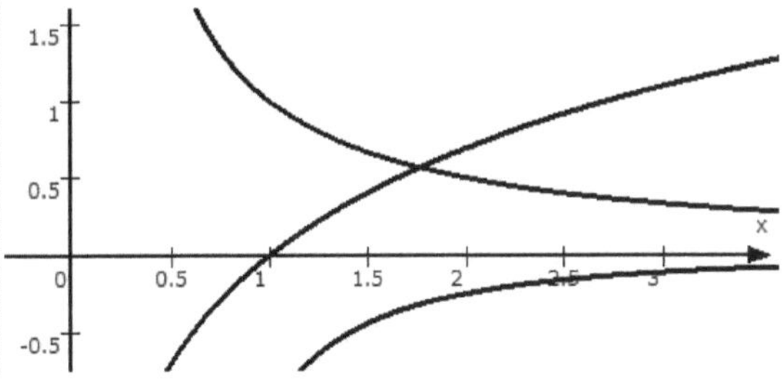

Analysis

Integralbeziehungen

- Unbestimmtes Integral

  $\int f'(x) \cdot dx = f(x) + C$
- Bestimmtes Integral

  $\int_a^b f(x) \cdot dx = F(x)|_a^b = F(b) - F(a)$
- **Potenzgesetz**

  $\int x^n \cdot dx = \frac{x^{n+1}}{n+1} + C, \quad \text{mit } n \in |N$

Partielle Integration

Kern des Verfahrens ist die Idee, dass ein Integral in einen transformierten Ausdruck überführt wird, der einfacher zu lösen ist.

Allgemein gilt:

[1] $f'(x) = u(x) \cdot v(x) = y$

[2] $y' = f'(x) = u'(x) \cdot v(x) + u(x) \cdot v'(x)$

(geschrieben mit dem Differentialoperator (D):
$f(x) = D(u(x)) \cdot v(x) + u(x) \cdot D(v(x))$
Wird dieser Ausdruck integriert, ergibt sich:
$u \cdot v = \int v \cdot du + \int u \cdot dv \int v \cdot du$

- Dies kann umgeschrieben werden zu: $\int v \cdot du = u \cdot v - \int u \cdot dv$

Über diese Konstruktion können Integrale bei Bildung geeigneter Zuordnungen aufgelöst werden.

- Bei konkreten Anwendungen muss die partielle Integration oftmals mehrfach zur Anwendung kommen, damit eine Lösung gefunden werden kann.

Hauptsatz der Integralrechnung

Für die Bestimmung einer Fläche unterhalb einer Funktion f(x) gilt:

$F(x) = \int_{x_1}^{x_2} f(x) \cdot dx$. Nun folgt: $\lim_{\Delta x \to 0} \frac{F(x+\Delta x)-F(x)}{(x+\Delta x)-(x)} = F'(x) = f(x)$

Insofern ist f(x) die erste Ableitung von F(x).

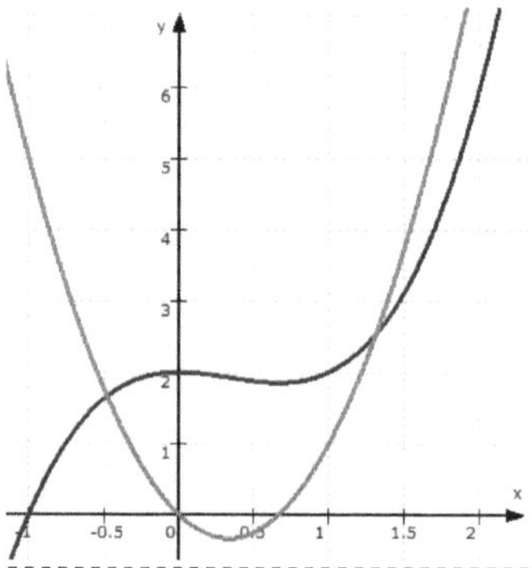

Graphen

1. Fläche unterhalb $f(x) = x^2$

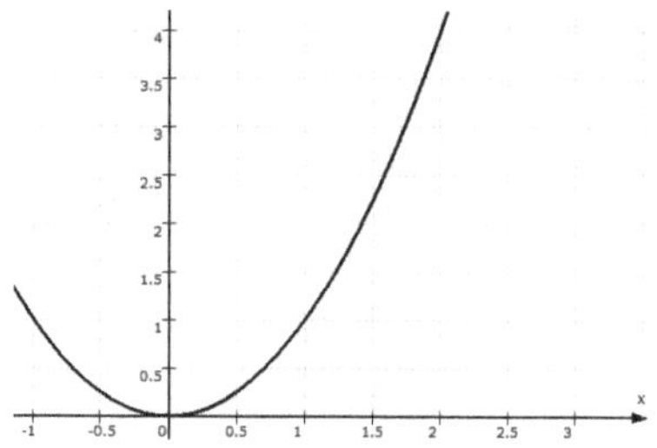

2. Fläche unterhalb f(x) = sin(x)

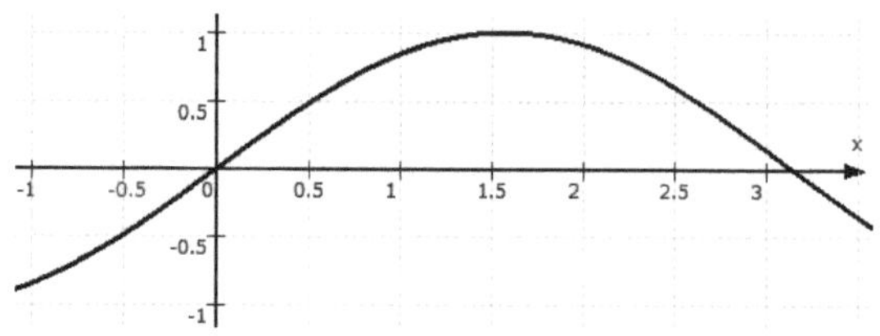

3. Eingeschlossene Fläche zwischen f(x) = sin(x) und $g(x) = x^2 - 4$

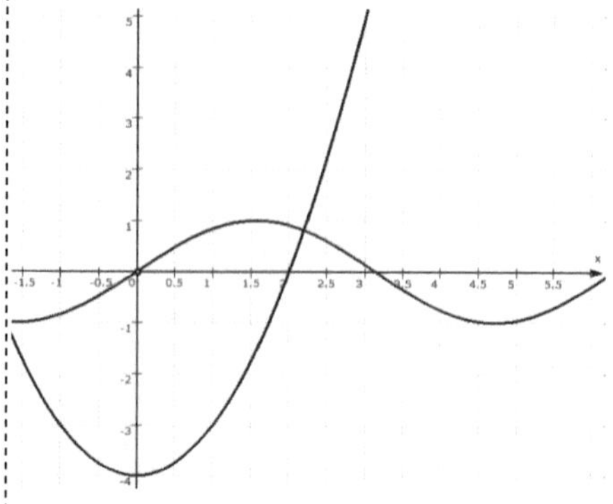

Bestimmte Integrale

Fläche unter f(x)	**Volumen** (Rotationskörper (Rotation um die x-Achse))	**Bogenlänge**
$F(x) = \int_{x_1}^{x_2} f(x) \cdot dx$	$V = \int_{x_1}^{x_2} (f(x))^2 \cdot \pi \cdot dx$	$L = \int_{x_1}^{x_2} \sqrt{1 + (f'(x))^2} \cdot dx$

Oberfläche (Rotationskörper)

Rotation um die x-Achse

$O = 2 \cdot \pi \cdot \int_{x_1}^{x_2} y \cdot \sqrt{1 + y'^2} \cdot dx$

Rotation um die y-Achse

$O = 2 \cdot \pi \cdot \int_{y_1}^{y_2} x \cdot \sqrt{1 + (\frac{dx}{dy})^2} \cdot dy$

Analysis

Basisgleichung im R^2

$\int f(x) \cdot dx$: Bestimmung der Fläche unterhalb von f(x)

f(x): Beschreibt den Graphenverlauf

Df(x) = f ' (x): Bestimmung der Steigung von f(x)

Implizite Differenziation

Bei expliziten Funktionsbeziehungen gilt:

y = f(x).

Für die Ableitung folgt: D(y) = y' = D'f(x) = f'(x).

Liegen differenzierbare Funktionen, dann kann unter Beachtung der Ableitungsregeln bzgl. y geschrieben werden: D(y) = y'.

Bspl.:

(explizite Darstellung) $y = (2 \cdot x^3 - 5x)/x = 2x^2 - 5 \rightarrow y' = 4x$

(implizite Darstellung) $xy - 2 \cdot x^3 + 5x = 0 \rightarrow y + x\,y' - 6x^2 + 5 = 0$

$\rightarrow x\,y' = 6x^2 - 5 - y = 6x^2 - 5 - (2x^2 - 5) \rightarrow x\,y' = 4x^2 \rightarrow y' = 4x$

$\rightarrow y' = 6x - 5/x - y/x = 6x - (y + 5)/x$

Integrationsgrundregeln

- Integration mit einem konstanten Faktor
  $\int \pm c \cdot f(x)) \cdot dx = \pm c \cdot \int f(x) \cdot dx$
- Integration einer Summe oder Differen
  $\int (f(x) \pm g(x) \pm h(x)) \cdot dx = \int f(x) \cdot dx \pm \int g(x)) \cdot dx \pm \int h(x)) \cdot dx$

Substitutionen bei Differenzialgleichungen

- $y'(x) = f(a_1x + a_2y(x) + a_3) \rightarrow z = a_1x + a_2y(x) + a_3$
  $\rightarrow z' = a_1 + a_2 f(z(x))$
- $y'(x) = f(\frac{y}{x}) \rightarrow z = \frac{y(x)}{x}$

Substitutionen

- Substitution: Ersetzen; Ersetzungsregel; Austauschen
  Sinnvolles Verfahren zum Beispiel in der Analysis
  $\int f(x) \cdot dx = \int f(\varphi(t)) \cdot (d\varphi(t)/dt) \cdot dt$ mit $x \equiv \varphi(t)$; $dx/dt = d(\varphi(t))/dt$
- So gilt für g(x) = t
  $\rightarrow \frac{dt}{dx} = t' = g'(x) \rightarrow dx = \frac{dt}{g'(x)} = \frac{dt}{t'}$ (mit $g'(x) \neq 0$)
  Für die Umkehrfunktion (u(t)) = x für t = g(x)) gilt dann:
  $\rightarrow \frac{dx}{dt} = u' = u'(t) \rightarrow dt = \frac{dx}{u'(t)} = \frac{dx}{u'}$ (mit $u'(x) \neq 0$)
  Somit erhalten wir: $\frac{dt}{dx} = \frac{1}{\frac{dx}{dt}}$
  Für die Integralberechnung gilt: $\int f(t) \cdot (t)^{)-1} \cdot dx = \int f(g(x)) \cdot dx$
- $\int_a^b f(g(x)) \cdot dx = \int_a^b f(g(x)) \cdot dx =$

$$\int_{g(a)}^{g(b)} f(z) \cdot \left(\frac{dx}{dz}\right) \cdot dz = \int_{g(a)}^{g(b)} f(z) \cdot \frac{1}{g'(x)} \cdot dz$$

(Voraussetzungen: f(x) sei stetig und g(x) sei stetig differenzierbar und umkehrbar.)

Integration	Substitution	Ausführung/Hinweis
$\int f(ax + b) \cdot dx$	$z = ax + b$	$\frac{1}{a} \cdot \int f(z) \cdot dz$
$\int f(ax^2 + bx + c) \cdot dx$	$z = x + \frac{b}{2a}$	(quad. Ergänzung)
$\int (f(x)^n \cdot f'(x)\,dx;\ n \neq 1$	$z = x \cdot f(x) + \frac{b}{2a}$	
$\int \frac{f'(x)}{f(x)} \cdot dx$	$z = f(x)$	$\ln\lvert f(z)\rvert + C$
$\int f(a^x) \cdot dx$	$z = a^x$	$\ln(z) = x \cdot \ln(a)$ $\frac{1}{\ln(a)} \cdot \int f(z) \cdot \frac{1}{z} \cdot dz$

- Beispiele: $f(x) = \int (a \cdot x + b) \cdot dx$, also $t = a + b \cdot x$ und $\frac{dt}{dx} = a$
  $\rightarrow \int t \cdot \frac{1}{a} \cdot dt = \frac{1}{a} \cdot \int t \cdot dt = \frac{1}{2a} \cdot t^2 + C$
  $f(x) = \int (d + e \cdot x)^n \cdot dx$, also $t = d + e \cdot x$ und $\frac{dt}{dx} = e$
  $\rightarrow \int t^n \cdot \frac{1}{e} \cdot dt = \frac{1}{e} \cdot \int t^n \cdot dt = \frac{1}{(n+1) \cdot e} \cdot t^{n+1} + C$
  $f(x) = \int (k + m \cdot x)^{-1} \cdot dx$, also $t = k + m \cdot x$ und $\frac{dt}{dx} = m$
  $\rightarrow \int t^{-1} \cdot \frac{1}{m} \cdot dt = \frac{1}{m} \cdot \int \frac{1}{k+mx} \cdot \frac{1}{(k+mx)} \cdot dt = \frac{1}{k+mx} \cdot \ln\lvert k + mx\rvert + C$

Partialbruchzerlegung

- Berechnet werden gebrochen-rationale Funktionen:
  $f(x) = \frac{p(x)}{q(x)}$; f(x) muss eine echt gebrochen-rationale Zahl sein.
  D. h., es muss gelten: Grad(p(x)) < Grad(q(x)).
  Ansonsten ist eine Umrechnung notwendig zu: $f(x) = g(x) + \frac{\overline{p(x)}}{\overline{q(x)}}$
- Die echt gebrochene Zahl wird in eine Summe von gebrochen-rationalen Funktionen zerlegt, die jeweils für sich gut integrierbar sind.
  Beispiel: $\frac{1}{x^2+1} = \frac{A}{x+1} + \frac{B}{x-1}$ mit A = - 0,5 und B = 0,5

  Die Zerlegung erfolgt in folgende Funktionen:
  $\frac{C_1}{x-x_0}, \frac{C_2}{(x-x_0)^2}, \ldots, \frac{C_k}{(x-x_0)^k}, \frac{a_2x+b_2}{(x^2+px+q)^2}, \ldots, \frac{a_lx+b_l}{(x^2+px+q)^l}$

- Für die einzelnen Nennerpolynome sind die Partialbrüche mit sich nacheinander reduzierten Exponenten darzustellen.
  Zum Beispiel:
  $\frac{n(x)}{x\,(x-1)(x-2)^2\,(x+4)^3} = \frac{A}{x} + \frac{B}{x-1} + \frac{C}{x-2} + \frac{D}{(x-2)^2} + \frac{E}{x+4} + \frac{F}{(x+4)^2} + \frac{G}{(x+4)^3}$
  Die einzelnen Ausdrücke können gesondert integriert werden.
- Zur Bestimmung der Zählerkoeffizienten werden folgende Methoden eingesetzt:
  - Einsetzungsmethode
  - Koeffizientenmethode
  - Zuhaltemethode

$$\int \frac{A}{(x-x_0)^n}\,dx = \frac{A}{1-n}\,\frac{1}{(x-x_0)^{n-1}}$$

$$\int \frac{A}{x-x_0}\,dx = A \ln\lvert x - x_0 \rvert$$

$$\int \frac{Ax+B}{(x^2+2ax+\ )^k}\,dx =$$

$$= \frac{A}{2} \int \frac{2x+2a}{(x^2+2ax+b)^k}\,dx - (B - Aa) \int \frac{dx}{(x^2+2ax+b)^k}$$

$\int \frac{dx}{x^2-1} = \int \frac{dx}{(x+1) \cdot (x-1)} = -0{,}5 \cdot \int \frac{dx}{x+1} + 0{,}5 \cdot \int \frac{dx}{x-1}$

Da gilt: $\frac{1}{x^2-1} = \frac{A}{x+1} + \frac{B}{x-1} \rightarrow 1 = Ax - A + Bx + B$

$\rightarrow 1 = B - A$ und $0 = A + B \rightarrow A = -B$; $2B = 1$

$\rightarrow B = ½$ und $A = -½$

Unter Verwendung von Substitutionen und mit $\int \frac{dx}{x} = \lvert\ln(x)\rvert + C$

folgt: $\int \frac{dx}{x^2-1} = ½ \cdot (-\ln\lvert(x + 1)\rvert + \ln\lvert(x - 1)\rvert) + C$

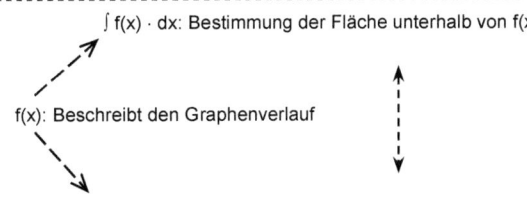

Analysis

Tabellen – Integrale

$\int x^a \cdot dx = \frac{1}{a+1}\, x^{a+1} + C$	$\int(a \cdot x + b) \cdot dx = (a \cdot x^2)/2 + bx + C$
$\int a^x \cdot dx = a^x/(\ln(x)) + C$	$\int(a \cdot x + b)^n \cdot dx = (a \cdot x + b)^{n+1}/(a \cdot (n + 1)) + C$
$\int x^{-1} \cdot dx = \ln\lvert x\rvert + C$	$\int(a \cdot x + b)^{-1} \cdot dx = (1/a) \cdot \ln\lvert a \cdot x + b\rvert + C$
$\int \ln(x) \cdot dx = x \ln(x) - x + C$	$\int(a \cdot x + b)^{-1} \cdot x \cdot dx = x/a - (b/a^2) \cdot \ln\lvert ax + b\rvert + C$
$\int x \cdot (x^2 + a^2)^{-1} \cdot dx = (x^2 + a^2)^{½} + C$	$\int x \cdot (x^2 - a^2)^{-1} \cdot dx = (x^2 - a^2)^{½} + C$
$\int \sin(x) \cdot dx = -\cos(x) + C$	$\int \frac{1}{(\cos(x))^2} \cdot dx = \tan(x) + C$
$\int \cos(x) \cdot dx = \sin(x) + C$	$\int \frac{1}{(\sin(x))^2} \cdot dx = \cot(x) + C$
$\int \tan(x) \cdot dx = -\ln\lvert\cos(x)\rvert + C$	$\int \frac{1}{\sin(x)} \cdot dx = \ln\lvert\tan(\frac{x}{2})\rvert + C$
$\int \cot(x) \cdot dx = -\ln\lvert\sin(x)\rvert + C$	$\int \frac{1}{\cos(x)} \cdot dx = \ln\left\lvert\frac{1+\tan(\frac{x}{2})}{1-\tan(\frac{x}{2})}\right\rvert + C$
$\int (a^2 - x^2)^{1/2} \cdot dx = (1/a) \cdot (x\,(a^2 - x^2)^{½} + a \cdot \text{arsin}(x/a)) + C$	
für $\lvert x\rvert < a$: $\int(x^2 - a^2)^{-1} \cdot dx = (-1/a) \cdot \text{arctanh}(x/a) + C$ $= (1/(2a)) \cdot \ln((a - x)/(a + x)) + C$	für $\lvert x\rvert > a$: $\int(x^2 - a^2)^{-1} \cdot dx = (-1/a) \cdot \text{arcoth}(x/a) + C$ $= (1/(2a)) \cdot \ln((a - x)/(a + x)) + C$
$\int \frac{1}{\sqrt{1-x^2}} \cdot dx = \text{Arc}(\sin(x)) + C$	$\int(x^2 + a^2)^{-1} \cdot dx = (1/a) \cdot \arctan(x/a) + C$
$\int \sqrt{1-x^2} \cdot dx = x\sqrt{1-x^2} + Arc(sin(x)) + C$	
$\int e^x \cdot dx = \int exp(x) \cdot dx = e^x + C = \exp(x) + C$	
$\int \sin^2 ax\, dx = (1/2)x - (1/(4a)) \sin(ax) + C$	$\int \sin(ax)\cos(ax) \cdot dx = (1/2a) \sin^2(ax) + C$
$\int \cos^2 ax\, dx = (1/2)x + (1/(4a)) \sin(ax) + C$	$\int \tan(ax) \cdot dx = -(1/a) \ln\lvert\cos(ax)\rvert + C$
$\int \sinh(ax) \cdot dx = (1/a) \cosh(ax) + C$	$\int \cosh(ax) \cdot dx = (1/a) \sinh(ax) + C$

Ergänzung - Formelblatt Analysis

Basisformeln

1. Allgemeine Gleichung für eine **lineare Funktion**: y = m · x + b
2. Sind bei einer Geraden zwei Punkte auf der Geraden bekannt: z. B. $P_A = (x_A; y_A)$ und $P_B = (x_B; y_B)$ – dann gilt für die **Geradensteigung** zum Beispiel: $m = (y_B - y_A)/(x_B - x_A)$
3. **Satz des Pythagoras**: Länge der Hypotenuse ist gleich der Quadratwurzel aus der Summe der jeweils quadrierten Katheten-Seiten. Also (mit den gebräuchlichen Symbolen): $c^2 = a^2 + b^2$
4. **p-q-Lösungsformel** für quadratische Gleichungen:

   $x_{1/2} = -p/2 \pm \sqrt{\left(\frac{p}{2}\right)^2 - q}$ bezogen auf die allgemeine Gleichung der Form: $x^2 + px + q = 0$
5. **Potenzgesetze** (mit a ∈ R): $a^0 = 1$ (mit a ≠ 0); $a^1 = a$; $a^{-1} = 1/a$;

   $\frac{a^m}{a^n} = a^{m-n}$; $(a^m)^n = a^{m \cdot n}$
6. **Binomische Formeln**: $(a + b)^2 = a^2 + 2ab + b^2$; $(a - b)^2 = a2 - 2ab + b^2$; $(a-b) \cdot (a+b) = a^2 - b^2$
7. $\exp(x) = e^x$ e = 2,7182818 ... π = 3,1415926 ...

Ableitungsgesetze

1. **Differentialoperator** D: f' =: Df („D angewandt auf f")
   also: $f'(x_0) =: Df(x_0)$; f'' = D(Df) =: D^2f
2. **Faktorregel**: (f ist eine differenzierbare Funktion; c ist eine reelle Konstante)
   D(c · f) = c · (Df)
3. **Lineare Funktion**: D(a · x + b) = a
4. **Summenregel**: (g und h sind differenzierbare Funktionen)
   D(g + h)= Dg + Dh
5. **Produktregel**: (g und h sind differenzierbare Funktionen; es gilt:
   f(x) = g(x) · h(x)
   D(f) = D(g · h) = (Dg) · h + g ·(Dh)
   Also:
   $f'(x_0) = (g(x_0) \cdot h(x_0))' = g'(x_0) \cdot h(x_0) + g(x_0) \cdot h'(x_0)$
6. **Quotientenregel**: (g und h sind differenzierbare Funktionen und h(x) ist ungleich Null; f = g/h)
   D(f) = D(g/h) = [(Dg) · h – g · (Dh)]/(h^2)
7. **Reziprokregel**: (h ist eine differenzierbare Funktion und h(x) ist ungleich Null) D(1/h) = (-Dh)/h^2
8. **Potenzregel**: $D(x^n) = n \cdot x^{n-1}$
   für alle n ∈ |Z und entsprechend auch für n ∈ |R
9. **Kettenregel**: (g sei in x_0 differenzierbar; f in z_0 mit $z_0 = g(x_0)$)
   h(x) = f(g(x)), also h = f o g
   → $h'(x_0) = f'(g(x_0)) \cdot g'(x_0)$
   bzw. anders geschrieben: D(f o g) = (Df o g) · D(g)
10. **Mittelwertsatz**:
    (a): Satz von Rolle: Zwischen zwei Nullstellen einer differenzierbaren Funktion f muss zumindest eine Nullstelle ihrer ersten Ableitungsfunktion f' liegen.
    (b): Mittelwertsatz der Differentialrechnung:
    f sei im betrachteten Intervall [a; b] differenzierbar und f' ist stetig. Dann gilt:
    f '(x) = [f(b) – f(a)]/(b – a), wobei x eine Stelle innerhalb des Intervalls (a; b) ist.
    (Es gibt also eine Stelle x im Intervall, an der die (Steigungs-Tangente parallel zur Sekante von a nach b verläuft.)

ABLEITUNGSBEZIEHUNGEN

1. Steigungsverhalten einer Funktion
Existiert die Funktion f und ist in einem Intervall [a; b] differenzierbar, dann gilt: → Ist Df = f' > 0 für alle x-Werte im Intervall, dann wächst die Funktion im Intervall streng monoton.
→ Ist Df = f' < 0 für alle x-Werte im Intervall, dann fällt die Funktion im Intervall streng monoton.

2. Extrema: f '(x) = 0 (f(x) sei mindestens zweimal differenzierbar.)
→ **f'(x) = 0** und **f''(x) = D^2(f(x)) > 0,** dann liegt ein relativer Tiefpunkt (relatives Minimum) vor.
→ **f'(x) = 0** und **f''(x) = D^2(f(x)) < 0,** dann liegt ein relativer Hochpunkt (relatives Maximum) vor.

3. Wendepunkte: (f(x) sei mindestens dreimal differenzierbar.)
Bei einem Wendepunkt wechselt das Krümmungsverhalten einer Kurve. (Im Wendepunkt geht der Graph einer Funktion von einer Links- in eine Rechtskurve (bzw. umgekehrt) über.)
Notwendige Bedingung: f ''(x) = D^2(f(x)) = 0.
Weiterhin muss f'''(x) = D^3(f(x)) ungleich Null sein.
(Bei einem **Sattelpunkt** ist im Gegensatz zu einem Wendepunkt die erste Ableitung auch Null.)

Vorgehensweise bei Funktionsuntersuchungen

f(x) = P(x)/Q(x)

1. Bestimmung des **Definitionsbereichs** (|D = D_{Def})
2. Bestimmung **des Wertebereichs** (|W)
3. Bestimmung der **Nullstellen** (f(x) = 0; wobei Q(x) ungleich Null sein muss.
4. Bestimmung der **Pole** (Q(x) ist gleich Null und zugleich ist P(x) ungleich Null.
5. Bestimmung der **Lücken** (P(x) und Q(x) müssen zugleich Null sein.
6. Bestimmung der **Asymptoten**
   (vertikale Asymptoten → Pole;
   horizontale Asymptoten → Grenzwertbetrachtung mit x gegen plus/minus Unendlich)
7. Bestimmung der **Extremwerte, Wendepunkte, Sattelpunkte**
8. **Schnittpunkt** des Graphen mit der y-Achse
9. **Graph** der Funktion

Integralrechnung

1. F heißt **Stammfunktion** von f, wenn D_{Def} (von F) = D_{Def} (von f) und wenn gilt: F ' (x) = f(x)
2. **Hauptsatz der Differenzial- und Integralrechnung**:
   $\int_a^b f(x) \cdot dx = [F(x)]\big|_a^b$ = F(b) – F(a)
3. **Potenzregel**: $f(x) = x^n \rightarrow F(x) = \frac{1}{n+1}x^{n+1}$
4. **Rotationsvolumen**: $V = \pi \cdot \int_a^b (f(x))^2 \cdot dx$

Hauptsatz der Integralrechnung

Für die Bestimmung einer Fläche unterhalb einer Funktion f(x) gilt:

$$f(x) \leq \lim_{\Delta x \to 0} \frac{F(x + \Delta x) - F(x)}{(x + \Delta x) - (x)} \leq f(x).$$

Somit folgt: $f(x) = F'(x) = \lim_{\Delta x \to 0} \frac{F(x + \Delta x) - F(x)}{(x + \Delta x) - (x)}$

Insofern ist f(x) die erste Ableitung von F(x).

Spezielle Ableitungen - sin x, cos x, tan x, cot x, exp(x), ln(x)

- D(sin x) = cos x
- D(cos x) = - sin x
- D(tan x) = 1/($\cos^2$ x) in allen Punkten, in denen cos x ≠ 0 (Null) ist.
- D(cot x) = - 1/($\sin^2$ x) in allen Punkten, in denen sin x ≠ 0 (Null) ist.
- D(exp(x)) = exp(x)
- D(ln(x)) = 1/x

Analysis im komplexen Raum

Begriffe

f sei eine komplexe Funktion: $f: D \to |C$ mit $D \subset |C$; $D^* \subset |C$.
Gebiete: D, D^*; Grenzen: ∂D (zu D), ∂D^* (zu D^*)

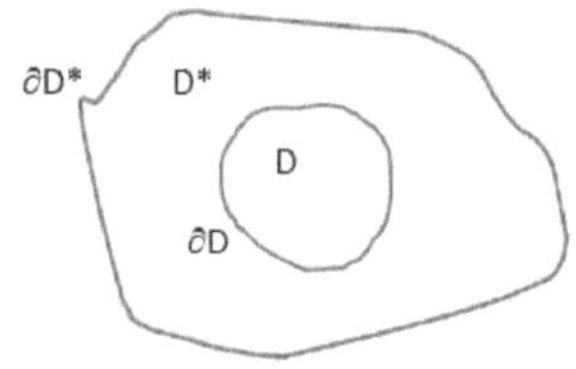

Elementares Gebiet: Ein Gebiet (D), auf dem jede definierte analytische Funktion eine Stammfunktion besitzt.

Analytische Funktion: f ist analytisch, wenn gilt für $D \subset |C$:
$\forall z \in D$ ist f komplex differenzierbar.
Eine Funktion f ist (nach Weierstraß) eine analytische Funktion auf einem Gebiet G, wenn sie sich für jeden Punkt auf G als Potenzreihe entwickeln lässt. So zum Beispiel:

$\cos z := 1 - z^2/2! + z^4/4! - + \dots$

$\sin z := z/1! - z^3/3! + z^5/5! - + \dots$

$\exp(i \cdot z) = \cos z + i \cdot \sin z$; $\exp(-i \cdot z) = \cos z - i \cdot \sin z$

$\cos z = (\exp(i \cdot z) + \exp(-i \cdot z))/2$

$\sin z = (\exp(i \cdot z) - \exp(-i \cdot z))/(2 \cdot i)$

$\exp(2 \cdot \pi \cdot i) = 1$; $\exp(z)$ ist periodisch mit dem Wert $2 \cdot \pi \cdot i$.

Potenzreihen: $\sum a_n \cdot (z - a)^n$

Singuläres Verhalten: $\frac{1}{z}$, $\frac{\sin z}{z}$, $\exp(\frac{1}{z})$ sind singulär für $z = 0$,

dabei gilt z. B.: $\lim\limits_{\substack{z \to 0 \\ z \neq 0}} \frac{\sin z}{z} = 1$

Holomorphe Funktionen

- Holomorphe Funktionen $f = u + i \cdot v$ sind in allen Punkten in einem Gebiet (G) komplex differenzierbar.
  D. h. es gilt $\forall z_0 \in G$: $\lim\limits_{z \to z_0} \frac{f(z) - f(z_0)}{z - z_0} = f'(z_0)$
  Sie werden auch als reguläre Funktionen bezeichnet.
- Wenn f holomorph ist, dann sind u ($\to$ Re f) und v ($\to$ Im f) harmonisch.
- Äquivalente Aussagen (f = u + iv: U; U ist einfach zusammenhängend auf $|C$):
  (1) f ist holomorph auf U
  (2) f ist komplex differenzierbar auf U
  (3) f ist linear approximierbar in jedem Punkt von U
  (4) u und v sind reell differenzierbar: dann gelten
  $u_x - v_y = 0$; $u_y + v_x = 0$
  ($\to$ Cauchy-Riemannsche Differentialgleichungen)
  (5) f ist wegunabhängig integrierbar in U
  (6) f hat eine Stammfunktion
- Holomorphe Funktionen sind konform und umgekehrt.

Integralformel von Cauchy

$\int_C^{\square} \frac{f(z)\,dz}{z - a} = \begin{cases} 0 & \text{für f(a) im Inneren von C} \\ 2\pi i & \text{für f(a) im Inneren von C} \end{cases}$

bzw. $f(a) = \frac{1}{2\pi i} \cdot \int_C^{\square} \frac{f(z) \cdot dz}{z - a}$;

C ist dabei der Rand von G ($\to \partial G$)

$\frac{f(z)}{z - a}$ hat einen Pol bei a und ist innerhalb von C nicht analytisch

Allgemein gilt: $f^{(n)}(a) = \frac{n!}{2\pi i} \cdot \int_C^{\square} \frac{f(z) \cdot dz}{(z - a)^{n+1}}$;

C ist der Rand von G ($\to \partial G$)

Ableitung

f ist in $z_0 \in D$ komplex differenzierbar mit Ableitung $f'(z_0)$, sofern gilt:

$D(f(z)) = f'(z_0) = \lim\limits_{z \to z + \Delta z} \frac{(z + \Delta z) - f(z)}{(z + \Delta z) - (z)} = \lim\limits_{\Delta z \to 0} \frac{(z + \Delta z) - f(z)}{(z + \Delta z) - (z)}$

Ist f in jedem Punkt eines Gebietes $D \subset C$ komplex differenzierbar, so heißt f auch holomorph oder analytisch auf D.
Die Grenzwertbildung im Komplexen kann durch eine beliebige Annäherung von z an $z + \Delta z$ erfolgen.
Es sei $Re(f(z)) = u$ und $Im(f(z)) = v$ folgt: $f(z) = u(x, y) + i\,v(x, y)$
So gilt:

(i): $f'(z) = \lim\limits_{\Delta x \to 0} \frac{(z + \Delta z) - f(z)}{(z + \Delta z) - (z)} = \frac{\partial u}{\partial x} + i \frac{\partial v}{\partial x}$

(ii): $f'(z) = \lim\limits_{\Delta y \to 0} \frac{(z + \Delta z) - f(z)}{(z + \Delta z) - (z)} = \frac{\partial v}{\partial y} - i \frac{\partial u}{\partial y}$

Dies ergibt die Gleichung von **Cauchy-Riemann**:

$\frac{\partial u}{\partial x} = \frac{\partial v}{\partial y}$ und $\frac{\partial u}{\partial y} = -\frac{\partial v}{\partial x}$

Residuum

Laurent-Reihe: $f(z) = \frac{a_{-N}}{(z-a)^N} + \frac{a_{-N+1}}{(z-a)^{N-1}} + \dots + \frac{a_{-1}}{(z-a)^1} + \varphi(z)$

$\int_{\partial G}^{\square} \frac{d\zeta}{(\zeta - z)^r}$ ergibt 0 für alle r-Werte ohne r = 1

$\int_{\partial G}^{\square} \frac{d\zeta}{(\zeta - z)^r}$ ergibt $2 \cdot \pi \cdot i$ den r-Werte r = 1

Somit gilt: $\int_\gamma^{\square} f(z)\,dz = 2 \cdot \pi \cdot i \cdot a_{-1}$

a_{-1} ist das Residuum von f(z) beim Pol um z = a

$\to a_{-1} = \text{Res } f(z) \,|_a$

Integration

Integral im $|R$ (mit den Integrationsgrenzen a, b $\in |R$)

$\int_a^b f(x)dx = -\int_b^a f(x)dx$

Partielles Integral: $\int_a^b f(x)d(h(x)) = g(x) \cdot h(x) - \int_a^b h(x)d(g(x))$

Integral im $|C$: Integralsatz von Cauchy

(γ als glatte und geschlossene Kontur (Kurve)): $\int_\gamma^{\square} f(z)\,dz = 0$

Dabei sei f(z) analytisch auf C und innerhalb von C.
Kreisförmige Kontur C um den Punkt a:
$Z|_{Kreis} = a + R \cdot \exp(i \cdot \alpha)$ mit $\alpha \in [0, 2\pi]$
Für zwei unterschiedliche Konturen C(1) und C(2) gilt:

$\int_{C(1)}^{\square} f(z)\,dz = \int_{C(2)}^{\square} f(z)\,dz = 0$; d.h., über eine beliebige Randstruktur kann der Inhalt einheitlich bestimmt werden.

Gaußscher Satz

$\oint_{F_V}^{\square} \vec{A} \cdot d\vec{f} = \int_V^{\square} \text{div } \vec{A}\, dV$

Folgerungen: $\oint_F^{\square} \vec{r} \cdot d\vec{f} = \int_V^{\square} \text{div } \vec{A}\, dV = \int_V^{\square} 3\, dV = 3\,V$
Die Form von V ist dabei bedeutungslos.

$\oint_F^{\square} \left(\text{rot } \vec{A} \right) \cdot d\vec{f} = \int_V^{\square} \text{div rot } \vec{A}\, dV = \int_V^{\square} 0\, dV = 0$

Felder-Grundbeziehungen

Gradient: grad $\varphi \equiv \vec{V}\varphi$ (Vektor); **Divergenz**: div $\vec{A} \equiv \vec{V} \cdot \varphi$ (Skalar)

Rotation: rot $\vec{A} \equiv \vec{V} \times \varphi$ (Vektor); $\Delta \equiv \vec{V}^2$ (Skalar)

Wirbelfreiheit eines Gradienten Feldes: $\vec{V} \times (\vec{V}\varphi) = 0 = $ rot grad φ

Quellenfreiheit e. Gradienten Feldes: $(\vec{V} \times \vec{A}) = 0 = $ div rot $\vec{A} \equiv 0$

Es gilt: $\vec{V} \times \varphi$ (Vektor)

Vektorrechnung

Grundlagen

- Hinweis: Vektoren werden **fett** gedruckt: zum Beispiel **v**
- Vektordarstellung im kartesischen Koordinatensystem (x, y, z):
  v = (v_x, v_y, v_z)
  Formal sind Vektoren geordnete Zahlentupel: $(v_1, v_2, \ldots, v_n)$
  mit $v_1 \in$ |R, $v_2 \in$ |R, …, $v_n \in$ |R.
  Anschaulich repräsentieren Pfeil Vektoren.
  Dabei bezeichnen Punktepaare (A, B) einen Pfeil: $\overrightarrow{AB}$

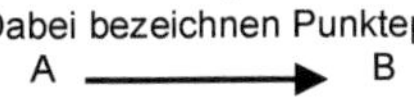

  A ist der Angriffspunkt (Fußpunkt), B der Zielpunkt des Pfeils.
- $\mathbf{e}_i$: Einheitsvektor in Richtung der Achse i
- Zeilendarstellung des Vektors im $|R^2$:
  $\mathbf{a} = (a_1; a_2) = a_1 \cdot \mathbf{e}_1 + a_2 \cdot \mathbf{e}_2$
- Zeilendarstellung des Vektors im $|R^3$:
  $\mathbf{a} = (a_1; a_2; a_3) = a_1 \cdot \mathbf{e}_1 + a_2 \cdot \mathbf{e}_2 + a_3 \cdot \mathbf{e}_3$
- Spaltendarstellung des Vektors
  im $\mathbf{R}^2$: $\mathbf{a} = \binom{a_1}{a_2}$; und im $\mathbf{R}^3$: $\mathbf{a} = \begin{pmatrix} a_1 \\ a_2 \\ a_3 \end{pmatrix}$
- **Länge** eines Vektors **v**: $|\mathbf{v}| = (v_x^2 + v_y^2 + v_z^2)^{0,5}$
  Die Länge (**l**) eines Vektors entspricht seinem **Betrag**.

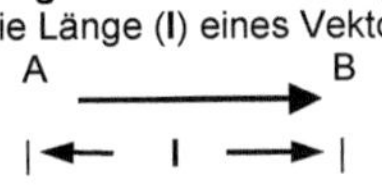

- **Einheitsvektor**:
  Vektor in Richtung von a mit der Länge 1: $\mathbf{v}_0 = (1/|\mathbf{v}|) \cdot \mathbf{v}$
  Den Übergang vom Vektor **v** zum Einheitsvektor $\mathbf{v}_0$
  nennt man **Normierung** von **v**.
- **Nullvektor**: **0**. Ein Vektor mit dem Betrag Null heißt Nullvektor.
  Nur diesem Vektor (!) kann keine bestimmte Richtung
  zugeordnet werden. Es gilt: **0** = **v** – **v**.
- **Gegenvektor**: Wenn gilt **a** + **b** = **0** und **a** ≠ **0**,
  dann ist **b** der Gegenvektor von **a**.
- **Gleichheit von Vektoren:**
  $\mathbf{a} = (a_1, a_2, a_3)$ und $\mathbf{b} = (b_1, b_2, b_3)$.
  Gleichheit ist gegeben, wenn
  $a_1 = b_1$, $a_2 = b_2$ und $a_3 = b_3$ erfüllt sind.

Addition von Vektoren

- Definition zur **Vektoraddition** (anschauliche Erklärung):
  Unter der Summe zweier Vektoren **a** und **b**, geschrieben
  a + **b**, verstehen wir denjenigen (resultierenden Gesamt-)
  Vektor **c**, der dadurch gebildet wird, dass man **b** in den
  Fußpunkt (→ Startpunkt) von **a** parallel verschiebt.
  Über die von **a** und **b** aufgespannte „Zweiseit-Figur"
  wird ein Parallelogramm errichtet. Die Diagonale in
  dieser Figur repräsentiert die Summe von **a** + **b** = **c**.

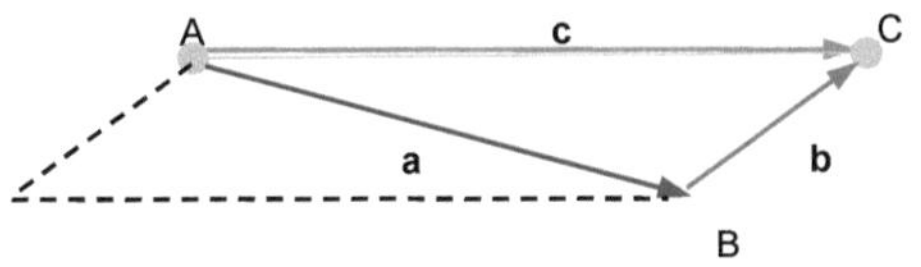

- Definition zur **Addition von Vektoren** (**a** + **b** = **c**):
  $\mathbf{a} = (a_x, a_y, a_z)$, $\mathbf{b} = (b_x, b_y, b_z)$, $\mathbf{c} = (c_x, c_y, c_z)$, mit:
  $c_x = a_x + b_x$, $c_y = a_y + b_y$; $c_z = a_z + b_z$

Lineare Unabhängigkeit

- Die Vektoren $\boldsymbol{X}_1, \ldots, \boldsymbol{X}_k$ heißen linear unabhängig, wenn
  sich der Nullvektor nur „trivial" als Linearkombination von
  ihnen darstellen lässt; d. h., wenn aus
  $\mathbf{0} = a_1 \cdot \boldsymbol{X}_1 + \ldots + a_k \cdot \boldsymbol{X}_k$ zwingend $a_1 = \ldots = a_k = 0$ folgt.
- Drei Vektoren sind genau dann linear abhängig, wenn sich
  immer einer durch die restlichen zwei Vektoren ausdrücken
  lässt. Anders formuliert:
  $\mathbf{v}_1$, $\mathbf{v}_2$ und $\mathbf{v}_3$ sind die drei Vektoren. **0** ist der Nullvektor.
  k_1, k_2 und k_3 sind reelle Faktoren.
  $\mathbf{0} = k_1 \cdot \mathbf{v}_1 + k_2 \cdot \mathbf{v}_2 + k_3 \cdot \mathbf{v}_3$ ist bei drei linear unabhängigen
  Vektoren nur für $k_1 = k_2 = k_3 = 0$ erfüllt.
- Vektoren, die nicht linear abhängig sind, heißen linear
  unabhängig.
  Liegt eine lineare Abhängigkeit zwischen drei Vektoren
  u, **v**, **w** vor, dann hat die zughörige Determinante den Wert Null.
  $\mathbf{u} = (u_1, u_2, u_3)$, $\mathbf{v} = (v_1, v_2, v_3)$, $\mathbf{w} = (w_1, w_2, w_3)$
  E: det (u, v, w) = $\begin{vmatrix} u_1 & v_1 & w_1 \\ u_2 & v_2 & w_2 \\ u_3 & v_3 & w_3 \end{vmatrix} = 0$

Multiplikationen

- Definition zur Multiplikation eines **Vektors mit Skalaren**:
  $\lambda \cdot \mathbf{a} = \lambda \cdot (a_x, a_y, a_z) = (\lambda \cdot a_x, \lambda \cdot a_y, \lambda \cdot a_z)$
  (Die Multiplikation eines Vektors mit einem Skalar wird auch
  „skalare Multiplikation" (S - Multiplikation) genannt.)
  Rechenregeln (**u, v, w** sind Vektoren; $\lambda \in$ |R, $\mu \in$ |R)
  1) (**u** + **v**) + **w** = **u** + (**v** + **w**)
  2) **u** + **0** = **u**
  3) **u** + (- **u**) = **0**
  4) **u** + **v** = **v** + **u**
  5) $(\lambda + \mu) \cdot \mathbf{u} = \lambda \cdot \mathbf{u} + \mu \cdot \mathbf{u}$
  6) $\lambda \cdot (\mathbf{u} + \mathbf{w}) = \lambda \cdot \mathbf{u} + \lambda \cdot \mathbf{w}$
  7) $(\lambda \cdot \mu) \cdot \mathbf{u} = \lambda \cdot (\mu \cdot \mathbf{u})$
  8) $1 \cdot \mathbf{u} = \mathbf{u}$
- Hinweis: Zu unterscheiden sind das **Skalar- (innere)** und
  das **Vektor- (äußere)Produkt**.
  Das Skalarprodukt zweier Vektoren liefert als Ergebnis eine
  skalare Größe: Das **Vektorprodukt** zweier Vektoren liefert
  einen Vektor als Ergebnis, der senkrecht auf den miteinander
  multiplizierten Vektoren steht.
- **Inneres Produkt** (**Skalarprodukt**)
  $\mathbf{a} \cdot \mathbf{b} = |\mathbf{a}| \cdot |\mathbf{b}| \cdot \cos(\angle \mathbf{a}, \mathbf{b}) = |\mathbf{a}| \cdot |\mathbf{b}| \cdot \cos(\varphi)$
  In kartesischen Koordinaten gilt:
  $\mathbf{a} \cdot \mathbf{b} = a_1 \cdot b_1 + a_2 \cdot b_2 + a_3 \cdot b_3$
  $\mathbf{a} \cdot \mathbf{b} = a_x \cdot b_x + a_y \cdot b_y + a_z \cdot b_z$

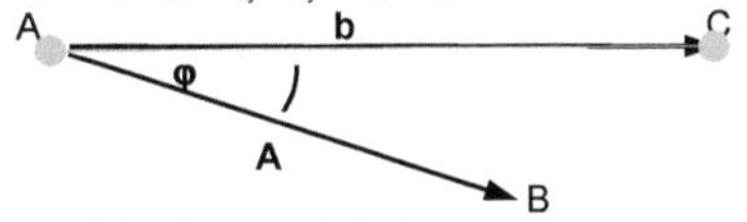

  Damit folgt für den Winkel φ:
  $$\cos(\varphi) = \frac{1}{|\mathbf{a}| \cdot |\mathbf{b}|} \cdot (\mathbf{a} \cdot \mathbf{b})$$
  $$= \frac{1}{|\mathbf{a}| \cdot |\mathbf{b}|} \cdot (a_1 \cdot b_1 + a_2 \cdot b_2 + a_3 \cdot b_3)$$
  Stehen zwei Vektoren senkrecht aufeinander, dann ist das
  Skalarprodukt gleich Null.

Vektorrechnung

Geradengleichung

- Zur Beschreibung einer Geraden benötigen wir die Daten von zwei Punkten, die auf der Geraden liegen.
- Eine Gerade kann mit einer linearen Funktion beschrieben werden: $f(x) = a \cdot x + b$.
  b: Achsenabschnitt auf der y-Achse für $x = 0$
  a: Steigung der Geraden
  $a = \tan \alpha = \Delta y/\Delta x = (y_2 - y_1)/(x_2 - x_1)$

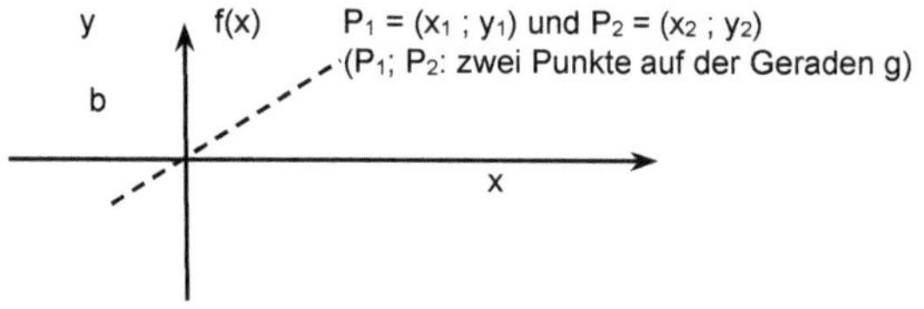

- Länge der Strecke von P_1 zu P_2: $\overline{P_1P_2}$: $|P_1 P_2|$
  $|P_1 P_2| = ((x_2 - x_1)^2 + (y_2 - y_1)^2)^{0,5}$

Vektorielle Geradengleichung

- **Punkt-Richtungs-Gleichung**
  g: $\boldsymbol{x} = \boldsymbol{a} + \lambda \cdot \boldsymbol{u}$, mit $\lambda \in |R$

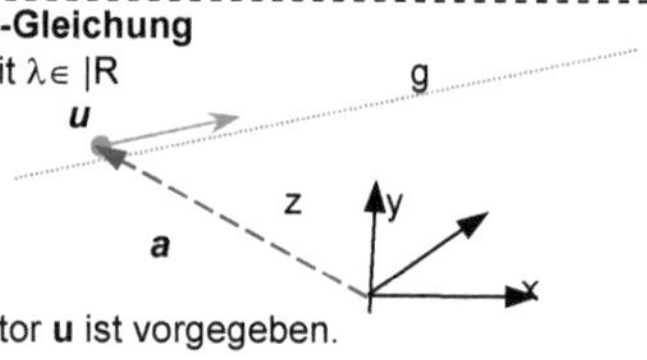

Der Richtungsvektor **u** ist vorgegeben.

- **Zwei-Punkte-Gleichung**
  g: $\boldsymbol{x} = \boldsymbol{a} + \lambda \cdot (\boldsymbol{b} - \boldsymbol{a})$, mit $\lambda \in |R$

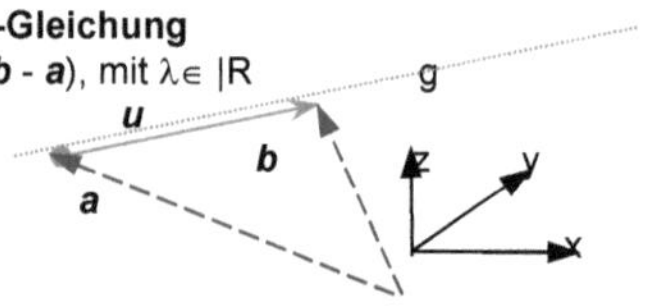

Der Richtungsvektor ***u*** bestimmt sich über: $\boldsymbol{u} = \boldsymbol{b} - \boldsymbol{a}$

Vektorielle Ebenengleichung

- **Ebenenbestimmung über drei Punkte** (A; B; C)
  Die Punkte A, B und C sollen auf der Ebene E liegen. Aus den vektoriellen Differenzen A – B und A – C können zwei Ebenenvektoren bestimmt werden, die die Ebene E aufspannen. Mit dem Vektor (**a**) zum Punkt A kann die Ebene vollständig beschrieben werden: E : $\mathbf{a} + \mu \cdot (\mathbf{b} - \mathbf{a}) + \mu \cdot (\mathbf{c} - \mathbf{a})$

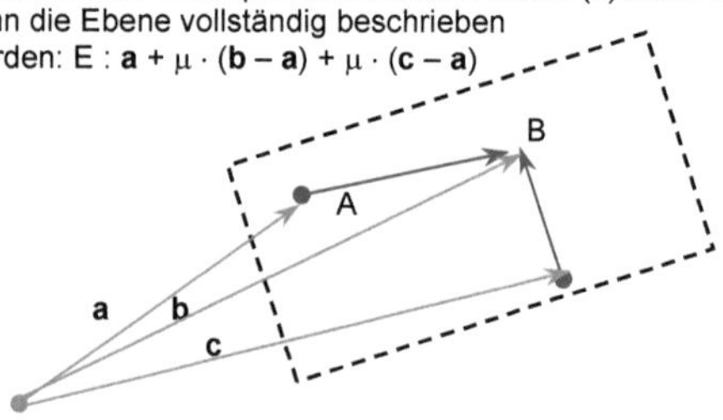

- **Ebenenbestimmung über drei Punkte** (A; B; C)
  Sind ein Punkt (A) auf der Ebene und zwei unabhängige Richtungsvektoren (**a**; **b**), die die Ebene aufspannen, dann gilt:
  E : $\mathbf{a} + \mu \cdot (\mathbf{b} - \mathbf{a}) + \mu \cdot (\mathbf{c} - \mathbf{a})$

Multiplikationen 2

- Äußeres Produkt (Vektorprodukt; Kreuzprodukt)
  $|a \times b| = |a| \cdot |b| \cdot \sin(\angle(a, b))$

$$a \times b = \det \begin{bmatrix} e_1 & e_2 & e_3 \\ a_1 & a_2 & a_3 \\ b_1 & b_2 & b_3 \end{bmatrix}$$

$a \times b = - b \times a$
$a \times b$ steht senkrecht sowohl auf a als auch b
$\rightarrow (a \times b) \perp a \rightarrow (a \times b) \cdot a = 0$
$\rightarrow (a \times b) \perp b \rightarrow (a \times b) \cdot b = 0$
$a \text{ x } b = (a_2 b_3 - a_3 b_2) \cdot e_1 + (a_3 b_1 - a_1 b_3) \cdot e_2 + (a_1 b_2 - a_2 b_1) \cdot e_3$

$c = a \text{ x } b$

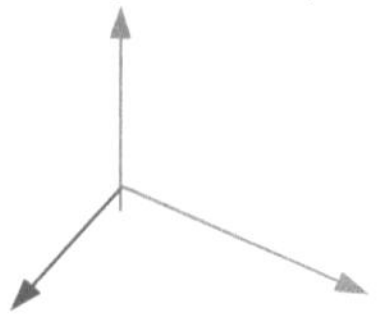

- Es gilt: $|a \text{ x } b| = F_p$: Fläche des Parallelogramms, das von a und b aufgespannt wird.

Normalenformen

- Normalenvektor ≡ Lotvektor (**n**)
- Der Normalenvektor **n** steht senkrecht auf einer Geraden (g) bzw. Ebene (E)
- Ist ein Punkt (A) auf einer Geraden (g) (Ebene (E)) bekannt, dann gilt: g bzw. E: $\mathbf{n} \cdot \mathbf{x} = \mathbf{n} \cdot \mathbf{a}$
  Annahme:Der Punkt A auf der Geraden g (bzw. Ebenen E) wird durch den Vektor **a** beschrieben.
  x ist ein Vektor, der einen beliebigen Punkt auf der Geraden g (bzw. der Ebene E) beschreibt.
- Umwandlung einer vektorielle Ebenengleichung in eine Normalenform:
  1. Gegeben sei: E: $\mathbf{x} = \mathbf{a} + \lambda \cdot \mathbf{u} + \mu \cdot \mathbf{v}$; $\lambda, \mu \in |R$
  2. E: $\det |\mathbf{x} - \mathbf{a}, \mathbf{u}, \mathbf{v}| = 0$

$$\rightarrow \text{E: } \begin{vmatrix} x_1 - a_1 & v_1 & u_1 \\ x_2 - a_2 & v_2 & u_2 \\ x_3 - a_3 & v_3 & u_3 \end{vmatrix} = 0$$

  3. Auflösung in Form von E: $r \cdot x_1 + s \cdot x_2 + t \cdot x_3 + w = 0$;
     mit $r, s, t, w \in |R$

Hessesche Normalenformen

- In diesem Fall erfolgt eine Normierung der Geraden bzw. Ebenengleichung mit $\mathbf{n} \rightarrow \mathbf{n}_0$
- $\mathbf{n}_0$: Normierter Vektor **n**; d. h.: $\mathbf{n}_0 = (1/ |\mathbf{n}|) \cdot \mathbf{n}$
- $\mathbf{n} \cdot \mathbf{x} = \mathbf{n} \cdot \mathbf{a} \rightarrow$ (Normierung:) $\mathbf{n}_0 \cdot \mathbf{x} = \mathbf{n}_0 \cdot \mathbf{a}$
- Eine Hessesche Normalenform liegt vor, wenn $\mathbf{n}_0 \cdot \mathbf{a} > 0$ erfüllt ist.
- E: $\mathbf{x} = \mathbf{a} + \lambda \cdot \mathbf{u} + \mu \cdot \mathbf{v}$; $\lambda, \mu \in |R$
  $\rightarrow E_H = (1/|n|)\,(r \cdot x_1 + s \cdot x_2 + t \cdot x_3 + w)$ mit: $|\mathbf{n}| \cdot w > 0$
- Bezogen auf die Hessesche Form gilt bzgl. des Punktes P:
  $d = \mathbf{n}_0 \cdot \mathbf{x} - \mathbf{n}_0 \cdot \mathbf{a}$ (mit $\mathbf{n}_0 \cdot \mathbf{a} > 0$)
  $d > 0$: P und der Koordinatenursprung liegen auf verschiedenen Ebenenseiten; $d = 0$: P liegt auf der Ebene.

Abbildungen

VR: Vektorielle Beschreibung; **KS:** Koordinatenschreibweise

Bezeichnung der Abbildung

Parallelverschiebung

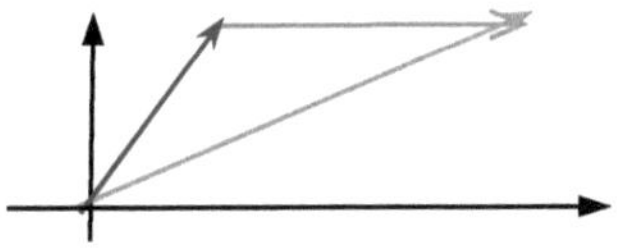

VR	$\mathbf{x'} = x_1 \cdot \mathbf{e}_1 + x_2 \cdot \mathbf{e}_2 + \mathbf{v}$ $\mathbf{x'} = \mathbf{x}_1 + \mathbf{v}$	**KS**	$x_1' = x_1 + v_1$ $x_2' = x_2 + v_2$

Bezeichnung der Abbildung

Streckung ausgehend vom Koordinatenursprung

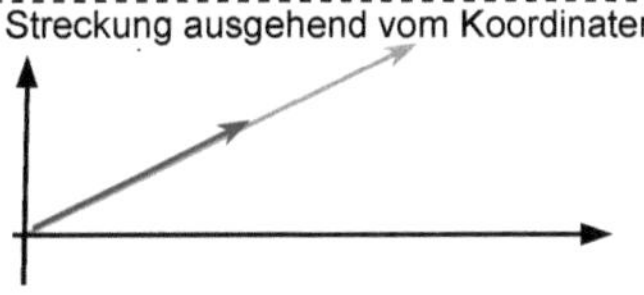

VR	$\mathbf{v'} = k \cdot x_1 \cdot \mathbf{e}_1$ $+ k \cdot x_2 \cdot \mathbf{e}_2$	**KS**	$x_1' = k \cdot x_1$ $x_2' = x \cdot x_2$

Zentrische Streckung ausgehend von einem Punkt Z

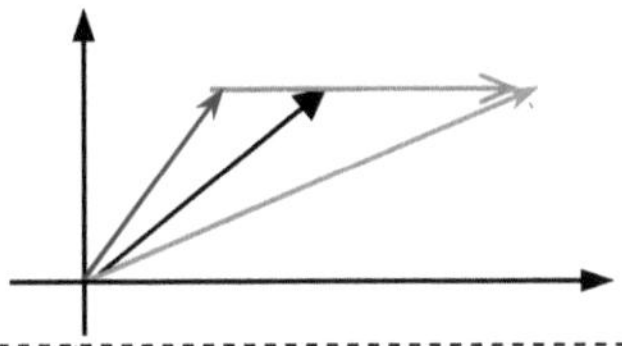

VR	$\mathbf{x'} = \mathbf{z} + k \cdot (\mathbf{x} - \mathbf{z})$ $\rightarrow \mathbf{x'} = k \cdot \mathbf{x} + (1 - k) \cdot \mathbf{z}$ $\rightarrow \mathbf{x'} = k \cdot x_1 \cdot \mathbf{e}_1 + k \cdot x_2 \cdot \mathbf{e}_2 +$ $+ (1 - k) \cdot \mathbf{z}$	**KS**	$x_1' = k \cdot x_1 +$ $(1 - k) \cdot z_1$ $x_2' = k \cdot x_2 +$ $(1 - k) \cdot z_2$

Spiegelung an der y-Achse (x_2-Achse)

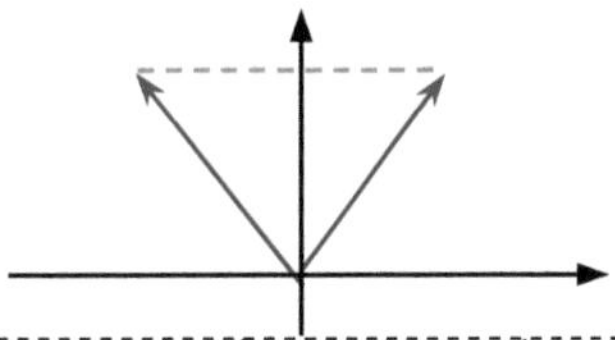

VR	$\mathbf{v'} = - x_1 \cdot \mathbf{e}_1$ $+ x_2 \cdot \mathbf{e}_2$	**KS**	$x_1' = - x_1$ $x_2' = x_2$

Spiegelung an der x-Achse (x_1-Achse)

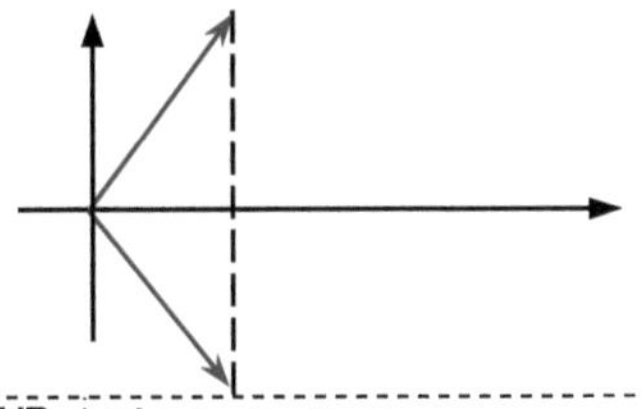

VR	$\mathbf{v'} = x_1 \cdot \mathbf{e}_1 - x_2 \cdot \mathbf{e}_2$	**KS**	$x_1' = x_1$ $x_2' = - x_2$

Spiegelung an der id-Achse
(Winkelhalbierenden: x = y)

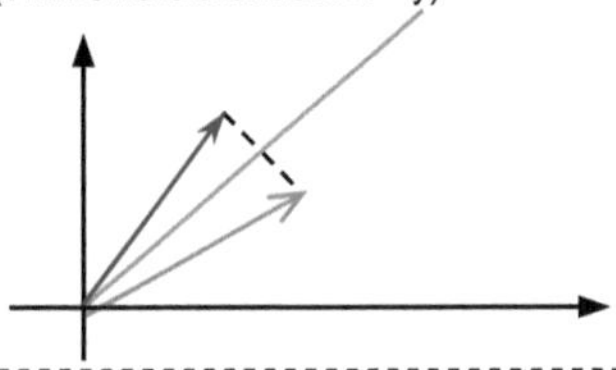

VR	$\mathbf{v'} = x_2 \cdot \mathbf{e}_1$ $+ x_1 \cdot \mathbf{e}_2$	**KS**	$x_1' = x_2$ $x_2' = x_1$

Drehung um 90°

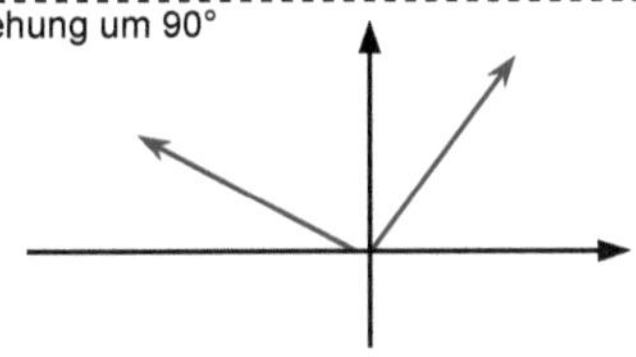

VR	$\mathbf{v'} = - x_2 \cdot \mathbf{e}_1 + x_1 \cdot \mathbf{e}_2$	**KS**	$x_1' = - x_2$ $x_2' = x_1$

Drehung um 180°

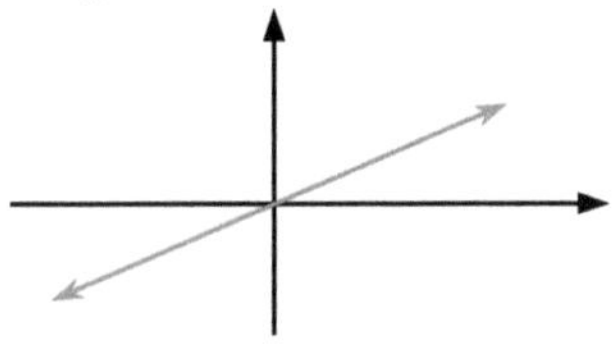

VR	$\mathbf{v'} = - x_1 \cdot \mathbf{e}_1$ $- x_2 \cdot \mathbf{e}_2$	**KS**	$x_1' = - x_1$ $x_2' = - x_2$

Dehnung parallel zur x_1-Achse

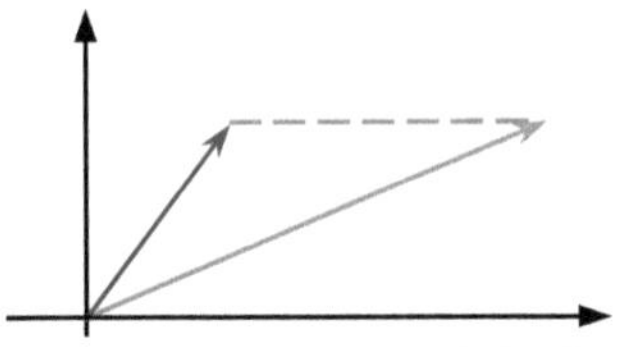

VR	$\mathbf{x'} = k \cdot x_1 \cdot \mathbf{e}_1 + x_2 \cdot \mathbf{e}_2$	**KS**	$x_1' = k \cdot x_1$ $x_2' = x_2$

Dehnung parallel zur x_2-Achse

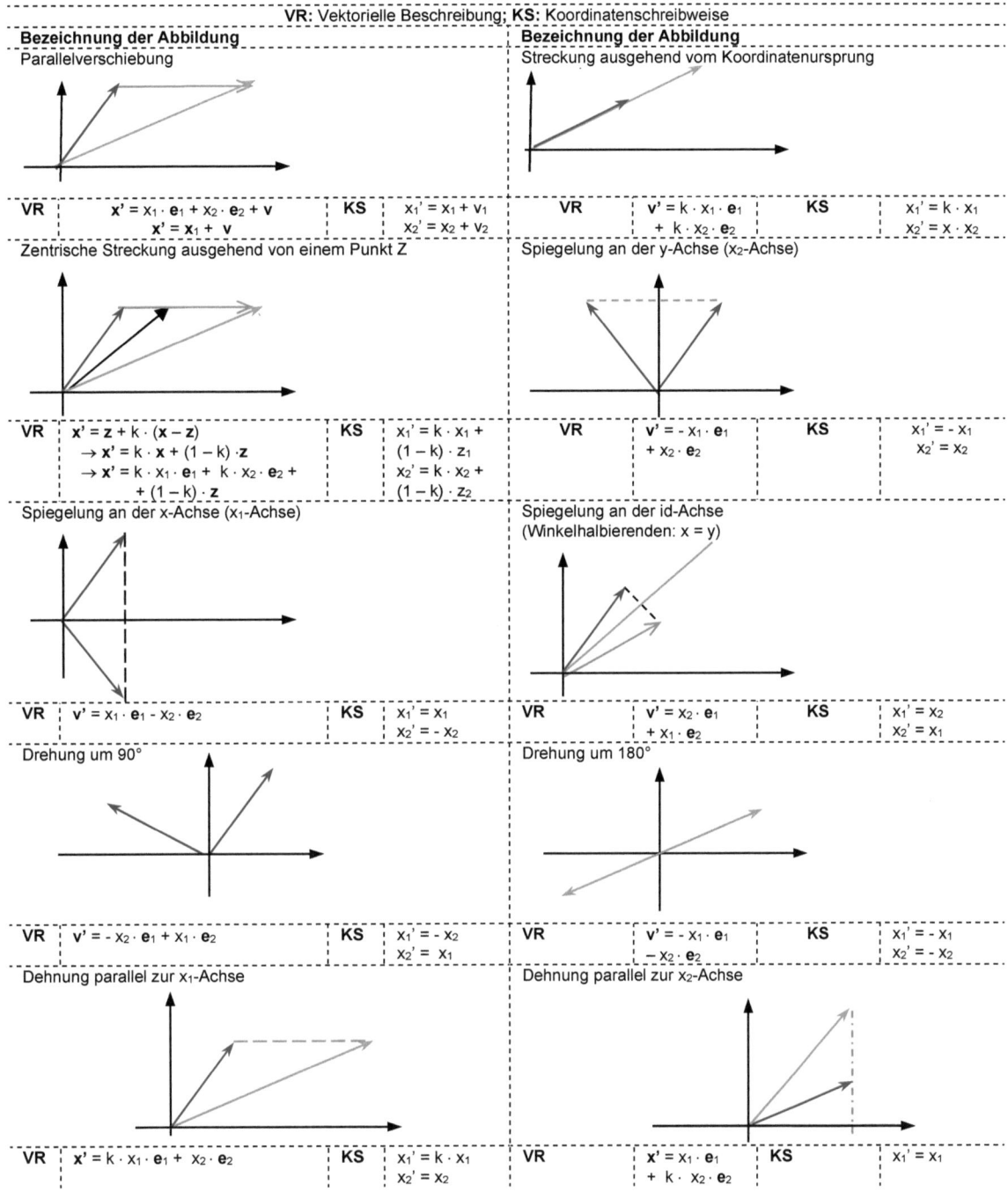

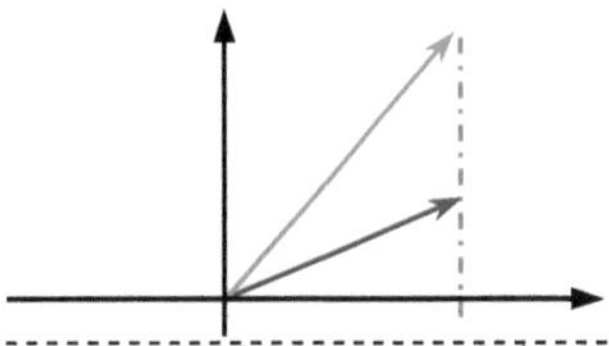

VR	$\mathbf{x'} = x_1 \cdot \mathbf{e}_1$ $+ k \cdot x_2 \cdot \mathbf{e}_2$	**KS**	$x_1' = x_1$

Koordinatensysteme und Drehungen

Kartesisches System (x; y; z)

Die Koordinatenachsen (x; y; z) bzw. (x_1; x_2; x_3) stehen senkrecht aufeinander.

Rechtssystem

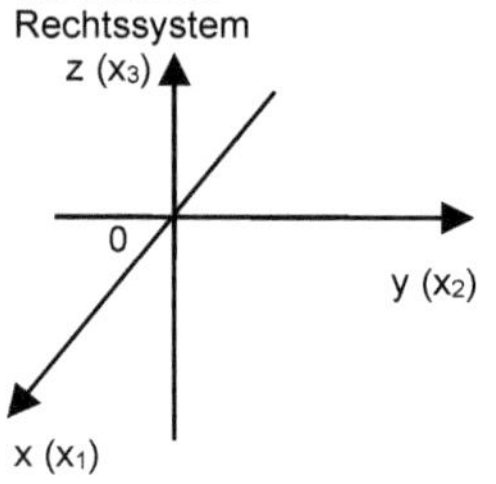

Linkssystem

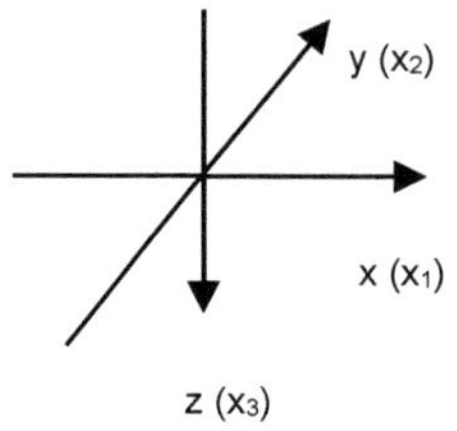

Umrechnungen

- Zylinderkoordinaten (ρ; φ; z) → Kartesisches System (x; y; z)
  $x = \rho \cdot \cos(\varphi)$; $y = \rho \cdot \sin(\varphi)$; $z = z$
- Kartesisches System (x; y; z) → Zylinderkoordinaten (ρ; φ; z)
  $\rho = (x^2 + y^2)^{0,5}$; $\tan(\varphi) = y/x$; $z = z$
- Kugelkoordinaten (r; ϑ; φ) → Kartesisches System (x; y; z)
  $x = r \cdot \sin(\vartheta) \cdot \cos(\varphi)$; $y = r \cdot \sin(\vartheta) \cdot \sin(\varphi)$; $z = r \cdot \cos(\vartheta)$
- Kartesisches System (x; y; z) → Kugelkoordinaten (r; ϑ; φ)
  $r = (x^2 + y^2 + z^2)^{0,5}$; $\varphi = \arctan(y/x)$
  $\vartheta = \arccos(z/(x^2 + y^2 + z^2)^{0,5}) = \arccos(z/|r|)$

Zylinderkoordinaten (ρ; φ; z)

- Die Positionsbestimmung erfolgt mit zwei Abstandangaben (**ρ, z**) und einer Winkelangabe (**φ**)

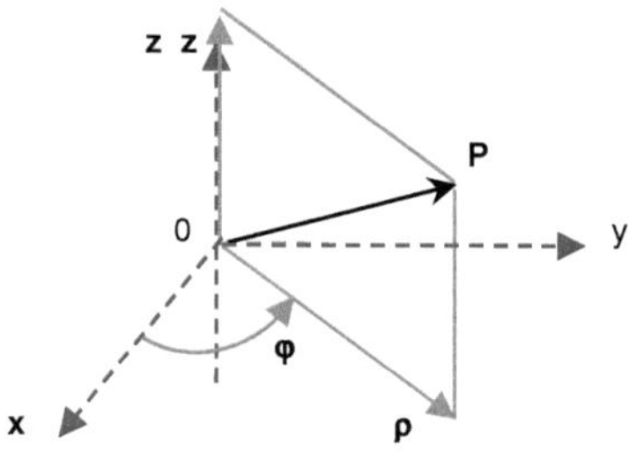

Kugelkoordinaten (r; ϑ; φ)

- Die Positionsbestimmung erfolgt mit einer Abstandangaben (**r**) und zwei Winkelangaben (**φ, ϑ**).

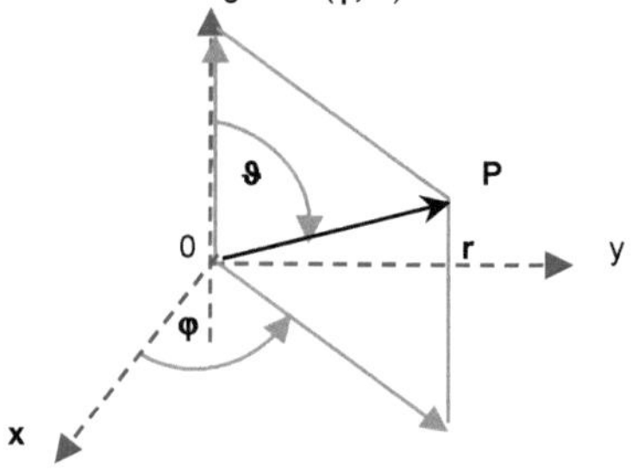

Drehungen

Drehung eines Vektors

- Es gilt:
  $v_x = v \cdot \cos\phi$; $v_y = v \cdot \sin\phi$
  $v_x' = v \cdot \cos(\phi + \varphi)$; $v_y' = v \cdot \sin(\phi + \varphi)$
- Unter Nutzung der Additionstheoreme ergibt sich:
  $v_x' = v \cdot \cos(\phi + \varphi) = v \cdot (\cos\phi \cdot \cos\varphi - \sin\phi \cdot \sin\varphi)$
  $v_y' = v \cdot \sin(\phi + \varphi) = v \cdot (\sin\phi \cdot \sin\varphi + \cos\phi \cdot \sin\varphi)$
- Es folgt:
  $v_x' = v_x \cdot \cos\varphi - v_y \cdot \sin\varphi$
  $v_y' = v_y \cdot \sin\varphi + v_x \cdot \sin\varphi = v_x \cdot \sin\varphi + v_y \cdot \sin\varphi$
- In Vektor-Matrix-Schreibweise erhalten wir:

$$\begin{pmatrix} v_x' \\ v_y' \end{pmatrix} = \begin{pmatrix} \cos\phi & -\sin\phi \\ \sin\phi & \cos\phi \end{pmatrix} \cdot \begin{pmatrix} v_x \\ v_y \end{pmatrix}$$

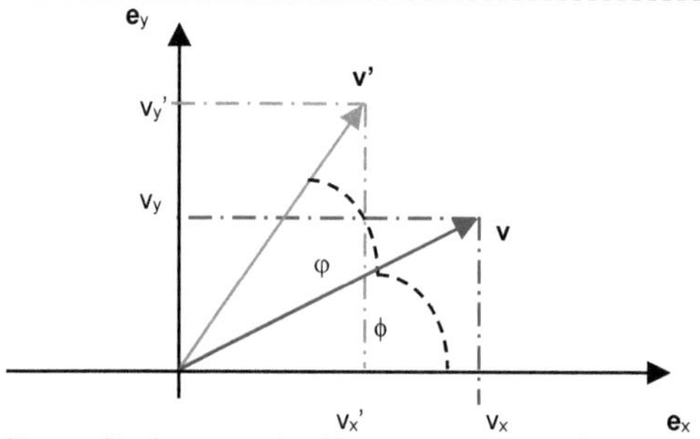

Vektor **v** mit seine v_x- und v_y-Komponenten im K_1-System.
Vektor **v'** mit seine v_x'- und v_y'-Komponenten im K_1-System.
Die Länge von **v** und **v'** beträgt jeweils v.
v' ist gegenüber **v** um den Winkel φ gedreht.

Drehmatrizen für Drehungen um eine Achse im $|R^3$

- Es erfolgt jeweils eine Drehung mit dem Winkel φ um eine Bezugsachse i
- zugehörige Drehmatrix $D_{i,\varphi}$
- **e_2**; **e_3**: Achsen im ursprünglichen System
- **f_2**, **f_3**: Achsen des neuen Systems
- c steht für cos(φ); s steht für sin(φ)

Drehung (φ) um die x-Achse:

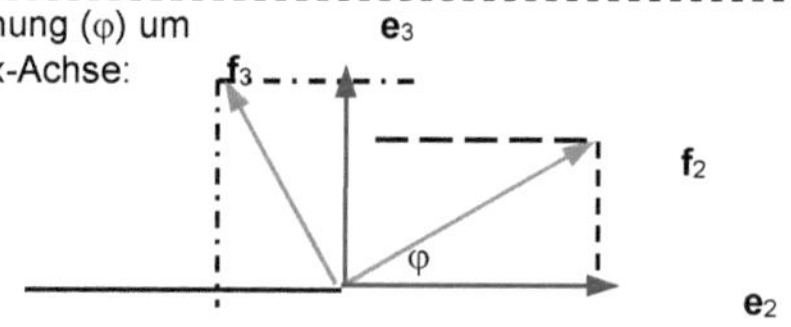

Drehung um die x-Achse

$$D_{x,\varphi} = \begin{pmatrix} 1 & 0 & 0 \\ 0 & c & s \\ 0 & -s & c \end{pmatrix}$$

Drehung um die y-Achse

$$D_{y,\varphi} = \begin{pmatrix} c & 0 & -s \\ 0 & 1 & 0 \\ s & 0 & c \end{pmatrix}$$

Drehung um die z-Achse

$$D_{z,\varphi} = \begin{pmatrix} c & s & 0 \\ -s & c & 0 \\ 0 & 0 & 1 \end{pmatrix}$$

Drehungen

Drehung des Koordinatensystems

- Ursprüngliches Koordinatensystem K_1: $\mathbf{e}_x$ - $\mathbf{e}_y$
- Neues Koordinatensystem (nach Drehung gegenüber K_1)
  K_2: $\mathbf{e}_x'$ - $\mathbf{e}_y'$
- Das System K_1 wird durch eine Drehung mit dem Winkel φ in das System K_2 überführt.
- Im System K_1 befindet sich ein Vektor $\mathbf{v}$ mit den Koordinaten
  $\mathbf{v} = (v_x; v_y)$.
- Der Vektor $\mathbf{v}$ hat die Länge v; $|\mathbf{v}| = v$
- Es gilt für die einzelnen Komponenten (im System K_1):
  $v_x = v \cdot \cos\phi$; $v_y = v \cdot \sin\phi$
  Es folgt: $\mathbf{v} = (v_x; v_y) = v_x \cdot \mathbf{e}_x + v_y \cdot \mathbf{e}_y = v \cdot (\cos\phi; \sin\phi)$
- Im System K_2 gilt: $v_x' = v \cdot \cos(\phi - \varphi)$ und $v_y' = v \cdot \sin(\phi - \varphi)$

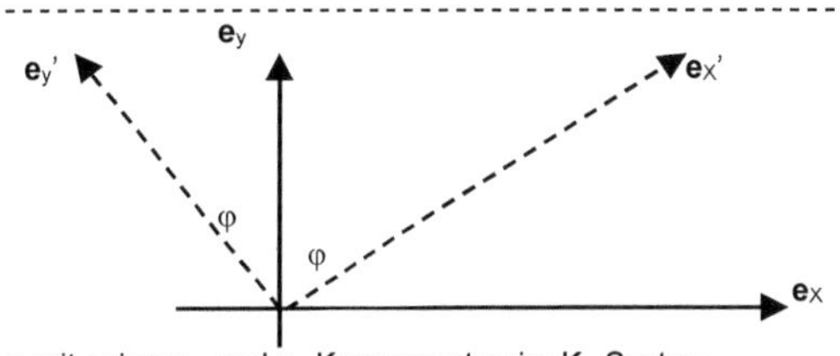

- Vektor **v** mit seine v_x- und v_y-Komponenten im K_1-System.

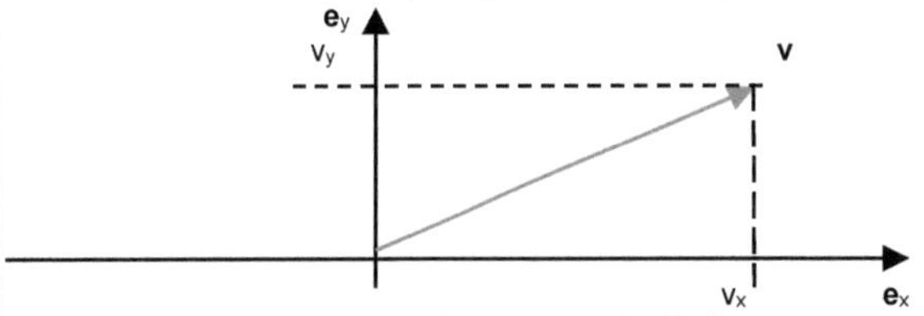

- Vektor **v** mit seine v_x- und v_y-Komponenten im K_1-System.
- Vektor **v** mit seine v_x'- und v_y'-Komponenten im K_2-System.

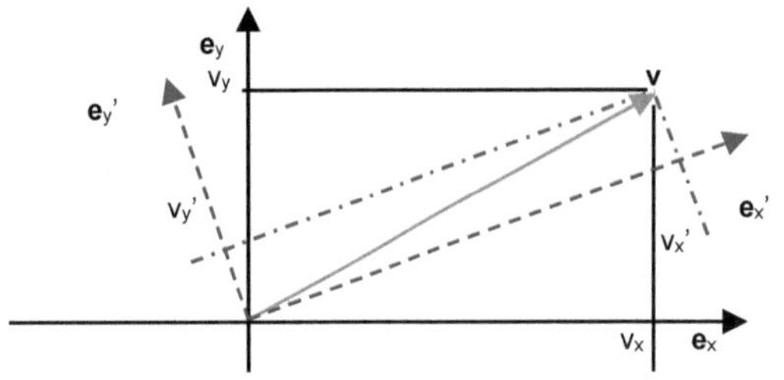

Matrix-Drehbeschreibung

- Allgemein gilt (Additionstheoreme):
  (1) $\cos(\phi - \varphi) = \cos(\phi) \cdot \cos(\varphi) + \sin(\phi) \cdot \sin(\varphi)$
  (2) $\cos(\phi + \varphi) = \cos(\phi) \cdot \cos(\varphi) - \sin(\phi) \cdot \sin(\varphi)$
  (3) $\sin(\phi - \varphi) = \sin(\phi) \cdot \cos(\varphi) - \cos(\phi) \cdot \sin(\varphi)$
  (4) $\sin(\phi + \varphi) = \sin(\phi) \cdot \cos(\varphi) + \cos(\phi) \cdot \sin(\varphi)$
- Somit ergibt sich unter anderem mit $v_x = v \cdot \cos\phi$; $v_y = v \cdot \sin\phi$
- $v_x' = v \cdot \cos(\phi - \varphi) =$
  $= v \cdot (\cos(\phi) \cdot \cos(\varphi) + \sin(\phi) \cdot \sin(\varphi)) =$
  $= v_x \cdot \cos(\varphi) + v_y \cdot \sin(\varphi)$
  $v_y' = v \cdot \sin(\phi - \varphi) =$
  $= v \cdot (\sin(\phi) \cdot \cos(\varphi) - \cos(\phi) \cdot \sin(\varphi)) =$
  $= v_y \cdot \cos(\varphi) - v_x \cdot \sin(\varphi)$
- Bzw. umgeschrieben:
  $v_x' = v_x \cdot \cos(\varphi) + v_y \cdot \sin(\varphi)$
  $v_y' = v_x \cdot \sin(-\varphi) + v_y \cdot \cos(\varphi) = -v_x \cdot \sin(\varphi) + v_y \cdot \cos(\varphi)$
- Unter Verwendung von Vektoren und Matrizen ergibt sich die folgende Darstellung:

$$\begin{pmatrix} v_x' \\ v_y' \end{pmatrix} = \begin{pmatrix} \cos\phi & \sin\phi \\ -\sin\phi & \cos\phi \end{pmatrix} \cdot \begin{pmatrix} v_x \\ v_y \end{pmatrix}$$

In diesem Fall wurde das Koordinatensystem gedreht.

Koordinatendrehung und Matrix

- Matrix M ist aufgebaut aus den Elementen a_{ij} mit: $a_{ij} = \mathbf{e}'_i \cdot \mathbf{e}_j$
  $\mathbf{e}'_i$: Einheitsvektor der Richtung i im neuen System
  $\mathbf{e}_j$: Einheitsvektor der Richtung j im ursprünglichen System
- $a_{ij} = \cos(\varphi_{ij})$; $\mathbf{e}'_i = a_{ij} \cdot \mathbf{e}_j$
- Orthonormalität der Zeilen: $a_{ik} \cdot a_{jk} = \delta_{ij}$
- **Orthogonale Matrizen:** $D^{-1} = D'$
  (Inverse Matrix von D (D^{-1}) = transponierte Matrix von D (D'))
  $Det(D) = |D| = 1$

Abbildungsregeln für Drehmatrizen

- $DD^T = 1$ (Orthonomierung)
- $\det(D) = 1$ (Rechts-System-Erhaltung)
- $D(\mathbf{a} \times \mathbf{b}) = D\,\mathbf{a} \times D\,\mathbf{b}$ (Winkeltreue)
- $D\,\mathbf{a} = \mathbf{a}$ ($D \to$ Achse)
- $Sp(D) = 1 + 2 \cdot \cos(\varphi)\ \mathbf{a} = \mathbf{a}$ ($D \to$ Achse)
- $\mathbf{e} \cdot (D\,\mathbf{f} \times \mathbf{f}) = \sin(\varphi)$
  Mit $\mathbf{e} := (1/b)\,\mathbf{b}$ und dem Einheitsvektoren $\mathbf{f} \perp \mathbf{e}$
- $D = \cos(\varphi) + (1 - \cos(\varphi))\ \mathbf{e} \circ \mathbf{e} - \sin(\varphi)\ \mathbf{e} \times \mathbf{e}$
  (Achse (**e**) und Winkel (φ) $\to$ D)

Koordinatensystemdrehung

- Darstellung im alten Koordinatensystem.
  $\mathbf{a} = \begin{pmatrix} a_1 \\ a_2 \\ a_3 \end{pmatrix}$
- Darstellung für den Vektor **a** im neuen System.
  $\mathbf{a} = \begin{pmatrix} a_1' \\ a_2' \\ a_3' \end{pmatrix}$

- $\mathbf{a}' = D \cdot a$
- Im Sinne der hier gewählten Zuordnung gilt:
  - Zeilen in D: neue Basisvektoren aus der Sicht des alten Systems
  - Spalten in D: alte Basisvektoren aus der Sicht des neuen Systems

- Drehmatrix

$$D = \begin{pmatrix} \vec{f_1} \cdot \vec{e_1} & \vec{f_1} \cdot \vec{e_2} & \vec{f_1} \cdot \vec{e_3} \\ \vec{f_2} \cdot \vec{e_1} & \vec{f_2} \cdot \vec{e_2} & \vec{f_2} \cdot \vec{e_3} \\ \vec{f_3} \cdot \vec{e_1} & \vec{f_3} \cdot \vec{e_3} & \vec{f_3} \cdot \vec{e_3} \end{pmatrix}$$

- Drehbeziehung

$$a' = \begin{pmatrix} \vec{f_1} \cdot \vec{a} \\ \vec{f_2} \cdot \vec{a} \\ \vec{f_3} \cdot \vec{a} \end{pmatrix} = \begin{pmatrix} \vec{f_1} \cdot \vec{e_1} & \vec{f_1} \cdot \vec{e_2} & \vec{f_1} \cdot \vec{e_3} \\ \vec{f_2} \cdot \vec{e_1} & \vec{f_2} \cdot \vec{e_2} & \vec{f_2} \cdot \vec{e_3} \\ \vec{f_3} \cdot \vec{e_1} & \vec{f_3} \cdot \vec{e_3} & \vec{f_3} \cdot \vec{e_3} \end{pmatrix} \cdot \begin{pmatrix} a_1 \\ a_2 \\ a_3 \end{pmatrix}$$

Gruppen und Drehungen

Gruppen

- Definition einer Gruppe $(G, \circ)$
  Abgeschlossenheit: $\forall g_1, g_2 \in G$ gilt: $g_1 \circ g_2 \in G$
  Neutrales Element (e): $e \in G$, $g \circ e = e \circ g = g$
  Inverse Elemente (g^{-1}): $g, g^{-1} \in G$, $g \circ g^{-1} =: g^{-1} \circ g = e$
  Assoziativität: $g_1, g_2, g_3 \in G$, $g_1 \circ (g_2 \circ g_3) = (g_1 \circ g_2) \circ g_3$

Topologischen Gruppe

- Definition einer topologischen Gruppe
  (G, o) sei eine Gruppe mit G als Menge.
- Gilt $G \times G \to G$ und sei $(x, y) \to x \text{ o } y$ stetig, wobei $x \to x^{-1}$ ist, dann liegt eine topologische Gruppe vor.
- $(\mathbf{R}_n, +)$ ist eine topologische Gruppe.
- Gruppen mit einer diskreten Topologie sind topologische Gruppen. So besitzt $(Z_n, +)$ eine diskrete Topologie.

Lie-Gruppen

- Sophus Lie
- Noether, Emmy erkannte einen zwingenden Zusammenhang zwischen kontinuierlichen Lie-Gruppen und Erhaltungsgrößen in Naturgesetzen (der Physik)
- Symmetrie und Erhaltung
- Lie-Gruppen: Poincaré-Gruppe
- Theoretische Physik (Symmetrien, Spin-Werte)

Symbolik

- Übliche (gebräuchliche) Abkürzungen (Symbole)
- S: speziell; O: orthogonal
- U: unitär (unitäre Matrix (M): det(M) = 1
- Bedeutsame Gruppen innerhalb der Physik:
  O(2), U(2), SU(2), SU(3), SO(2), SO(3), ...
- Bedingungen für die SO(n) Gruppen
  $O^TO = I$; $\det(O) = 1$

Spiegelungen, Drehungen

- Bedeutsam sind Drehungen und Spiegelungen im Raum.
- Diese Gegebenheiten können mit Matrizen und über Gruppen beschrieben werden.
- Achsen-Spiegelungen im $|\mathbf{R}^2$: $P_X = \begin{pmatrix} -1 & 0 \\ 0 & 1 \end{pmatrix}$; $P_Y = \begin{pmatrix} 1 & 0 \\ 0 & -1 \end{pmatrix}$
- Drehung um den Ursprung (Winkel φ) in zwei Dimensionen:
  Basis für SO(2) – Gruppe: $R_\varphi = \begin{pmatrix} \cos(\varphi) & -\sin(\varphi) \\ \sin(\varphi) & \cos(\varphi) \end{pmatrix}$
- Drehung um den Ursprung (Winkel φ) in drei Dimensionen:
  (Basis für SO(3) – Gruppe)

$$R_X = \begin{pmatrix} 1 & 0 & 0 \\ 0 & \cos(\varphi) & -\sin(\varphi) \\ 0 & \sin(\varphi) & \cos(\varphi) \end{pmatrix}$$

$$R_Y = \begin{pmatrix} \cos(\varphi) & 0 & \sin(\varphi) \\ 0 & \cos(\varphi) & 0 \\ -\sin(\varphi) & 0 & \cos(\varphi) \end{pmatrix}$$

$$R_Z = \begin{pmatrix} \cos(\varphi) & -\sin(\varphi) & 0 \\ \sin(\varphi) & \cos(\varphi) & 0 \\ 0 & 0 & 1 \end{pmatrix}$$

Lie-Algebra

- Lie-Klammer (Lie-Produkt): $[x, x] = 0 \ \forall x \in V$
- Jakobi-Identität: $[x, [y, z]] + [y, [z, x]] + [z, [x, y]] = 0 \ \forall x, y, z \in V$
- $g = (V, [\ ,\ ])$: Lie-Algebra

Drehungen

- Drehungen um die einzelnen Achsen im $|R^3$

$$E_1 = \begin{pmatrix} 0 & 0 & 0 \\ 0 & 0 & -1 \\ 0 & 1 & 0 \end{pmatrix}; E_2 = \begin{pmatrix} 0 & 0 & 1 \\ 0 & 0 & 0 \\ -1 & 0 & 0 \end{pmatrix}; E_3 = \begin{pmatrix} 0 & 1 & 0 \\ 1 & 0 & 0 \\ 0 & 0 & 0 \end{pmatrix}$$

- Einheitsmatrix im $|R^3$
- $E = \begin{pmatrix} 1 & 0 & 0 \\ 0 & 1 & 0 \\ 0 & 0 & 1 \end{pmatrix}$; es gilt: $A \cdot A^{-1} = E = A^{-1} \cdot A$
- A^{-1} invertierbare Matrix von A
- $(A \cdot B)^{-1} = B^{-1} \cdot A^{-1}$
- Allgemeine reelle lineare Gruppe GL(n, |R)):
  Menge der reellen (n, n) – Matrizen, die invertierbar sind
- Allgemeine komplexe lineare Gruppe GL(n, |C)):
  Menge der komplexen (n, n) – Matrizen, die invertierbar sind
- Besondere Untergruppen von GL(n, |R):
  $GL^+(n, |R)$: $A \in GL(n, |R)$ und $\det A > 0$
  Spezielle lineare Gruppe:
  $SL^+(n, |R)$: $A \in GL(n, |R)$ und $\det A = 1$
  Orthogonale Gruppe
  O(n): $A \in GL(n, |R)$ und $AA^T = E$
  Spezielle Orthogonale Drehgruppe
  SO(n): $A \in GL(n, |R)$ und $\det A = 1$ mit $O(n) \cap SL(n)$
  Spezielle komplexe lineare Gruppe:
  $SL^+(n, |C)$: $A \in GL(n, |C)$ und $\det A = 1$
  Unitäre Gruppe
  U(n): $A \in GL(n, |C)$ und $A\,\overline{A}^T = E$
  Spezielle unitäre Drehgruppe
  SU(n): $A \in U(n)$ und $\det A = 1$ mit $O(n) \cap SL(n)$

Orthogonale Gruppe

- $O_n(\mathbf{R}) = \{A \in GL_n(\mathbf{R}) \mid AA^T = I\}$ ist eine orthogonale Gruppe
- $SO_n(\mathbf{R}) = \{A \in O_n(\mathbf{R}) \mid \det(A) = 1\}$: Spezielle orthogonale Gruppe über **R**

Heisenberg-Gruppe

- 3-dimensionale Heisenberg-Gruppe

$$H(3, |R) = \begin{pmatrix} 1 & a & b \\ 0 & 1 & c \\ 0 & 0 & 1 \end{pmatrix} \text{ bzw. } H_3 = \left\{ \begin{bmatrix} 1 & \alpha & \beta \\ 0 & 1 & \chi \\ 0 & 0 & 1 \end{bmatrix} \right\}$$

- Lie – Algebra zugehörig zu H_3: $h = \left\{ \begin{bmatrix} 0 & a & b \\ 0 & 0 & c \\ 0 & 0 & 0 \end{bmatrix} \right\}$

Ring

- Ring: organisierte Einheit von Elementen - die mathematische Definition ist nicht ganz einheitlich
- Ring (R, + *): Menge R mit zwei zweistelligen Operationen
  (R, +): abelsche Gruppe unter der Addition
  (neutrales Element ist die 0)
  (R, *): Halbgruppe unter der Multiplikation (*)
  Es gelten ferner die <u>Distributivgesetze</u>
  (i) (*linke Distributivität*): a * (b + c) = ab + ac
  (ii) (*rechte Distributivität*): (a + b) * c = ac + bc
- Ein kommutativer Ring ist bezüglich der Multiplikation kommutativ

Determinante

Determinanten

- $D = \begin{vmatrix} a & b \\ c & d \end{vmatrix} = a \cdot d - b \cdot c$
- $D^* = \begin{vmatrix} a & b & c \\ d & e & f \\ g & h & i \end{vmatrix} =$

  $= a \cdot e \cdot i + b \cdot f \cdot g + c \cdot d \cdot h - c \cdot e \cdot g - a \cdot f \cdot h - b \cdot d \cdot i$
- Auflösun von D* mit der ›Regel von Sarrus‹
  (Sarrus, Pierre Frédéric (1798-1856))

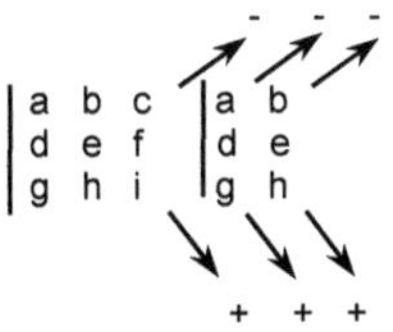

Dies gilt nur für dreireihige Determinanten.

- **Allgemeiner Entwicklungssatz**
  - A'_{ij} ist die Restmatrix von A_{ij}:
  - A'_{ij} ist gleich A_{ij} ohne die i-te Zeile und ohne die j-te Spalte. D. h., in der Matrix A_{ij} werden die i-te Zeile und die j-te Spalte gestrichen. So wird zum Beispiel aus einer 3er Matrix (A_{ij}) eine 2er Matrix (A'_{ij}).
  - A_{ij} ist die **Adjunkte** zu a_{ij} mit: $A_{ij} = (-1)^{i+j} \det(A'_{ij})$
  - Die Adjunkte wird auch algebraisches Komplement genannt.
  - Man spricht bzgl. A'_{ij} auch von einer Streichungsmatrix.
- **Allgemeine Berechnung einer Determinante**
  (nach dem Entwicklungssatz von Laplace)
  $\det A = \sum_{j=1}^{n}(-1)^{i+j} \cdot a_{ij} \cdot detA'_{ij}$
  (Entwicklung nach der i-ten Zeile) bzw.

  $\det A = \sum_{i=1}^{n}(-1)^{i+j} \cdot a_{ij} \cdot detA'_{ij}$
  (Entwicklung nach der j-ten Spalte).

  Die Berechnung der Determinante der (m, n) – Matrix wird so auf die Berechnung der Determinanten von (m -1, n -1) – Matrizen überführt.

  Durch den Faktor $(-1)^{i+j}$ wird jedem Einzelfeld in der Matrix ein Vorzeichen zugeordnet. Zum Beispiel für eine (5, 5) – Matrix:

+	-	+	-	+
-	+	-	+	-
+	-	+	-	+
-	+	-	+	-
+	-	+	-	+

- Das Vertauschen zweier Zeilen (bzw. zwei Spalten) führt zu einer Vorzeichenveränderung der zugehörigen Determinante:
  $\det(A) = (-1) \cdot \det(A^*)$

Matrix und Determinante

- A sei eine Dreiecksmatrix: $\det A = \det A^T$
- A, B: gleichartige quadratische Matrizen:
  $\det(AB) = \det A \cdot \det B = \det(BA)$

Determinantensätze

- Sind zwei Zeilen oder zwei Spalten zueinander proportional (zum Beispiel (2; - 4; 7) ≡ (- 7; 14; - 24,5)), dann ist die Determinanten Null. D.h. dann auch, dass eine lineare Abhängigkeit vorliegt.
- Die Vertauschung von zwei Zeilen (bzw. zwei Spalten) verändert das Vorzeichen der Determinante.
- Eine transponierte Matrix (A^T) hat den gleichen Determinantenwert wie die ursprüngliche Matrix (A).
- A^T entsteht aus A durch die Vertauschung der Zeilen mit den Spalten (→ Spiegelung an der Hauptdiagonale).

Anwendung: Gleichungssysteme

- Lineares Gleichungssystem mit zwei Unbekannten
  (I) $a_{11} \cdot x_1 + a_{12} \cdot x_2 = b_1$
  (II) $a_{21} \cdot x_1 + a_{22} \cdot x_2 = b_2$
  Die Auflösung ergibt:
  $x_1 = (b_1 \cdot a_{22} - b_2 \cdot a_{12}) / (a_{22} \cdot a_{11} - a_{12} \cdot a_{21})$
  $x_2 = \frac{a_{11} \cdot b_2 - a_{21} \cdot b_1}{a_{11} \cdot a_{22} - a_{12} \cdot a_{21}}$
- Determinante
  $D = \begin{vmatrix} a_{11} & a_{12} \\ a_{21} & a_{22} \end{vmatrix} = a_{11} \cdot a_{22} - a_{21} \cdot a_{12}$
- Es gilt:
  $x_2 = \frac{\begin{vmatrix} a_{11} & b_1 \\ a_{21} & b_2 \end{vmatrix}}{\begin{vmatrix} a_{11} & a_{12} \\ a_{21} & a_{22} \end{vmatrix}} \quad x_2 = \frac{a_{11} \cdot b_2 - a_{21} \cdot b_1}{a_{11} \cdot a_{22} - a_{12} \cdot a_{21}}$
- Es folgt: $x_1 = D_{x1} / D$ und $x_2 = D_{x2} / D$
- Allgemein gilt nach der Cramerschen Regel:
  $x_i = \det A_i / \det A$ für $A \cdot \chi = b$ mit:
  A: reguläre Matrix;
  χ: Spaltenvektor der Unbekannten (x_i)

Rechenregeln

- $\det(\mathbf{A} \cdot \mathbf{B}) = (\det \mathbf{A}) \cdot (\det \mathbf{B})$
- $\det \mathbf{A} = \det \mathbf{A}^T$
- $\mathbf{A}^{-1} = \frac{1}{\det A} \cdot \mathbf{A}_{adj}$
  $\mathbf{A}^{-1}$: inverse Matrix; es gilt: $\mathbf{A}_{adj} \cdot \mathbf{A} = \mathbf{A} \cdot \mathbf{A}_{adj} = (\det \mathbf{A}) \cdot \underline{\mathbf{A}}$
  $\mathbf{A}_{adj}$: adjunkte Matrix zu **A** - gebildet aus den Adjunkten von **A** und der dann abschließend transponierte Matrix
- $\alpha \cdot \mathbf{A}$ → Jedes Element einer Zeile (bzw. einer Spalte) wird mit α multipliziert. Es gilt dann: $\det(\alpha \cdot \mathbf{A}) = \alpha^n \cdot \det \mathbf{A}$
- Ableitung einer Determinanten A:
  A wird jeweils zeilenweise abgeleitet.
  Die entsprechend abgeleiteten Determinanten werden addiert.

Matrix (Matrizen)

Definition und allgemeine Rechenregeln

- A: I x J → |R heißt (m, n) – Matrix; dabei ist a_{ij} Element von A:

$$A = \begin{bmatrix} a_{11} & \cdots & a_{1n} \\ \vdots & \ddots & \vdots \\ a_{m1} & \cdots & a_{mn} \end{bmatrix}$$

Diese Matrix hat m Zeilen und n Spalten.

- Matrix A und B sind gleich (A = B), wenn gilt $a_{ij} = b_{ij} \forall$ i, j.
- a_{ij} ; i ist der Zeilenindex; j ist der Spaltenindex
- (A · B) · C = A · (B · C)
- (A + B) · C = A · C + B · C
- A · (B + C) = A · B + A · C

- Für quadratische Matrizen gilt:

$$E := \begin{bmatrix} 1 & 0 & 0 & 0 \\ 0 & 1 & 0 & 0 \\ \dots & \dots & \dots & \dots \\ 0 & 0 & \dots & 1 \end{bmatrix};$$ E: Einheitsmatrix

- E = (a_{ij}) mit i, j = 1, ..., n
- A · E = A; E · A = A

reguläre / singuläre Matrix

- A ist regulär ⇔ det A ≠ 0
- Gilt B · A = A · B = E, dann ist A **regulär** und B invers zu A.
- Ist A nicht regulär, dann ist A **singulär**.

Bestimmung von A^{-1}

A = $\begin{bmatrix} 2 & 3 \\ -4 & 7 \end{bmatrix}$; zugeordnete Einheitsmatrix: **E** = $\begin{bmatrix} 1 & 0 \\ 0 & 1 \end{bmatrix}$

$A^{-1} = \begin{bmatrix} 7/26 & -3/26 \\ 2/13 & 1/13 \end{bmatrix}$; **A · A^{-1} = E**

Matrix A			Zugeordnete E-Matrix/ Umwandlung	
2	3	(1)	1	0
- 4	7		0	1
2	3	(2)	1	0
0	13		2	1
1	3/2	(3)	1/2	0
0	1		2/13	1/13
1	0	(4)	7/26	- 3/26
0	1		2/13	1/13

Rechenregeln für invertierbare Matrizen

- *$(A \cdot B)^{-1} = B^{-1} \cdot A^{-1}$*
- $(A^T)^{-1} = (A^{-1})^T$
- $(A^{-1})^{-1} = A$
- (mit dem Skalar k ≠ 0): $(k \cdot A)^{-1} = k^{-1} \cdot A^{-1}$

Eigenwerte

- A ist eine quadratische Matrix vom Typ (n, n)
- λ ist ein Eigenwert von A in der Art, dass gilt: A · χ = λ · χ
- Es gilt: det (A - λ · E) = 0
- Wenn A symmetrisch ist, folgt: alle Eigenwerte von A sind reell.

Nicht-Kommutativität

- Im Allgemeinen gilt: **A · B ≠ B · A**

$A = \begin{bmatrix} 2 & 3 \\ -4 & 7 \end{bmatrix}$; $B = \begin{bmatrix} 9 & -6 \\ 5 & 8 \end{bmatrix}$ → $A \cdot B = \begin{bmatrix} 33 & 12 \\ -1 & 80 \end{bmatrix} \neq B \cdot A$

Transposition

- Transposition : $A^T = (c_{ij})$ mit $c_{ij} = a_{ji}$
- $(A \cdot B)^T = B^T \cdot A^T$
- $(A^T)^T = A$
- Bestimmung von A^T: A^T wird durch die Spiegelung der einzelnen Spalten und Zeilen der Matrix bestimmt ($a_{ij} \rightarrow a_{ji}$):

$A = \begin{bmatrix} 2 & 3 \\ -4 & 7 \end{bmatrix}$; $A^T = \begin{bmatrix} 2 & -4 \\ 3 & 7 \end{bmatrix}$

Gleichungssystem - Matrix

- Ist die Matrix A regulär, dann ist die Gleichung A · χ = *b* eindeutig auflösbar.
- Die maximale Anzahl der linear unabhängigen Zeilen der Matrix wird **Rang** genannt. Ist der Rang von A = r, dann ist r die Anzahl der maximal unabhängigen Zeilen der Matrix und somit auch des Gleichungssystems A · χ = *b*.
- Ist A regulär, wobei eine nxn-Matrix vorliegen soll, dann ist der Rang von A gleich n: Rang A = n.
- det A ≠ 0 ⇔ A ist regulär.
- Wenn A regulär ist, kann A^{-1} bestimmt werden.

Symmetrische Matrizen

$A = A^T$ ⇔ A ist symmetrisch

Ähnliche Matrizen

Wenn A und B ähnlich sind, dann gilt: $P \cdot A \cdot P^{-1} = B$

Orthogonale Matrizen

- $P^T = P^{-1}$
- Matrix A ist orthogonal → det A = ± 1
- Matrix A ist eigentlich orthogonal → det A = + 1
- Orthogonale Matrizen sind unitäre Matrizen mit nur reellen Zeilen.

Unitäre Matrix

- Mit unitären Matrizen werden komplexe quadratische Matrizen bezeichnet, deren Zeilen zueinander orthonormal sind.
- A heißt unitär, falls $A^{-1} = {}^tA^*$ (mit A*: konjungierte Matrix zu A).
- Jede orthogonale Matrix ist unitär.

Unitäre Gruppe (UG) / Spezielle unitäre Gruppe SU(n)

- **UG** wird gebildet aus unitäre Matrizen A der Ordnung n.
- **SU(n)**: Spezielle unitäre Gruppe → UG mit det(A) = 1

Stochastik

Merkmalsausprägungen

- Unterschieden werden:
  Qualitative Merkmale
  Rangmerkmal
  Quantitative Merkmale
- Darstellung von Daten:
  Urliste
  Diagramme
    Kreisdiagramme
    Stabdiagramme
    Säulendiagramme
    Stängel-Blatt-Diagramme

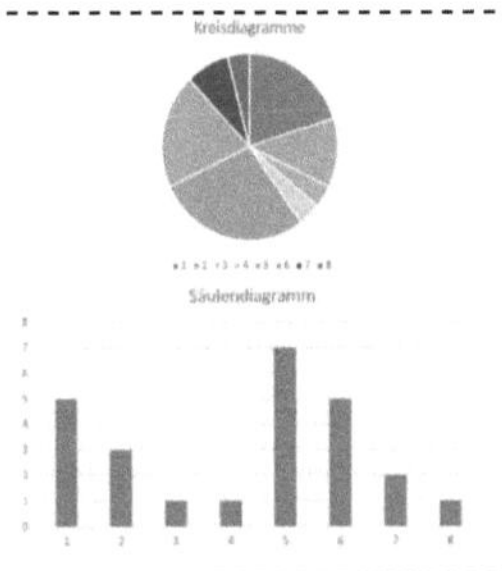

Maßzahlen

- **Arithmetisches Mittel** ($\bar{x} = x_ø$): $x_ø = (x_1 + x_2 + ... + x_n) / n$
  (auch: Mittelwert; bezieht sich auf bekannte (vergangene) Werte)
- **Geometrisches Mittel** (m_g): $m_g = \sqrt[n]{x_1 \cdot x_2 \cdot ... \cdot x_n}$
- **Median** m (→ Zentralwert m):
  Mittlerer Wert einer geordneten Stichprobe
  $m = x_{((n+1)/2)}$ für n ungerade; $m = 0{,}5 \cdot (x_{n/2} + x_{(n/2)+1})$ für n gerade
- **Modalwert** d (Modus d; Dichtewert d):
  Wert mit der größten relativen Häufigkeit; häufigster Wert
- **Erwartungswerte** (Bezug: zukünftige Entwicklungen)
  (für diskrete Werte): $E\{z\} = z_1 \cdot P(z = z_1) + ... + z_n \cdot P(z = z_n)$
  (für stetige Werte): $E\{x\} = \int_{-\infty}^{+\infty} x \cdot f(x) \cdot dx$

Merkmalstypen, -ausprägungen	Skalen			
	Nominal	**Ordinal/Rang**	**Kardinal (Intervalle)**	**Kardinal (absolut)**
Arten der Merkmale	Qualitative Merkmale		Quantitative Merkmale	
Merkmalsausprägungen	Klasse / Name	Reihenfolge	Abstände	Nullpunkte; eventuell absoluter Bezug
Beziehungen	= ≠	= ≠ < >	= ≠ < > + -	= ≠ < > + - · :
mögl. Unterscheidungen	gleich / ungleich	kleiner / größer	(empirische) Differenzen	(empirische) Verhältnisse
Hinweis	H; Mo	H; Qu; Mo; Me	H; Qu; Mo; Me; aM; σ	H; Qu; Mo; Me; aM; gM; σ
Beispiel	PLZ; Geschlecht	Noten; Produktgüte	Temperatur (°C); Datum	Temperatur (K); Zeit

H: Häufigkeit; Qu: Quartile; Mo: Modalwert; Me: Median; aM: arithmetischer Mittelwert;
gM: geometrischer Mittelwert; σ: Standardabweichung

Nr.	1	2	3	4	5	6	7	8	9	10	11	12	13	14	15	16	17	18	19
Wert	0	0	0	1	2	3	3	4	4	5	6	6	6	6	7	7	8	9	9

Häufigster Wert (Modalwert): 6; Zentralwert (Median): 5

Modellierung von Zufallsereignissen

- Gegebenheiten werden nachgebildet und erfasst mit:
  - **Münze** (Kopf (K) und Zahl (Z)
  - **Würfel** (Zahlen 1, 2, 3, 4, 5, 6 bzw. auch Farben)
  - **Urne** (nicht einsehbare Kugeln mit Informationen in der Urne)
- Zur **Darstellung** werden vorrangig verwendet:
  - **Baumdiagramme** unter Beachtung der Baumregeln
  - **Vierfeldertafeln** - **Kombinatorische Gesetzmäßigkeiten**
  - **Automatenmodelle**
- Die Gegebenheiten der Nachrichten- und Informationstechnik werden vorrangig mit stochastischen Modellen erfasst.

Automatenmodelle

- Kreise symbolisieren Zustände
- Pfeile verdeutlichen Übergänge und Entwicklungsrichtungen
- p-Werte geben Übergangswahrscheinlichkeiten an
- START Entwicklungsbeginn; ENDE - Abschluss
- Beispiel: Münz-Modellierung

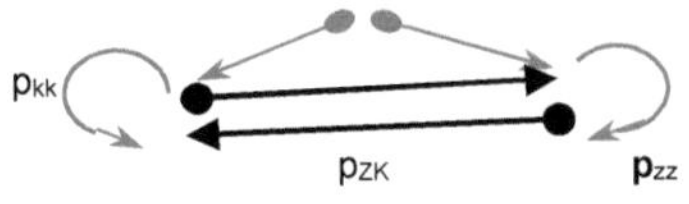

p_{ZK}: Übergangswahrscheinlichkeit von Z zu K
$p_{ZK} = p_{KZ} = 0{,}5$ → Laplace-Münze
$p_{ZZ} \neq 0{,}5$ bzw. $p_{KK} \neq 0{,}5$ → keine Laplace-Münze
$p_{ZZ} + p_{ZK} = p_{KK} + p_{KZ} = 1$

Baumdiagramme

- Darstellung im Baumdiagramm (¬A steht für negiertes A)
  S: Start (Ausgangspunkt der Betrachtung)
  1: erste Stufe (hier A bzw. ¬A); 2: zweite Stufe (hier B bzw. ¬B)
  (hier: zweistufiges Baumdiagramm)

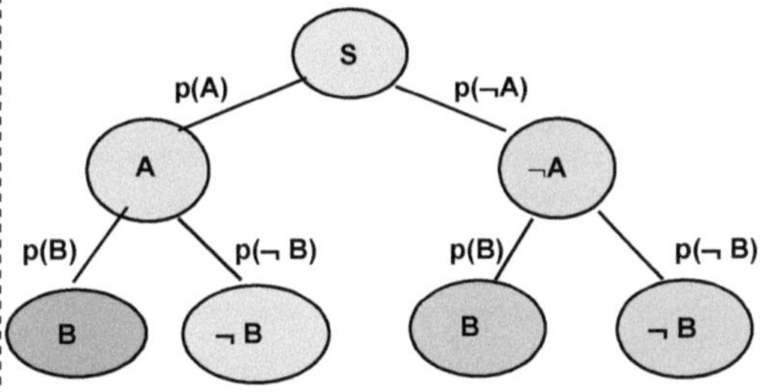

- Folgende Gesetze (Pfadregeln bei Baumdiagrammen) gelten:

p(A) + p(¬A) = 1	p(B) + p(¬B) = 1
p(A, B) = p(A) · p(B)	p(A, ¬B) = p(A) · p(¬B)
p(A, B) + p(A, ¬B) = p(A)	
p(A, B) + p(A, ¬B) + p(¬A, B) + p(¬A, ¬B) = 1	

Stochastik

Grundbeziehungen / Grundbegriffe

- **Symbole**: **Ω**: Gesamtpopulation; **|Ω|**: Umfang der Population
  H: absolute Häufigkeit; **h**: relative Häufigkeit mit h = H / | Ω |
  p ≡ P ≡ h (p: probabilitiy); ¬: Negation (→ ¬ A ≡ Ā ≡ ~A).
- **Häufigkeit**: Maß für das Auftreten eines Ereignisses. Zwischen der absoluten und relativen Häufigkeit wird unterschieden. Tritt ein Ereignis bei (einem Experiment/Geschehen) mit n Versuchen H-mal auf, dann ist der Wert H die absolute Häufigkeit des Ereignisses. Die relative Häufigkeit h wird über h = H/n bestimmt.
- **Wahrscheinlichkeit**: Symbol P: Geht die Versuchsanzahl gegen einen unbegrenzt hohen Wert und konvergiert h gegen einen festen Wert, dann wird P = h = H/n als Wahrscheinlichkeit des entsprechenden Ereignisses aufgefasst.
- **Ergebnis**: Möglicher Ausgang eines Zufallsprozesses.
- **Ereignis**: Zusammenfassung von Ergebnissen. Es werden sichere, zufällige (mögliche) und unmögliche Ereignisse unterschieden.
- **Gegenereignis**: Für die Beziehung zwischen einem Ereignis (E) und seinem Gegenereignis (G) gilt: P(E) = 1 – P(G).
- **Zufallsvariable**: Symbol zur eindeutigen Erfassung von Merkmalen eines Zufallsexperiments, dem eine Zahl zugeordnet wird.
- **Erwartungswert**: Mittelwert einer Zufallsvariablen X: E(X). Für n diskrete ‚Werte' gilt: $E(X) = x_1 \cdot P(x_1) + x_2 \cdot P(x_2) + \ldots + x_n \cdot P(x_n)$.
- **Nachbildung** von Zufallsprozessen mit elementaren Modellen:
  - **Münze** (Kopf, Zahl); - **Würfel** (Zahlen 1 bis 6, Farben, ...)
  - **Urne** (Inhalt Kugel (mit Farben, Zahlwerten, ...).
- **Laplace-Objekt**: ideales Zufallsobjekt / -gerät / -instrument
- **Laplace-Bedingungen**: Ideale Experiment-Bedingungen
- **Laplace-Versuch**: ein L.-Objekt u. L.-Bedingungen liegen vor.
- **Tupel** - Anordnung von Zahlen: $(z_1, z_2, \ldots, z_n)$

Relative Häufigkeit

- $h_n(A)$: relative Häufigkeit des Ereignisses A.
- $h_n(A) = k/n$: Das Ereignis A tritt bei n-Versuchen k-mal auf.
- $h_n(A) \geq 0$ und $h_n(A) \leq 1$
- $h_n(\text{sicheres Ereignis}) = h_n(\Omega) = 1$
- $h_n(\text{unmögliches Ereignis}) = h_n(\varnothing) = 0$
- $h_n(A \cup B) = h_n(A) + h_n(B) - h_n(A \cap B)$
- $h_n(\neg A) = 1 - h_n(A)$
- $h_n(A) \sum h_n(\{\omega\})$ mit $\omega \in A$

Zufallsexperimente (jeweils: | Ω | = n)

Entnahme ohne Zurücklegen

- **(1)** Zuordnung als Menge (unsortiert) - (ungeordnete Stichprobe ohne Zurücklegen: Umfang k): Anzahl: $\binom{n}{k} = \frac{n!}{k! \cdot (n-k)!}$
- **(2)** Zuordnung spezifisch (sortiert) - geordnete Stichprobe
  Anzahl: $n \cdot (n-1) \cdot (n-2) \cdot (n-3) \cdot (n-4) \cdot \ldots (n-k+1)$
- **(3)** Zuordnung spezifisch (sortiert): geordnete Vollerhebung
  Anzahl: $n \cdot (n-1) \cdot (n-2) \cdot \ldots \cdot 2 \cdot 1$
- **(4)** Zuordnung als Menge (unsortiert): Grundmenge zerfällt in zwei Elemente-Klassen; Merkmal a (x-mal); Merkmal b (y-mal); x + y = n = |Ω|; gezogen werden k Objekte.
  Gesamtmöglichkeiten: $\binom{n}{k}$; Anzahl: $\binom{x}{l} \cdot \binom{y}{m}$ mit l + m = k
  Merkmal a wird l-mal gezogen; Merkmal b wird m-mal gezogen.

Entnahme mit Zurücklegen

- **(5)** Zuordnung als Menge (unsortiert); k Ziehungen
  Anzahl: $\binom{n+k-1}{k}$
- **(6)** Zuordnung spezifisch (sortiert); k Ziehungen; Anzahl: n^k

Erwartungswert, Varianz

- $\boldsymbol{E}(aX + b) = a \cdot \boldsymbol{E}(X) + b$; a, b ∈ |R; X: Zufallsvariable
- $\boldsymbol{V}(aX + b) = a^2 \cdot \boldsymbol{V}(X)$, a ∈ |R; X: Zufallsvariable
- $\boldsymbol{E}(X) + \boldsymbol{E}(Y) = \boldsymbol{E}(X + Y)$, X, Y: Zufallsvariablen
- $\boldsymbol{V}(X) + \boldsymbol{V}(Y) = \boldsymbol{V}(X + Y)$, wenn X und Y unabhängig sind.
- Verallgemeinert gelten die Beziehung $\boldsymbol{E}(a \cdot X + b) = a \cdot \boldsymbol{E}(X) + b$ und $\boldsymbol{E}(X + Y) = \boldsymbol{E}(X) + \boldsymbol{E}(Y)$ auch für stetige Verteilungen.

Pfadregeln und Vierfeldertafel

- Darstellung in einer Vierfeldertabelle bzw. Vierfeldertafel:

	B	**¬B**	**Ergebnisse**
A	P(A ∩ B)	P(A ∩ ¬B)	P(A)
¬A	P(¬A ∩ B)	P(¬A ∩ ¬B)	P(¬A)
	P(B)	P(¬B)	1

Bedingte Wahrscheinlichkeit

- $P_A(B)$: Wahrscheinlichkeit für das Ereignis A unter der Voraussetzung (Bedingung) A; alternative Schreibweise: P (B | A)
- Darstellung im Baumdiagramm (¬ B steht für negiertes B):
  S: Start (Ausgangspunkt der Betrachtung))

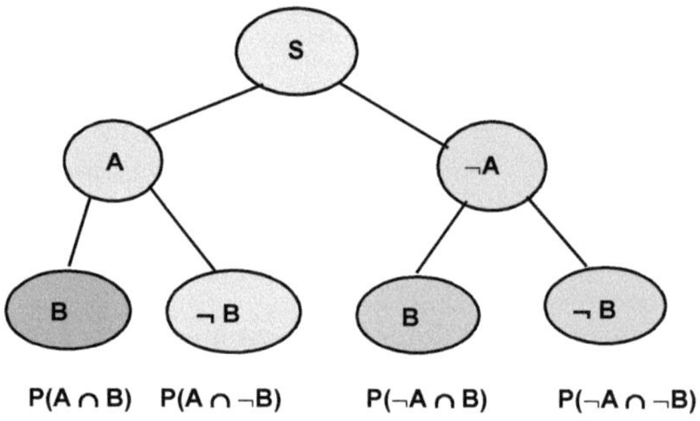

- **Berechnungen**
  $P(A \cap B) = P(A) \cdot P_A(B) \rightarrow P_A(B) = \frac{P(A \cap B)}{P(A)} = P(B|A)$
  $P(A \cap B) + P(A \cap \neg B) + P(\neg A \cap B) + P(\neg A \cap \neg B) = 1$
- **Symmetrische Differenz zweier Mengen**
  $A \Delta B := (A - B) \cup (B - A)$; $A \cup B = (A \cap B) \cup (A \Delta B)$

Unabhängigkeit

- Die Ereignisse A und B sind stochastisch unabhängig, sofern erfüllt ist: $P(A \cap B) = P(A) \cdot P(B)$
- Sind die Ereignisse A und B unabhängig, dann gilt dies auch für:
  1.) A und ¬B   2.) ¬A und B   3.) ¬A und ¬B

Totale Wahrscheinlichkeit

Mit P(A) ≠ 0 und P(¬A) ≠ 0 gilt:

$P(B) = P(A) \cdot P_A(B) + P(\neg A) \cdot P_{\neg A}(B)$

Bayssche Wahrscheinlichkeit

Mit P(A) ≠ 0, P(¬A) ≠ 0 und P(B) ≠ 0 folgt:

$P_B(A) \cdot P(B) = P(A) \cdot P_A(B)$

$$P_B(A) = \frac{P(A)}{P(A) \cdot P_A(B) + P(\neg A) \cdot P_{\neg A}(B)} \cdot P_A(B)$$

Stochastik

Formel von Bernoulli

- $P(X = k) = \binom{n}{k} \cdot p^k \cdot (1 - p)^{n-k} = \mathbf{B}_{n;p}(k)$
- $\mathbf{B}_{n;p}(k) = \mathbf{B}_{n;p}$-verteilte Zufallsvariable
  p Wahrscheinlichkeit für einen Trefferwahrscheinlichkeit
  n: Anzahl der Versuche
  k: Anzahl der Treffer ($k \in \{0, 1, \ldots, n\}$)
- Erwartungswert für $\mathbf{B}_{n;p}(k)$: $\boldsymbol{E}(X) = n \cdot p$
- Varianz für $\mathbf{B}_{n;p}(k)$: $\boldsymbol{V}(X) = n \cdot p \cdot q = n \cdot p \cdot (1 - p)$
- Standardabweichung für $\mathbf{B}_{n;p}(k)$: $\boldsymbol{\sigma_x} = \sqrt{n \cdot p \cdot q}$

Zählprinzipien

- **Binomialkoeffizienten**
  $\binom{n}{k} = \frac{n!}{k! \cdot (n-k)!} = \frac{n^{\underline{k}}}{k!}$
  $\binom{n}{k} = \binom{n+1}{k-1} + \binom{n-1}{k}$
  mit $n \geq 1$
- **Vandermonde Identität**
  $\binom{n}{k} = \sum_{k=0}^{n} \binom{x}{k} \cdot \binom{y}{n-k}$ für $n \geq 0$
- **Stirling Zahlen**
  $\mathbf{S}_{n,k} = \mathbf{S}_{n-1,k-1} + k \cdot \mathbf{S}_{n-1,k}$
  mit n, k > 0 mit $\mathbf{S}_{0,0} = 1$; $\mathbf{S}_{0,k} = 0$
  für k > 0, $\mathbf{S}_{n,0} = 0$ für n > 0

Binomialverteilung

- Für die Wahrscheinlichkeit gilt: $p(k) = \binom{n}{k} \cdot p^k \cdot (1 - p)^{n-k}$
- Andere Bezeichnung: Bernoullische bzw. Newtonsche Verteilung.
- Bei der Binomialverteilung wird angenommen, dass zwei Ereignisse bei einem Experiment (mit n Versuchen) auftreten können, wobei ein Ergebnis mit der Wahrscheinlichkeit p k-Mal auftreten soll. Die Ergebnisse sollen unabhängig voneinander sein.
- Andere Bezeichnung: $p(k) = \mathbf{B}_{n;p}(k)$
- Es gilt: $\boldsymbol{E}(X) = n \cdot p$ und $VAR(X) = n \cdot p \cdot q = n \cdot p \cdot (1 - q) = \sigma^2$

Poisson-Verteilung

- Für die Wahrscheinlichkeit gilt: $p(k) = \frac{(n \cdot p)^k}{k!} \cdot \exp(-n \cdot p)$
- Andere Bezeichnung: $p(k) = \mathbf{P}_{n \cdot p}(\mathbf{k})$
- Es gilt: $\boldsymbol{E}(X) = \mu$ und $VAR(X) = n \cdot p$.

Galton-Brett

- Die Kugel durchläuft ein gleichmäßiges Labyrinth.
  An den jeweiligen Eckpunkten fällt sie nach links oder rechts.
- Über $B_{n;p}(k)$ können die Werte bestimmt werden.

Gaußsche Verteilung

- Die Normalverteilung ist ein Grenzfall einerseits der Binomialverteilung und andererseits der Poisson-Verteilung.
- Normalverteilung (Gaußsche Glockenkurve)
  $\varphi: x \rightarrow 1/(\sigma \cdot (2\pi)^{0,5} \cdot \exp(-(x - \mu)^2 / (2 \cdot \sigma^2))$
- Wendepunkt der Kurve bestimmt $1\ \sigma$.
  $\pm 1\ \sigma \approx 68{,}26\ \%$ $\pm 2\ \sigma \approx 95{,}44\ \%$
  $\pm 3\ \sigma \approx 99{,}73\ \%$ $\pm 4\ \sigma \approx 99{,}994\ \%$
- Ein physikalisches Gesetz setzt eine Bestätigung von $\pm 5\ \sigma$ voraus.

$\mathbf{B}_{n,p}$ (k)

- **Formel von Bernoulli**
  $P(X = k) = \binom{n}{k} \cdot p^k \cdot (1 - p)^{n-k}$
- $\binom{n}{k} = \frac{n!}{k! \cdot (n-k)!}$
  Sprechweise: „n über k“
- **Binomialverteilung**
  $k \rightarrow \binom{n}{k} \cdot p^k \cdot (1 - p)^{n-k}$
- $n! = 1 \cdot 2 \cdot 3 \cdot \ldots \cdot (n-1) \cdot n$
- n! → Fakultät über n
- 0! = 1; 1! = 1; 2! = 2; 3! = 6;
- **$\mathbf{B}_{n,p}$ – verteilte Zufallsvariable:** $\mathbf{B}_{n,p} = P(X = k)$
- **Erwartungswert** einer Binomialverteilung: $\boldsymbol{E}\{X\} = n \cdot p$
- **Varianz** einer Binomialverteilung:
  $\boldsymbol{V}\{X\} = VAR\{X\} = n \cdot p \cdot q$ mit $q = 1 - p$
- **Standardabweichung** einer Binomialverteilung:
  $\boldsymbol{\sigma_x} = (n \cdot p \cdot q)^{0,5} = (n \cdot p \cdot (1 - p)^{0,5}) = (n \cdot (p - p^2))^{0,5}$

Binomialkoeffizienten $\binom{n}{k}$

n\k	0	1	2	3	4	5	6	7	8	9	10	11	12	…
0	1													
1	1	1												
2	1	2	1											
3	1	3	3	1										
4	1	4	6	4	1									
5	1	5	10	10	5	1								
6	1	6	15	20	15	6	1							
7	1	7	21	35	35	21	7	1						
8	1	8	28	56	70	56	28	8	1					
9	1	9	36	84	126	126	84	36	9	1				
10	1	10	45	120	210	252	210	120	45	10	1			
11	1	11	55	165	330	462	462	330	165	55	11	1		
12	1	12	66	220	495	792	924	792	495	220	66	12	1	
13	1	13	78	286	715	1287	716	1716	1287	715	286	78	13	…
14	1	14	91	364	1001	2002	3003	3432	3003	2002	1001	364	91	…

Stochastik

Binomialkoeffizienten und Pascalsches Dreieck

m\k	0	1	2	3	4	5	6	7	8	9	10	11	12 …
0	1												
1	1	1											
2	1	2	1										
3	1	3	3	1									
4	1	4	6	4	1								
5	→ 1	5	10	10	5	1							
6	→ 1	6	15	20	15	6	1						
7	→ 1	7	21	35	35	21	7	1					
8	1	8	28	56	70	56	28	8	1				
9	1	9	36	84	126	126	84	36	9	1			
10	1	10	45	120	210	252	210	120	45	10	1		

- **Binomialkoeffizienten** $\binom{m}{k}$
- Die Zahlwerte entsprechen dem **Pascalschen Dreieck** (hier nach links gerückt)

Pascal und Fibonacci

- **Fibonacci**: eine Wachstumsfolge (1; 1; 2; 3; 5; 8; 13; 21; 34; …)
  Es gilt $f_n = f_{n-1} + f_{n-2}$; mit $n \geq 2$ und $f_0 = 1$; $f_1 = 1$
- Mit m = n – 2 können die Fibonacci-Werte auch direkt dem Pascalschen Dreieck entnommen werden:
- Im obigen Diagramm ergeben z. b. die blau eingerahmten Werte die Summe 13.
- Mit m = n – 1 und (m – k) ≥ k gilt, $f_n = \sum_{k=0}^{n} \binom{m-k}{k}$

m:	0	1	2	3	4	5	6	7
f_n:	1	1	1+1	1+2	1+3+1	1+4+3	1+5+6+1	1+6+10+4
f_n:	1	1	2	3	5	8	13	21

Poisson-Verteilung

- Für die Wahrscheinlichkeit gilt: $p(k) = \frac{(n \cdot p)^k}{k!} \cdot \exp((-n) \cdot p)$
- Andere Bezeichnung: p(k) = $\mathbf{P}_{n \cdot p}$ (**k**)
- Es gilt: ***E***(X) = μ und VAR(X) = n · p.

Hypergeometrische Verteilung

- Für die Wahrscheinlichkeit giltl:
  $p(k) = \begin{bmatrix} P \cdot N \\ k \end{bmatrix} \cdot \begin{bmatrix} N \cdot (1-p) \\ n - k \end{bmatrix} / \begin{bmatrix} N \\ n \end{bmatrix}$; $p(k) = \begin{bmatrix} M \\ k \end{bmatrix} \cdot \begin{bmatrix} N - M \\ n - k \end{bmatrix} / \begin{bmatrix} N \\ n \end{bmatrix}$
- Hiermit können Verteilungen erfasst werden, bei denen die Grundmenge als Bezugsmenge in zwei genau unterscheidbare Teilmengen mit M = p · N und N – M = N · (1 – p) aufgeteilt wird.
- Andere Bezeichnung: p(k) = $\mathbf{H}_{N;\,M;\,n}$ (**k**)
- Es gilt: ***E***(X) = n · M / N und VAR(X) = $n \cdot \frac{M}{N} \cdot \left(1 - \frac{M}{N}\right) \cdot \frac{M-N}{N-1}$
- Die Hypergeometrische Verteilung hat als Grenzfälle
  → die Binomialverteilung
  mit (N ist sehr groß; N > 2000; n/N < 0,1)
  → die Poissonverteilung
  mit (N ist sehr groß; N > 100; p ist klein; p < 0,05)
  → die Normalverteilung (Gaußsche Verteilung)
  mit (n · p · (1 – p) > 9; n/N < 0,1)

Zählprinzipien

Binominalkoeffizienten

$\binom{n}{k} = \frac{n!}{k! \cdot (n-k)!} = \frac{n^{\underline{k}}}{k!}$

$\binom{n}{k} = \binom{n+1}{k-1} + \binom{n-1}{k}$ mit $n \geq 1$

Vandermonde Identität

$\binom{n}{k} = \sum_{k=0}^{n} \binom{x}{k} \cdot \binom{y}{n-k}$

für $n \geq 0$

Stirling Zahlen

$\mathbf{S}_{n,k} = \mathbf{S}_{n-1,k-1} + k \cdot \mathbf{S}_{n-1,k}$ mit n, k > 0

mit $\mathbf{S}_{0,0} = 1$; $\mathbf{S}_{0,k} = 0$

für k > 0, $\mathbf{S}_{n,0} = 0$ für n > 0

Testgestaltungen

Für Binomialverteilungen mit n · p · (1 – p) > 9 ·kann bei Signifikanztests mit einer zugehörigen Normalverteilung ein Ablehnungsbereich geeignet betrachtet werden.

Rechtsseitiger Signifikanztest

Nullhypothese H_0 (mit H_0: $p \leq p_0$) wird abgelehnt, wenn die Prüfvariable sehr große Werte annimmt.

Linksseitiger Signifikanztest

Nullhypothese H_0 (mit H_0: $p \geq p_0$) wird abgelehnt, wenn die Prüfvariable sehr kleine Werte annimmt.

Grundschema bei Testanalysen

Formuliere die Nullhypothese H_0

↓

Übertrage das Sachproblem auf e. Binomialverteilung

↙ ↘

Bestimme den Ablehnungsbereich A‘ aufgrund einer vorgegebenen Irrtumswahrscheinlichkeit	Bestimme die Irrtumswahrscheinlichkeit aufgrund eines vorgegebenen Ablehnungsbereichs A‘

↓ ↓

Bestimme die Wahrscheinlichkeit für einen Fehler 2. Art

Fehlerbetrachtung bei Stichprobenanalysen

	H wird abgelehnt	H wird angenommen
H ist wahr	Fehler 1. Art	Richtige Entscheidung
H ist falsch	Richtige Entscheidung	Fehler 2. Art

Regressionsgeraden (Ausgleichsgeraden)

Beschreibung von Geraden

- Geraden werden mit linearen Funktionen beschrieben
  $f(x) = m \cdot x + n$
  m gibt die Steigung der Geraden an: $m = \frac{\Delta y}{\Delta x} = \frac{y_b - y_a}{x_b - x_a}$
  n bezeichnet den y-Achsenwert für x = 0: dies ist der y-Achsenabschnittswert $(0|y_o) = (0|n)$
- Aus der Kenntnis zweier Punkte $P_a(x_a|y_a)$ und $P_b(x_b|y_b)$ können m und b bestimmt werden. Hierzu werden zwei Gleichungen aufgestellt unter Beachtung der Geradengleichung:
  $f(x_a) = y_a = x_a \cdot m + n$ und $f(x_b) = y_b = x_b \cdot m + n$
- Für die Punkte $P_A(1 \mid 5)$; $P_B(2 \mid 9)$ und $P_C(3 \mid 6)$ können für die Geraden zwischen zwei Punkten Gleichungen bestimmt werden:

I

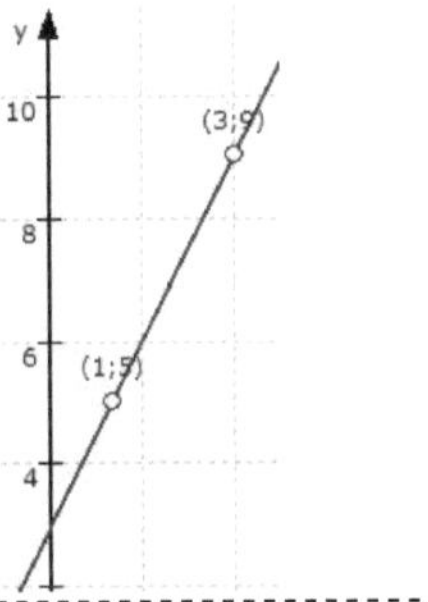

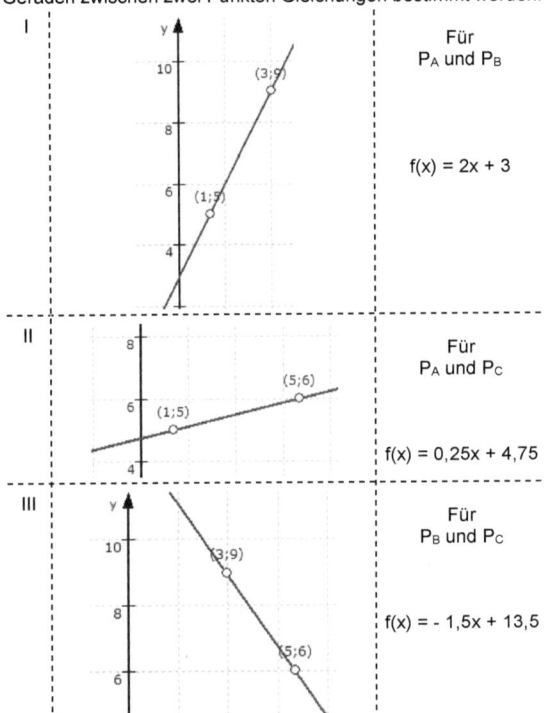

Für P_A und P_B

$f(x) = 2x + 3$

II

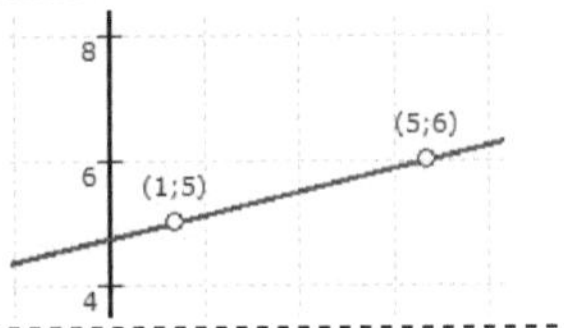

Für P_A und P_C

$f(x) = 0{,}25x + 4{,}75$

III

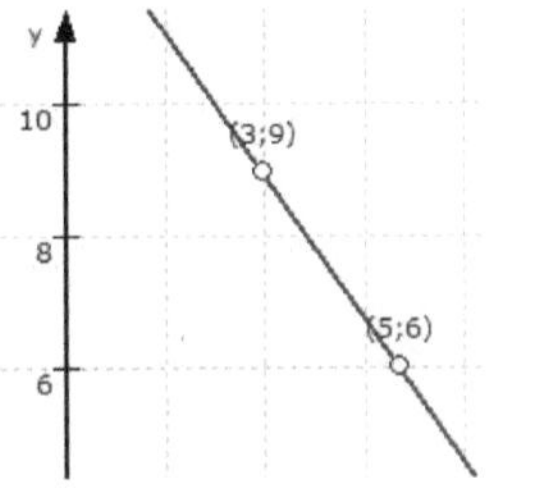

Für P_B und P_C

$f(x) = -1{,}5x + 13{,}5$

Welche Gerade (Ausgleichsgerade) erfasst die Beziehung der drei Punkte P_A, P_B, und P_C am besten?

Diese Frage führt zur Bestimmung der Regressionsgeraden.

Gleichung der dargestellten Funktion:

$f(x) = 0{,}5 + 5{,}666 \cdot x$

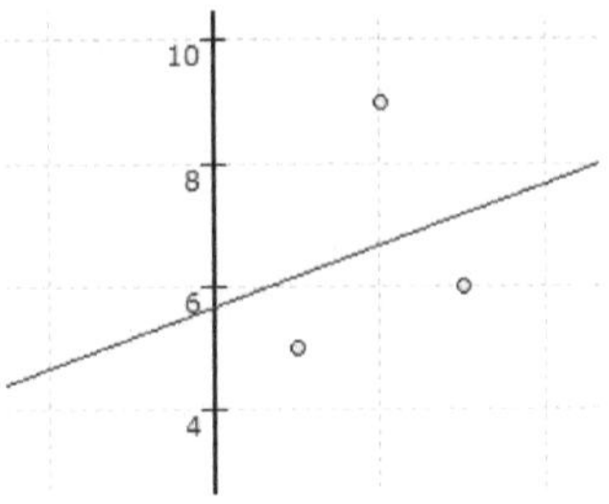

Regressionsgeraden

- Ziel von Datenbetrachtungen ist, eine Beziehung zwischen verschiedenen Wertepaaren zu finden, durch die eine vereinfachte Beschreibung möglich wird. Zugleich können so formale bzw. auch kausale Abhängigkeiten erkannt werden.
- Im einfachsten Fall die Abhängigkeit einer y-Größe durch x-Werte bestimmt sein. Hierbei kann eine Gerade (→ lineare Funktion: $y = f(x) = m \cdot x + b$) in simpler Art die Abhängigkeit beschreiben.
- Bzgl. der verursachenden Variablen (X) spricht man auch von der erklärenden bzw. unabhängigen Variablen, dem Regressor.
- Die abhängige Variable (Y) wird als Regressand bzw. als erklärende Variable verstanden, die der Verursachung folgt.
- Mit der Geraden wird prinzipiell eine systematische Beziehung dargelegt, von der die einzelnen Wertepaare bedingt durch zufällige Effekte abweichen: $y(i) = f(x(i)) + \varepsilon(i)$
- f(x(i)) beschreibt hierbei die funktional systematische Struktur
  Es gilt im Detail: $f(x(i)) = f(x(i); \beta_0, \beta_1)$ mit: $f(x) = \beta_1 \cdot x + \beta_0$
  (β_0, β_1: Regressionskoeffizienten)
- ε(i) beschreibt den unsystematischen Anteil (Zufallseffekt; Messfehler; ...)
- Beschreibungsmodell: $y(i) = \beta_1 \cdot x + \beta_0 + \varepsilon(i)$

Bestimmung der Regressionsgeraden

Ausgehend von den Messwertpaaren $(x_i; y_i)$ wird jeweils ein Mittelwert für x und y bestimmt: $\bar{x}$, $\bar{y}$.
Unter Verwendung dieser Werte können $\hat{\beta}_1$ und dann $\hat{\beta}_0$ bestimmt werden, mit: $\hat{\beta}_1 = \frac{\sum_{i=1}^{n}(x_i - \bar{x}) \cdot (y_i - \bar{y})}{\sum_{i=1}^{n}(x_i - \bar{x})^2}$ und $\hat{\beta}_0 = \bar{y} - \hat{\beta}_1 \cdot \bar{x}$.
(Die Erstellung der Beziehung folgt dem Ansatz der Methode der kleinsten Quadrate nach Gauß.)

- Mit Blick auf die drei Punkte $P_A(1 \mid 5)$; $P_B(2 \mid 9)$ und $P_C(3 \mid 6)$ ergibt sich: $\bar{x} = 2$ *und* $\bar{y} = \frac{20}{3}$ (= 6,666).
  Es folgt: $\hat{\beta}_1 = 0{,}5$; $\hat{\beta}_0 = \frac{17}{3} = 5{,}666$; $y(i) = \frac{1}{2} \cdot x + \frac{17}{3}$

- Alternative Beschreibungen für die drei Punkte (z. B.):

Gerade durch den Ursprung

$f(x) = 2{,}928571 \cdot x$

Quadratische Funktion

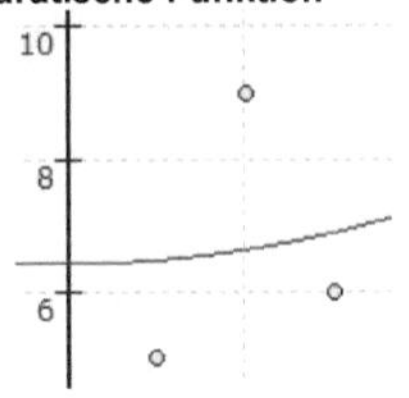

$f(x) = 0{,}05102 \cdot x^2 + 6{,}428571$

Reziproke Beziehung

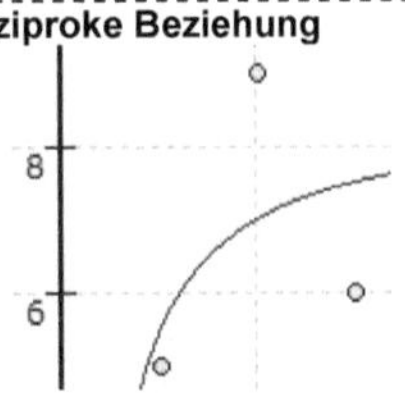

$f(x) = 8{,}5 - \frac{3}{x}$

Geometrische Beziehung

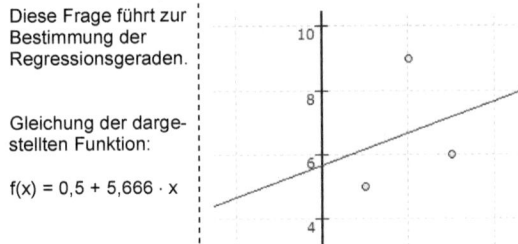

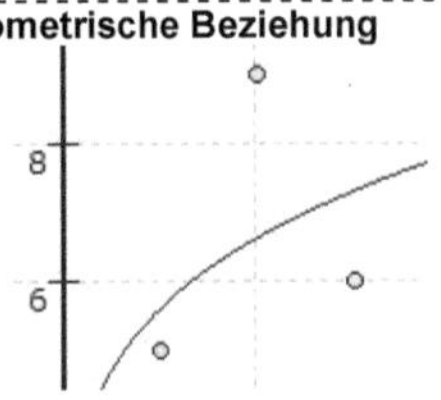

$f(x) = 5{,}602194 \cdot x^{0{,}2394}$

- Die Passgenauigkeit der Ausgleichsgeraden zu den Wertepaaren kann mit einem Bestimmtheitsmaß (R) ermittelt werden.
  Es gilt: $R^2 = 1 - SQR / SQT$; $SQR = \sum_{i=1}^{n}(y_i - \hat{y}_i)^2$ und $SQT = \sum_{i=1}^{n}(y_i - \bar{y})^2$ mit $\hat{y}_i = \hat{\beta_0} + \hat{\beta_1} \cdot x_i$

Vertiefungen

Differenzialgleichungen

Einteilungen

- Mit Differenzialgleichungen können dynamische Vorgänge (Veränderungsprozesse) erfasst werden.
- Mit ihnen ergibt sich die Möglichkeit, reale (physikalische, technische, ökonomische) Kausalitätsbeziehungen mathematisch bestimmen zu können.
- Prinzipiell werden
  gewöhnliche, **partielle** und
  stochastische Differenzialgleichungen unterschieden.
- **Ordnung** einer DGL: höchste Ableitung in einer Gleichung
- **Grad** einer DGL: Exponent der höchsten Ableitung
- Eine Lösung besteht im Kern im Auffinden einer **Stammgleichung** (allgemeine Lösung).
  Diese muss unter Beachtung der Anfangs- und Randwerte angepasst (spezifiziert) werden und entsprechend gelöst werden Es ergibt sich die **partikuläre Lösung**.
- Folgende Kriterien sind bedeutsam hinsichtlich einer korrekten Bestimmung einer DGL: Bestimmung einer DGL:
  (1) **Existenz** (einer Lösung)
  (2) **Eindeutigkeit** (einer eindeutigen Lösung)
  (3) **Stabilität** (stetige Entwicklung (keine Sensitivitäten))
- Zur Auflösung werden u.a. Potenzreihen, Fourier- und Laplace-Transformationen und Matrizen verwendet.
- Von elementarer Bedeutung sind die Wellen-, Wärmeleitungs- und Potentialgleichungen.

Formale) Beispiele für gewöhnliche Differenzialgleichungen

- $y' = dy / dx = y / x$
- $y'' = 2x + 3$
- $y''' = x^2$
- $y + y' + y'' = 0$

Lösungsansätze

- Potenz-Ansatz: $x^2y'' - 2xy' + 2y = 0 \rightarrow y = x^\lambda$
- Exponential-Ansatz: $m x'' = - \kappa x - R x' \rightarrow x = e^{\omega t}$
- Neue Variable: $x^2y'' - 2xy' + 2y = 0$ mit $x > 0 \rightarrow x = e^\lambda$
- Neue Funktion: $y'(x) + P(z)\, y(x) = Q(x)$
  ⇨ Homogene Lösung für: $y' + Py = 0$
- Variation der Konstanten: $y''(x) + a(x)\, y'(x) + b(x)\, y(x) = f(x)$
  ⇨ $y(x) = u_1(x)\, y_1(x) + u_2(x)\, y_2(x)$. bzw.
  ⇨ $y(x) = y_1(x)\, u(x)$
- Trennung der Variablen: $y'(x) = f(x)\, g(y)$
- Reduktion der Ordnung: $y'' = f(y', y)$
- Umwandlung in DGL-System: $y^{(n)} = f(y^{(n-1)}, \dots, y', y; x)$
  $\rightarrow y' = u_1;\ y'' = u_2;\ \dots;\ y^{(n-1)} = u_{n-1}$
- Singuläre Lösung: $(y')^2 = 4y$

Elementare Gleichung

- $dx/dt + a \cdot x = 0$ (Homogene Differenzialgleichung)
- Lösungsansatz: $x = \exp(\lambda \cdot t)$
- $dx/dt = \lambda \cdot \exp(\lambda \cdot t) = \lambda \cdot x$
- $dx/dt + a \cdot x = \lambda \cdot x + a \cdot x = x \cdot (\lambda + a) = 0$
- $(\lambda + a) = 0 \rightarrow \lambda = - a$
- λ: Eigenwert; $\exp(\lambda \cdot t)$: Eigenvektor
- Lösung der homogenen Dgl.: $x(t) = C \cdot \exp(- a \cdot t)$ mit einer Konstante C

Elementare Methode: Trennung der Veränderlichen

$y' = f(x) \cdot g(y)$: Lösungen
(i) Geraden mit y = y0 für g(y0) = 0
(ii) y(x) aus: $\int \frac{dy}{g(y)} = \int f(x) \cdot dx + c,\ c \in \mathbb{R}$

Elementare Typen

- Elementar integrierbare Dgl. 1. Ordnung
  $y' = f(x) \cdot g(y)$; Lösungs-Ansatz: Trennung der Variablen
- Homogene lineare Dgl. 1. Ordnung $y' + f(x) \cdot y = 0$
  Lösungs-Ansatz: $y = C \cdot \exp(F(x)$; $F(x) = \int f(x) \cdot dx$
- Inhomogene lineare Dgl. 1. Ordnung
  $y' + f(x) \cdot y = r(x)$; Lösungs-Ansatz: $y = c(x) \cdot \exp(-F(x))$;
  $c(x) = \int r(x) \cdot \exp(F(x)) \cdot dx + c)$; $F(x) = \int f(x) \cdot dx$
- Homogene lineare Dgl. n-ter Ordnung

Ökonomische Gleichung

Gleichung nach Harrod und Domar zur Erfassung der Abhängigkeit von Sozialprodukt, Konsum, Arbeitskräfte und Investitionen:
$g_n \equiv Y^P = y + n$; $Y = Y^P$ bzw. $g_n = g$ mit $Y(t) = Y(0) \cdot \exp((s/v) \cdot t)$

Partielle Differenzialgleichungen (PDGL)

Einteilungen

- Differenzialgleichungen für mehrere Variablen nennt man Partielle Differenzialgleichungen (→ PDGL)
- Sei u eine Funktion von x_1 und x_2 ($\rightarrow u(x_1, x_2) = \dots$), dann wäre hiervon eine allgemeine partielle Differenzialgleichung der ersten Ordnung: $\phi(\partial u/\partial x_1, \partial u/\partial x_2, u, x_1, x_2) = 0$
- Ordnung bezeichnet die höchste Ableitung in der Gleichung
- ∂u ersetzt bei PDGL den Ausdruck dx, um zu verdeutlichen, dass die Gleichung nach verschiedenen Variablen abgeleitet werden kann.
- Einteilungen (lineare und nichtlineare Gleichungen und Systeme)

	Gleichungen (Gl.)	Systeme (S)
lineare ...	Cauchy-Riemannsche Gl. Laplace-Gl. Poisson-Gl. Schrödinger-Gl. Wärmeleitungs-Gl.: $u_t = \Delta_x$ Wellen-Gl.	Maxwell-Gl.
nicht-lineare ...	Nicht lineare Poisson Gl. Burgers-Gl. Korteweg-de-Vries-Gl. Poröse-Medien Gl.	Euler S. Magnetohydrodynamik Navier-Stokes

Weiterhin werden noch stochastische PDGL unterschieden.

- **PDGL zweiter Ordnung**
  $\rightarrow \Psi(\partial^2 u / \partial x_1^2, \partial^2 u / (\partial x_1 \cdot \partial x_2), \partial^2 u / \partial x_2^2, \partial u / \partial x_1, \partial u / \partial x_2, u, x_1, x_2)$
  → (zum Beispiel): $\partial^2 z / \partial x^2 + \partial^2 z / \partial y^2 + \partial^2 z / \partial^2 x + 5 = 0$
- **Typen nichtlinearer PDGL**
  Parabolische Gleichungen: Irreversible Prozesse (Wärmeleitung, Diffusion, Wachstum ...)
  Hyperbolische Gleichungen: Reversible Prozesse (Wellen)
  Elliptische Gleichungen: Stationäre Prozesse (Variationsprobleme)
- **Bedeutende PDGL**
  Laplacesche Gleichung → $\Delta u = 0$
  Wärmeleitungsgleichung → $\partial u/\partial t - k \cdot \Delta u = 0$
  Wellengleichung → $(1/c^2) \cdot \partial^2 u/\partial t^2 - \Delta u = 0$
  Navier-Stokessche Gleichung:
  $\partial v/\partial t + (v \cdot \nabla)\, v = - 1/\rho \text{ grad } p + \nu\, \Delta \nu + f$ mit $\text{div } \nu = 0$
  Korteweg-de Vries: $\partial u/\partial t + u\, \partial u/\partial x + \partial^3 u/\partial x^3 = 0$

Beispiele von Differenzialgleichungen mit Lösungen

Beispiele

B1: $x/2 - y' = x$

ML: $x/2 - y' = x \rightarrow - y' = x/2$

Mit $y' = dy / dx$ folgt: $dy/dx = - x/2$

$\rightarrow dy = - (x/2) \cdot dx \rightarrow y = (-1/2) \cdot x^2 \cdot (1/2) + C$

Es gilt: $y = - 0{,}25 \cdot x^2 + C$

B2: $y' = y/x$

ML: $dy/dx = y/x \rightarrow dy/y = dx/x \rightarrow \ln|y| = \ln|x| + C_1$

$\rightarrow y = |x| + C_2$

B3: $y' = y$, mit dem Funktionspunkt $P\ (x = 1, y = e)$

ML: Mit $dy / dx = y'$ folgt

$\rightarrow dy / dx = y \rightarrow dy / y = dx \rightarrow \ln|y| = x \cdot C_1$

$\rightarrow y = \exp(x + C_1) \rightarrow y = \exp(x) \cdot C_2$

B4: $y' = (y /x) - (x^2/y^2)$

ML: $z = y / x$ ($z = f(x)$) folgt: $y' = z - 1/z^2$

Mit $dz/dx = y' / x - y / x^2 \rightarrow xz' = y' - y/x = y' - z$

$\rightarrow xz' = y' - y / x = (z - 1/z^2) - z = -1/z^2$

$\rightarrow z^2 \cdot dz = x^{-1} \cdot dx \rightarrow z^3/3 + C_1 = - \ln|x| + C_2$

$\rightarrow y^3/x^3 = -3 \cdot \ln|x| + C_3 \rightarrow y = x \cdot (C_3 - \ln|x^3|)^{1/2}$

B5: $x \cdot (y')^{0,5} = x - 1$

ML: $y' = (x^2 - 2x + 1)/x^2 = dy/dx$

$\rightarrow y + C_1 = x + C_2 - 2 \cdot \ln|x| + C_3 - 1/x + C_4$

$\rightarrow y = x - 2 \cdot \ln|x| - 1/x + C_5$

Mit dem Funktionspunkt P(2; 10) ergibt sich:

$y = x - 2 \cdot \ln|x| - 1/x + 8{,}5 + 2 \cdot \ln|2|$

B6: $y' \cdot (x^2 - 4 \cdot x + 3) = (x - 3) \cdot (y + 1)$

ML: $\frac{dy}{dx}\frac{1}{y+1} = \frac{x-3}{x^2-4x+3} = \frac{x-3}{(x-3)\bullet(x-1)}$

$\rightarrow \ln|(y + 1)| + C_1 = \ln|(x - 1)| + C_2$

$\rightarrow y + 1 = |x - 1| \cdot C - 1$

it dem Funktionspunkt P (2; 0) ergibt sich: $y = |x - 1| - 1$

B7: $x \cdot y' = y \cdot \ln(y)$

ML : $dy/dx = y \cdot \ln|y| \cdot (1/x)$; Integration der beiden Seiten.

Substitution: $v = \ln|y|$; $dy = y \cdot dv$

$\rightarrow \ln|v| = \ln|\ln|y|| + C_1$

$\rightarrow \ln|y| = \exp(\ln|x| + C_1) = x \cdot C_2$

Mit dem Funktionspunkt P(1; e) ergibt sich: $y = \exp(x)$

B8: Bestimmung der Weg-Zeit-Beziehung für den **senkrechten Wurf** nach oben: (Erdbeschleunigung $a = - g$ ($g = 9{,}81$ m / s^2)

ML: $ds/dt = v$

$\rightarrow dv/dt = a = -g \rightarrow d^2s/dt^2 = a = -g$

$\rightarrow ds/dt = (- g) \bullet t + C_1$

$\rightarrow s = (- g) \cdot (t^2/2) + C_1 \cdot t + C_2$

B9: $y'^2 = 1 - x^2$; mit dem Funktionspunkt P(1; 0)

ML: $y' = (1 - x^2)^{0,5} = dy/dx$

Mit partieller Integration ($dv = dx$; $v = x$; $u = (1 - x^2)^{0,5}$;

$du = (-2x\, dx)/ (2\, (1 - x^2)^{0,5})$ und

$\int \sqrt{1-x^2}dx = \sqrt{1-x^2} \cdot x - \int \frac{-x^2dx}{\sqrt{1-x^2}}$

(Lösung des zweiten Integrals mittels partieller Integration $u = x^2$; $dv = dx/(1 - x^2)$; $v = \arcsin(x) \rightarrow$

$\int \frac{x^2dx}{\sqrt{1-x^2}} = x^2 \cdot \arcsin(x) - \int 2x \bullet arcsin(x) \bullet dx)$

$\rightarrow y = (x/2) \cdot (1 - x^2)^{0,5} + (1/2) \cdot \arcsin(x)$

B10: Bestimmung zur Erfassung der elektrischen Gegebenheiten bei einer RL-Reihen-Wechselstrom-Schaltung.

(I: Stromfluss; U: Spannung; $U_R = R \cdot I$; $I = I(t)$; $U_L = L \cdot dI/dt$; U_0 ist const.)

ML: $U_L + U_R = U_O \rightarrow L \cdot dI/dt + R \cdot I = U_0$

$\rightarrow dI/dt + (R/L) \cdot I = U_0/L$

Annahme: $I(t) = \exp(x \cdot t)$; es gilt: $\rightarrow dI(t)/dt = x \cdot \exp(x \cdot t)$

Anwendungen

- **Dynamik bei radioaktiven Prozessen**

$\dot{N} = dN /dt = \lambda \cdot N$ mit $N_0 = f(t = 0)$

Allg. Lösungsansatz: $f(t) = C_1 \cdot N \cdot \exp(\lambda \cdot t) + C_2$

Mit der Anfangsbedingung ($N_0 = f(t = 0)$) ergibt sich:

$N(t) = N_0 \cdot \exp(\lambda \cdot t)$ mit $\lambda < 0$.

- **Elementare Diffusion**

Basisbeziehungen: $d\underline{c}/dz = - (1/D)\ \underline{m}_z$; $d\underline{m}_z/dz = - j\ \omega \underline{c}$

DGL (Wellengleichung): $d^2\underline{c}/ dz^2 = (1/D)\ j\ \omega \underline{c}$

Beziehungen

$\gamma = (j\ \omega / D)^{0,5} = (1 + j) \cdot (\omega/(2\ D))^{0,5}$

$\alpha = \beta = (\omega/(2\ D))^{0,5}$

$\nu = (2\ \omega\ D)^{0,5}$; $\lambda = (4\ \pi\ D /f)^{0,5}$

α: Dämpfungskonstante β: Phasenkonstante

λ: Wellenlänge ν: Phasengeschwindigkeit

- **Elektrische Leitung**

Basisbeziehungen: $d\underline{U}/dz = - (R^* + j\ \omega\ L^*)\ \underline{I}$;

$d\underline{I}/dz = (G^* + j\ \omega\ C^*)\ \underline{U}$

DGL (Wellengleichung):

$d^2\underline{U}/dz^2 = (R^* + j\ \omega\ L^*)\ (G^* + j\ \omega\ C^*)\ \underline{U} = \gamma^2\underline{U}$

Beziehungen

$\gamma = ((R^* + j\ \omega\ L^*)\ (G^* + j\ \omega\ C^*))^{0,5} = \alpha + j\beta$

$\alpha = Re(\alpha)$; $\beta = Im(\alpha)$; $\nu = \omega/\beta$; $\lambda = 2\pi / \beta$

- **Saite** (verlustlose Schwingung)

Basisbeziehungen: $d\underline{v}_y / dz = (1/S)\ j\ \omega \underline{K}_y$; $d\underline{p}_y/dz = \rho_L\ j\ \omega \underline{v}_y$

DGL (Wellengleichung): $d^2\underline{v}_z / dz^2 = - \omega^2(\rho_L/S)\ \underline{v}_y = \gamma^2\underline{v}_y$

Beziehungen

$\gamma = j\ \omega\ (\rho_L/S)^{0,5}$; $\alpha = 0$; $\beta = \omega\ (\rho_L /S)^{0,5}$

$\nu = \omega/\beta = (S/\rho_L)^{0,5}$; $\lambda = 2\pi/\beta = (1/f)\ (S /\rho_L)^{0,5}$

- **Schallführung**

Basisbeziehungen: $d\underline{v}_z/dz = - (1/E)\ j\ \omega\ \underline{p}_z$; $d\underline{p}_z/dz = - \rho_v\ j\ \omega\ \underline{v}_z$

DGL (Wellengleichung): $d^2\underline{v}_z/dz^2 = - \omega^2(\rho_L/E)\ \underline{v}_z = \gamma^2\ \underline{v}_z$

Beziehungen

$\gamma = j\ \omega\ (\rho_v /E)^{0,5}$; $\alpha = 0$; $\beta = \omega\ (\rho_v /E)^{0,5}$

$\nu = (E /\rho_v)^{0,5}$; $\lambda = 2\pi/\beta = (1/f)\ (E/\rho_v)^{0,5}$

- **Wärmeleitung**

Basisbeziehungen: $d\underline{\Theta}/ dz = - (1 /\lambda_w)\ q_z$; $d\underline{q}_z /dz = - c\ \rho_v\ j\ \omega \underline{\Theta}_z$

DGL (Wellengleichung): $d^2\underline{\Theta}/ dz^2 = j\ c\ (\rho_v /\lambda_w)\ \underline{\Theta} = \gamma^2\underline{\Theta}$

Beziehungen

$\gamma = (j\ \omega\ c(\rho_v /\lambda_w))^{0,5} = (1 + j)\ (\omega\ c\ (\rho_v /(2\ \lambda_w)))^{0,5}$

$\alpha = \beta = (\omega\ c\ (\rho_v /(2\ \lambda_w)))^{0,5}$

$\nu = \omega /\beta = (2\ \omega\lambda_w/(c\ \rho_v))^{0,5}$

$\lambda = 2\pi /\beta = 4\ \pi\lambda_w/(f\ c\ \rho_v))^{0,5}$

- **Teilchendiffusion geladener Teilchen**

Basisbeziehungen

$d\underline{n}_v/dz = - (1/D_v\ q_v))\ \underline{S}_v$; $d\underline{S}_v/dz = (\underline{q}_v/ \tau_v + j\ \omega \underline{q}_v)\ \underline{n}_v + \underline{q}_v\ \underline{n}_{v0} /\tau_v$

DGL (Wellengleichung)

$d^2\underline{n}_v/dz^2 = (1/(D_v\ q_v) + j\ \omega\ (1 /D_v))\ \underline{n}_v + \underline{q}_v\ \underline{n}_{v0}/\tau_{v0}$

$d^2\underline{n}_v/dz^2 = \gamma^2\underline{n}_v + \underline{q}_v\ \underline{n}_{v0} /\tau_v$

Beziehungen

$\gamma = (1/(D_v\tau_v) + j\ \omega / D_v)^{0,5}$

$\alpha = Re(\gamma)$; $\beta = Im(\gamma)$; $\nu = \omega/Im(\gamma)$; $\lambda = 2\ \pi/Im(\gamma)$

Bestimmung einer Lösung für $U_0 = 0$

i.) Bestimmung der Lösung für die homogene Gleichung) mit $I(t) = \exp(x \cdot t)$; $x = -R/L$; $I(t)_h = \exp([-R/L]$

ii.) Bestimmung einer speziellen Lösung für $t = 0$ mit $U_0 = R \cdot I$; $I(t{=}0) = 0 \rightarrow$ Gesamtlösung: $I(t) = U_0/R \cdot (1 - \exp([- R/L] \cdot t))$

Spezielle Differenzialgleichungen

Besselsche Differenzialgleichung

$y'' + (1/x)y' + ((x^2 - \lambda^2)/x^2)y = 0$

Bessel-Funktion p-ter Ordnung erster Art: Zylinderfunktion

Lsg.-Ansatz: $y = x^p(a_0 + a_1x + a_2x^2 + \ldots)$

$a_0 = (2^p\Gamma(n + 1))^{-1}$ mit $\Gamma(x) = \int_0^\infty exp(-t)t^{x-1}\,dt$

davon ausgehend werden für a_{2n} Lösungswerte bestimmt.

Bessel-Funktion p-ter Ordnung erster Art: Zylinderfunktion

$J_\lambda(x) = \sum_{n=0}^{\infty} \frac{(-1)^n \cdot x^{2n+\lambda}}{2^{2n+\lambda} \cdot k! \cdot \Gamma(\lambda + n + 1)}$

mit $\lambda = k + 0{,}5$; $k \in |Z$; $x \notin |Z$

Differenzialgleichung aus der Fuchsschen Klasse

$y'' + P(x)\,y' + (B/x^2)\,y = 0$

Differenzialgleichung der assoziierten Legendrefunktion

$(1 - x^2y'' - 2xy' - m^2/(1 - x^2) - n(n + 1))y = 0$

Eulersche Differenzialgleichung

$y'' + (A/X)\,y' + (B/x^2)\,y = 0$

Lsg.-Ansatz: $y = x^r$

Gegenbauersche Differenzialgleichung

$(1 - X^2)Y'' - (2\gamma + 1)XY' + \lambda(\lambda + 2\gamma)Y = 0$

Hermitesche Differenzialgleichung

$y'' - 2xy' + \lambda y = 0$

Hillsche Differenzialgleichung

$Y'' + \phi(X)Y = 0$

Hypergeometrische Differenzialgleichung

$Y'' + (P_0/X + P_1/(X - 1))Y' + (Q_0/X^2 + Q_1/(X - 1)^2$
$+ Q_2/(X(X - 1))) = 0$

Jacobische Differenzialgleichung

$(1 - x^2)y'' + [(\beta - \alpha) - (\alpha + \beta + 2)]y' + \lambda(\lambda + \alpha + \beta + 1)y = 0$

Konfluente hypergeometrische DGL

$xy'' + (c - x)y' - ay = 0$

Laguerresche Differenzialgleichung

$xy'' + (1 - x)y' + \lambda y = 0$

Legrendsche Differenzialgleichung

$(1 - x^2)y'' - 2xy' + \lambda(\lambda + 1)y = 0$

für $\lambda = n$ Polynome: $P_{2k}(x) = P_{2k+1}(x)$

Mathieusche Differenzialgleichung

$y'' + (\lambda - 2h^2\cos(2x))y = 0$

Tschebyscheffsche Diifferenzialgleichung

$(1 - x^2)y'' - xy' + \lambda^2y = 0$

Lösungsverfahren (für DGL bzw. PDGL)

Betrachtet werden zum Beispiel „Charakteristische Gleichungen“: Ausgehend von dem Ansatz $y = exp(rx)$ für
$Ay'' + By' + Cy = 0$
(Lineare homogene DGL. 2. Ordnung mit konstanten Koeffizienten)
kann unter Beachtung von $y' = r\,y$ folgende Gleichung bestimmt werden: $Ar^2 + Br + C = 0$
Insofern muss nun eine quadratische Gleichung gelöst werden.

Numerische Auflösungen

Beispiel: **MoL** (Method of Lines (Methode der Geraden)
Eine partielle DGL wird in ein System von gewöhnlichen DGL überführt.
Dieses System kann unter Beachtung von numerischen Ausdifferenzierungen schrittweise aufgelöst werden.
So können (mit beliebiger Genauigkeit) Lösungswerte ermittelt werden

Experimentelle Mathematik (Wissenschaftliches Rechnen)

Hintergründe

- Die Experimentelle Mathematik sucht Lösungen für theoretischen Fragen. Untersucht effiziente Verfahren mit Blick auf rechentechnische Möglichkeiten. Sie werden durch die modernen IT-Gegebenheiten erst ermöglicht.
- Es gibt Berührungspunkte zu den Aspekten Computertechnik und Numerik, Wissenschaftliches Rechnen und Mathematische Theorien.
- Lösungen (bzw. Näherungen) wurden u. a. gefunden für: Keplersche Vermutung (Dichte von Kugelpackungen) Vierfarbentheorie (Graphentheorie (Kartographie))
- Außerdem wurden Berechnungsformeln für numerische Fragestellungen (Stochastik, evolutionäre Prozesse, Zahlentheorie) bestimmt.

Borwein-Integrale und Random-Walk

- Borwein, David, Jonathan (1951-2016), Peter (1953-2020):
- Borwein-Integrale, die in ihrer Entwicklung über weite Bereiche stabile Ergebnisse liefern. Dann jedoch in geringfügigem Maße (z. B. $\approx 10^{-100}$) abweichende Ergebnisse liefern.
- Die Stabilität bleibt zum Teil bis zum 10^{176}sten Schritt erhalten.
- Einfachstes **Borwein-Integral**: $I_k = \int_{-\infty}^{\infty} \prod_{n=1}^{k} \frac{\sin\left(\frac{x}{2n-1}\right)}{\frac{x}{2n-1}}\, dx$

  $A_1 = \int_0^{\infty} \frac{\sin(x)}{x}\, dx = \frac{\pi}{2}$; $A_2 = \int_0^{\infty} \frac{\sin(x)}{x} \frac{\sin(x/3)}{x/3}\, dx = \frac{\pi}{2}$

  $A_3 = \int_0^{\infty} \frac{\sin(x)}{x} \frac{\sin(x/3)}{x/3} \frac{\sin(x/5)}{x/5}\, dx = \frac{\pi}{2}$

  Dieses Ergebnis tritt bis A_7 auf:

  $A_7 = \int_0^{\infty} \frac{\sin(x)}{x} \ldots \frac{\sin(x/13)}{x/13}\, dx = \frac{\pi}{2}$

  Ab A_8 tritt ein Wert kleiner $\frac{\pi}{2}$ auf.

  $A_8 = \int_0^{\infty} \frac{\sin(x)}{x} \frac{\sin(x/3)}{x/3} \ldots \frac{\sin(x/13)}{x/13} \frac{\sin(x/15)}{x/15}\, dx$

  $= \frac{\pi}{2} - 2{,}31 \cdot 10^{-11}$

  Genau gilt:

  $$A_8 = \frac{\pi}{2} \cdot \frac{6879714958723010531}{935615849440640907310521750000} \cdot \pi$$

  Hierbei gilt: $\frac{1}{3} + \frac{1}{5} + \ldots + \frac{1}{13} = 0{,}9551337551337551 \leq 1$
  Danach gilt: $\frac{1}{3} + \frac{1}{5} + \ldots + \frac{1}{15} = 1{,}021800421800422 > 1$

  In der Entwicklung der A_i-Ausdrücke vergrößert sich die Abweichung. Der Ergebnis-Grenzwert lautet: $\frac{\pi}{2} - 3{,}52 \cdot 10^{-5}$
  Es gibt Integral-Folgen, die über 10.000 Entwicklungsschritte konstant sind und dann im Weiteren stetig abnehmen.
- Der Ansatz findet eine Verwendung beim **Random-Walk**. Intuitiver Modellansatz: Ausgehend von einer Starposition werden Schritte mit unterschiedlichen Längen in positive bzw. negative Richtung verwendet. Die Schrittlängen entsprechen den Vorgaben der Borwein-Integrale.

Verfahren zur Bestimmung von π-Stellen

Ausgehend von Ausdrücken auf der Basis

$$\alpha = \sum_{k=0}^{\infty} \frac{p(k)}{16^k \cdot q(k)}$$

können für π^2, $\zeta(3)$ … Bestimmungsgleichungen ermittelt werden. (Für $\sqrt{2}$, $\sqrt{2}$, $\sqrt{2}$, e = exp(1) geht dies jedoch nicht.)

Mittels der Bailey-Borwein-Plouffe-Formel (**BBP**)

$$\pi = \sum_{k=0}^{\infty} \frac{1}{16^k} \cdot \left(\frac{4}{8k+1} - \frac{2}{8k+4} - \frac{1}{8k+5} - \frac{1}{8k+6}\right)$$

können beliebige π-Stellen separat (für sich isoliert) bestimmt werden.

Berechnungsschritte (exemplarisch für k: 0; 1; 2):

K	**BBP**-Wert (Klammer)	Übertrag (+ R)	**E**	Rest	R: Rest *16
0	3,1333333	-	**3**	0,1333333	2,133333333
1	0,1294261	2,2627594	**2**	0,2627594	4,204154041
2	0,0422144	4,2463144	**4**	0,2463144	3,941950859

Der Teiler $\frac{1}{16^k}$ passt die Zahl der hexadezimalen Stelle an.

E: Ergebnis für die jeweilige Stelle als hexadezimaler Wert.
So ergibt sich: 3,243f6A8885A …

Dieser hexadezimale Wert entspricht: 3,1415926 … (= π).

Mit dieser BBP-Formel können auch beliebige Stellen in der Abfolge von π ohne Kenntnis der vorherigen Ziffern bestimmt werden. Hierzu muss mit Blick auf die gesuchte Position (k) die Zahl mit dem entsprechenden Faktor $\frac{1}{16^k}$ multipliziert werden.

Es werden dann – prinzipiell – nur die Nachkommerstellen berücksichtigt.

Bellard-Formel

Eine andere Berechnungsformel wurde von Bellard bestimmt, die in etwa 50 % der Rechenzeit einspart. Es gilt: π =

$$\sum_{k=0}^{\infty} \left(\frac{(-1)^k}{2^{10}+6} \cdot \left(\frac{2^8}{10k+1} - \frac{2^6}{10k+3} - \frac{2^5}{4k+1} - \frac{2^2}{10k+5} - \frac{2^2}{10k+7} + \frac{1}{10k+9} - \frac{1}{4k+3}\right)\right)$$

Diese Auflösungen nehmen ihren Ausgang bei der Betrachtung der Gamma- und Zeta-Funktionen.

Transformationen

Grundlagen

- Durch die Transformation von Funktionen über spezifische Integralbeziehungen können Funktionsbeziehungen teilweise einfacher aufgelöst und theoretische Zusammenhänge genauer erfasst und dargestellt werden.
- Von besonderer Bedeutung sind folgende Transformationen:
  - Fouriertransformation
  - Laplace-Transformation
  - z-Transformation
- Mit den Laplace-Transformationen können speziell Differenzialgleichungen aufgelöst werden.
- Mit den Fourier-Transformationen können die Beziehungen zwischen Spektren (Frequenzverläufe) und Signalimpulsen (Zeitfunktionen) dargestellt werden.
- Kern der Transformationen ist folgende Abbildungsstruktur:
  $F(p) = \int_{UG}^{OG} K(p,t) f(t) dt$
  OG: Obere Grenze (oftmals + ∞)
  UG: Untere Grenze (oftmals - ∞ oder auch 0)
  K(p, t): Transformationsfunktion (Kern der Transformation)
  f(t): Originalfunktion
  F(p): Bildfunktion
- Oftmals wird abkürzend geschrieben: F(p) = T{f(t)}
- Für die Rücktransformation wird geschrieben: $f(t) = T^{-1}\{F(p)\}\}$
- Gebräuchliche Transformationen
  - Fourier-T. (u. a. von Norbert Wiener – 1940):
    $K(p, t) = \exp(-j \cdot \omega \cdot t)$
  - Hankel-T. (ν.-Ordnung):
    $K(p, t) = t\boldsymbol{J}_\nu(\sigma \cdot t)$ mit $\boldsymbol{J}_\nu(\sigma \cdot t)$: Besselfunktion
  - Laplace-T. (1937 von G. Doetsch):
    $K(p, t) = \exp(-(\sigma + j \cdot \omega) \cdot t)$ für t > 0
  - Laplace-Carson-T.: $K(p, t) = (\sigma + j \cdot \omega) \cdot \exp(-(\sigma + j \cdot \omega) \cdot t)$
  - Mellin-T.: $K(p, t) = t^{(\sigma + j \cdot \omega - 1)}$
  - Stieltjes-T.: $K(p, t) = 1/((\sigma + j \cdot \omega) + t)$

Transformationen für zeitdiskrete Gegebenheiten

- z-Transf. Es gilt: $F(z) := \sum_{n=0}^{\infty} \frac{f_n}{z^n}$

  Mit der z-Transformationen können typischerweise Differenzengleichungen aufgelöst werden.

- Walsh-Transformation (Hadamard-Walsh-Transformation)
  Transformation für zeitdiskrete Signale
  (Spezialfall der diskreten Fouriertransformation (DFT))

Fourierbetrachtungen

Ziel der Transformationsbetrachtungen

- Es ermöglicht die Transformation einer Signalbeschreibung aus dem Zeitbereich in den Frequenzbereich. Hintergrund ist, dass optische Signale kausal durch zeitliche Energieübertragungen erzeugt werden. Das optische Signal wird jedoch als frequenzabgängige Erscheinung (Spektrum) erfasst.
- Der Zusammenhang zwischen der zeit- und frequenzbedingten Signaldarstellung wird über die Fourierbetrachtungen berechenbar.
- Beziehung: Zeitfunktion x(t) o—• X(f) Frequenzfunktion

Grundlagen

- Jede Funktion kann in einen geraden und ungeraden Anteil zerlegt werden: $f(t) = f_e(t) + f_o(t)$
  Es gilt:
  Gerader Anteil: $f(t) = f(-t) = f_e(t) = 0{,}5 \cdot (f(t) + f(-t))$
  Ungerader Anteil: $f(t) = -f(-t) = f_o(t) = 0{,}5 \cdot (f(t) - f(-t))$
- Zerlegung in gerade und ungerade Anteile und Annäherung durch sin- und cos- Funktionen. D.h., die (periodische) Funktion soll durch trigonometrische Polynome angenähert (Approximation) dargestellt werden.

Fourierreihe

- Periodische Signale können durch eine Summe von Cosinus – Signalen dargestellt werden.

- Den Cosinus-Gliedern entsprechen üblicherweise Drehzeiger. Somit können periodische Signale durch eine Summe von Drehzeigern dargestellt werden.

- Signaldarstellung der Drehzeiger
  $z(f_0, t) = \frac{\hat{x}}{2} \cdot \exp(j \cdot (2 \cdot \pi \cdot f_0 \cdot t + \varphi_0))$
- Drehzeigeramplitude $\underline{x} = \frac{\hat{x}}{2} \cdot \exp(j \cdot \varphi_0)$
- Periodische Signale x(t) sind somit durch eine unendliche Summe von Drehzeigern darstellbar:

  $x(t) = \sum_{\nu=-\infty}^{\infty} z(\nu \cdot f_0 \cdot t) = \sum_{\nu=-\infty}^{\infty} \underline{x}_\nu \cdot \exp(j \cdot 2 \cdot \pi \cdot \nu \cdot f_0 \cdot t)$

- Für die Drehzeigeramplituden $\underline{x}_\nu$ gilt:

  $\underline{x}_\nu = (1/T_0) \cdot \int_{-T_0/2}^{T_0/2} x(t) \cdot \exp(-j \cdot 2 \cdot \pi \cdot \nu \cdot f_0 \cdot t) \cdot dt$

Fourier-Verfahren

Verfahren	|D(f)	f(Periode)	Frequenzspektrum
Fourier-Reihe	Kontinuierliches Intervall	periodisch	Diskretes **Spektrum**
Fouriertransformation	Kontinuierlich Intervall	a-periodisch	kontinuierliche **Spektraldichte**
Diskrete Fouriertransformation	Diskrete Werte; begrenztes Intervall	periodisch	diskretes, begrenztes **Spektrum**

Fourierreihen

Basisbeziehungen

- Jedes periodische Signal kann durch die Überlagerung von coi-nus-Gliedern (Drehzeigern) dargestellt werden.
- Ansatz: $\cos(\omega_0 + \varphi_0) = ½ \cdot (\exp(j \cdot (\omega_0 + \varphi_0)) + \exp(-j \cdot (\omega_0 + \varphi_0)))$
- Drehzeiger: $z(f_o, t) = (\hat{x}/2) \cdot \exp(j \cdot \varphi_0) \cdot \exp(j \cdot \omega_0 \cdot t) = \underline{x} \cdot \exp(j\, \omega_0\, t)$
- Für eine periodische (kontinuierliche) Zeitfunktion erhalten wir ein ein Linien-Spektrum. Es wird auch von einer harmonischen Analyse gesprochen.
- Die Form der Basisperiode des Signals bestimmt im Spektrum den Verlauf der einzelnen Signalhöhen (Amplitudenhöhen) und somit den Verlauf der quasi einhüllenden Kurve, die auch als Hüllkurve des Spektrums bezeichnet wird.
- Geht die Länge der Periode gegen unendlich ($T \rightarrow \infty$), dann verringert sich der Abstand zwischen den Drehzeigern gegen Null (Linienabstand $\rightarrow 0$). Die Drehzeiger (und somit das Spektrum) werden durch X(f) ersetzt.
- X(f) ist die so genannte komplexe spektrale Amplitudendichte.
- Unterschieden werden:
  Amplituden-, Phasen- und Leistungsspektren

- $T > 0$; $\omega = 2 \cdot \pi/T$; $n \in |N$; $c_k \in |C$ und $a_k, b_k \in |C$
- $p(t) = \sum c_k \cdot \exp(k \cdot \omega \cdot i \cdot t)$
- $p(t) = a_0/2 + \sum (a_k \cdot \cos(k \cdot \omega \cdot t) + b_k \cdot \sin(k \cdot \omega \cdot t))$
- Beziehungen zwischen c_k und a_k, b_k
  $C_0 = 1/2 \cdot a_0$
  $C_k = 1/2 \cdot (a_k - b_k \cdot i)$
  $C_{-k} = 1/2 \cdot (a_k + b_k \cdot i)$
  $a_0 = 2 \cdot c_0$
  $a_k = c_k + b_{-k}$
  $b_k = (c_k - c_k) \cdot k$

- **Orthogonalitätsrelationen**
  $1/T \cdot \int \exp(k \cdot \omega \cdot i \cdot t) \cdot \exp(-m \cdot \omega \cdot i \cdot t) \cdot dt = 1$ für $k = m$
  $1/T \cdot \int \exp(k \cdot \omega \cdot i \cdot t) \cdot \exp(-m \cdot \omega \cdot i \cdot t) \cdot dt = 0$ für $k \neq m \cdot T > 0$;
  $\omega = 2 \cdot \pi/T$; $n \in |N$; $c_k \in |C$ und $a_k, b_k \in |C$
- $p(t) = \sum c_k \cdot \exp(k \cdot \omega \cdot i \cdot t)$
- $p(t) = a_0/2 + \sum (a_k \cdot \cos(k \cdot \omega \cdot t) + b_k \cdot \sin(k \cdot \omega \cdot t))$
- Beziehungen zwischen c_k und a_k, b_k
  $C_0 = 1/2 \cdot a_0$; $C_k = 1/2 \cdot (a_k - b_k \cdot i)$; $C_{-k} = 1/2 \cdot (a_k + b_k \cdot i)$
  $a_0 = 2 \cdot c_0$
  $a_k = c_k + b_{-k}$
  $b_k = (c_k - c_k) \cdot k$

Fourierreihe: Beispiele

- Approximationen für die Rechteckfolge bzgl. k

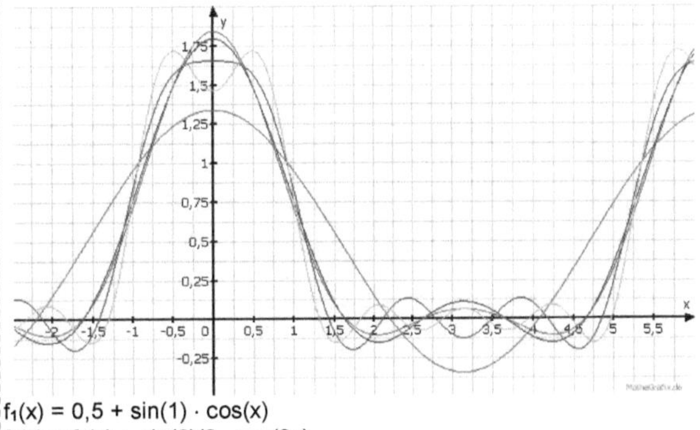

$f_1(x) = 0,5 + \sin(1) \cdot \cos(x)$
$f_2(x) = f_1(x) + \sin(2)/2 \cdot \cos(2x)$
$f_3(x) = f_2(x) + \sin(3)/3 \cdot \cos(3x)$

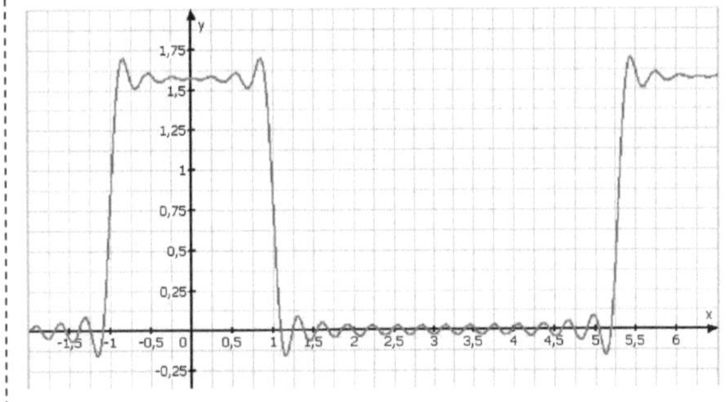

$f_{20}(x) = 0,5 + \sin(1) \cdot \cos(x) + \ldots + \sin(20)/20 \cdot \cos(20x)$

Fourierdarstellungen (jeweils mit $\omega_0 = 2 \cdot \pi/T_0$)

Trigonometrische Form
$x(t) = \frac{a_0}{2} + \sum_{k=1}^{\infty}[a_k] \cdot \cos(k \cdot \omega_0 \cdot t) + b_k \cdot \sin(k \cdot \omega_0 \cdot t)$

Harmonische Form
$x(t) = c_0 + + \sum_{k=1}^{\infty}[C_k] \cdot \cos(k \cdot \omega_0 \cdot t + \theta_k)$

Komplexe Form (komplexe Fourierreihe)
$x(t) = \sum_{k=-\infty}^{\infty} c_k \cdot [\exp(j \cdot k \cdot \omega_0 \cdot t]$

Beispiele

f(t)	F(ω)
1	$\delta(f)$
$\delta(t)$	1
$\cos(2 \cdot \pi \cdot f_0 \cdot t)$	$0,5 \cdot (\delta(f - f_0) + \delta(f + f_0))$
$0,5 \cdot (\delta(t - t_0) + \delta(t + t_0))$	$\cos(2 \cdot \pi \cdot t_0 \cdot f)$
Rechteckimpuls	$si(\pi \cdot \Delta t \cdot f)$
$si(\pi \cdot \Delta f \cdot t)$	Rechteckimpuls

f(t)	F(ω)
sign(t)	$1/(j \cdot \pi \cdot f)$
$-1/(\pi \cdot t)$	$j \cdot \text{sign}(f)$
$\delta'(t)$	$j \cdot 2 \cdot \pi \cdot f$
$2 \cdot \pi \cdot t$	$j \cdot \delta'(f)$
$\sin(2 \cdot \pi \cdot f_0 \cdot t)$	$-0,5 \cdot (\delta(f - f_0) + \delta(f + f_0))$
$-0,5 \cdot (\delta(t - t_0) + \delta\, t + t_0))$	$j \cdot \sin(2\, \pi\, t_0\, f)$

Fourierreihen

Strukturbeziehungen

1	**Konjugation**	(*) $f(t) \sim \sum_{n=-\infty}^{\infty} c_n \cdot exp(n\omega it) \rightarrow \overline{f(t)} \sim \sum_{n=-\infty}^{\infty} \overline{c_{-n}} \cdot exp(n\omega it)$
2	**Zeitumkehr**	$f(-t) \sim \sum_{n=-\infty}^{\infty} c_{-n} \cdot exp(n\omega it)$
3	**Linearität**	$f(t) \sim \sum_{n=-\infty}^{\infty} c_{n,f} \cdot exp(n\omega it)$ und $g(t) \sim \sum_{n=-\infty}^{\infty} c_{n,g} \cdot exp(n\omega it)$ $\rightarrow a \cdot f(t) + b \cdot g(t) \sim \sum_{n=-\infty}^{\infty} (a \cdot c_{n,f} + b \cdot c_{n,g}) \cdot exp(n\omega it)$
4	**Ähnlichkeitssatz**	f(t) wie unter (*) $\rightarrow g(t) = f(\lambda \cdot t) \sim \sum_{n=-\infty}^{\infty} c_n \cdot exp(n\lambda\omega it)$
5	**Verschiebungssätze**	f(t) wie unter (*) $\rightarrow f(t + a) \sim \sum_{n=-\infty}^{\infty} exp(n\omega ia) \cdot c_n \cdot exp(n\omega it)$
6		f(t) wie unter (*) $\rightarrow exp(k\omega it) \cdot f(t) \sim \sum_{n=-\infty}^{\infty} c_{n-k} \cdot exp(n\omega it)$
7	**Differenziationssatz**	f(t) wie unter (*) $\rightarrow D(f(t)) = f'(t) \sim \sum_{n=-\infty}^{\infty} (n\omega i) \cdot c_n \cdot exp(n\omega it)$
8	**Integrationssatz**	f(t) wie unter (*) und $T \cdot c_0 = \int_0^T f(t) \cdot dt = 0$, wobei gilt $\omega = (2 \cdot \pi)/T$ So folgt: $\int_0^t f(\tau)d\tau \sim -(1/T) \cdot \int_0^T t \cdot f(t) \cdot dt - \sum_{\infty_{n\neq 0}}^{\infty} \frac{c_n \cdot i}{n \cdot \omega} \cdot exp(n\omega it)$*

Fouriertransformation

- Zur Bestimmung von Drehzeigerdarstellungen für nicht periodische Signale wird die Fouriertransformation eingesetzt: $X(f) = \int_{-\infty}^{\infty} x(t) \cdot exp(-j\,2\,\pi\,f\,t) \cdot dt$
- X(f): komplexe spektrale Amplitudendichte, oftmals auch kurz **Spektrum** genannt.
- **Fourier-Rücktransformation**: $x(t) = \int_{-\infty}^{\infty} X(f) \cdot exp(j\,2\,\pi\,f\,t) \cdot df$ Die inverse Fouriertransformierte, auch Zeitfunktion f(t) genannt.
- **Signal / Spektrum-Beziehung**: x(t) o—• X(f)
- Einem zeitlichen Signalverlauf entspricht ein charakteristisches Frequenzmuster (Linienmuster).
- Ein Signal ist periodisch, wenn die Linien im Linienspektrum nur bei ganzzahligen Vielfachen seiner Basisfrequenz f_0 liegen.

Realisierungen

- $F(\omega) = F\{f(t)\} \equiv \int_{-\infty}^{+\infty} exp(-i\omega t) f(t) dt$
- $f(t) = \frac{1}{2 \cdot \pi} \cdot \int exp(i\omega t) \cdot F(\omega) \cdot d\omega$
- $F(\omega) = \int_{-\infty}^{+\infty} exp(-i\omega\tau) f(\tau) d\tau$

(qualitative) Zuordnungen (Abbildung)

f(t) o—• F(ω)

f(t): Zeitbereich (Signal)	**F(ω)**: Frequenzbereich (Spektrum)
schnell ablaufende Vorgänge; $\Delta t \rightarrow 0$	hohe Frequenzen; $\Delta\omega \rightarrow \infty$
langsame Signalvorgänge	tiefe Frequenzanteile
schmales Signal	breites Spektrumsignal
begrenztes Signale (endliche Ausdehnung)	unbegrenzte Spektrumausdehnung
zeitlich unendlich lang andauernde Signale	endliche Bandbreite
scharfe Signalflanken	breite Spektralverteilung

Grundbeziehungen

	f(t) o—• F(w)	
Linearität	$A \cdot f_1(t) + B \cdot f_2(t)$	$A \cdot F_1(\omega) + B \cdot F_2(\omega)$
Ähnlichkeit	$f(a \cdot t)$	$(1/\lvert a\rvert) \cdot F(\omega/a)$
Dämpfung	$exp(i \cdot \beta \cdot t) \cdot f(\alpha \cdot t)$	$(1/\alpha) \cdot F((\omega - \beta)/\alpha)$
Dämpfung	$exp(i \cdot \omega_0 \cdot t) \cdot f(t)$	$F(\omega - \omega_0)$
Vertauschung	$F(t)$	$2 \cdot \pi \cdot f(-\omega)$
Zeitverschiebung	$f(t - t_0)$	$exp(-j \cdot \omega \cdot t_0 \cdot F(\omega)$
Frequenzverschiebung	$exp(-j \cdot \Omega_0 \cdot t) \cdot f(t)$	$F(\omega \cdot \Omega_0)$
Symmetrie	$f(-t)$	$F(F(f))(t)$
Differenziation	$d(f(t))/dt = D(f(t))$	$j \cdot \omega \cdot F(\omega)$
Differenziation	$t \cdot f(t)$	$j \cdot d(F(\omega))/d\omega$
Integration	$\int_{-\infty}^{t} f(\tau) \cdot d\tau$	$(1/(j \cdot \omega) \cdot F(\omega) + \pi \cdot F(0) \cdot \delta(\omega)$
Multiplikation	$f(t) \cdot g(t)$	$F(\omega) * G(\omega)$
Faltung (Symbol: *)	$f(t) * g(t)$	$F(\omega) \cdot G(\omega)$

Diskrete Fouriertransformation (DFT)

Hintergründe

- Die DFT verarbeitet zeitdiskrete (periodische) Signalfolgen. Die Transformation ergibt ein diskretes (periodisches) Spektrum.
- Bedingt durch die Periodizität können einzelne Rechenwerte so kombiniert werden, dass schnelle Transformationsprozesse möglich werden. Dies wird u. a. im Rahmen der FFT (Fast Fourier transform: schnelle Fourier-Transformation) durch geeignete Algorithmen erreicht.
- Die DFT und FFT sind grundlegend bedeutsam im Rahmen der digitalen Signalverarbeitung. Durch sie werdenrealzeitkritische Anwendungen ermöglicht.

Eigenschaften der Diskreten-Fourier-Transformation

1
- Die DFT einer Folge x(k) ist periodisch mit $\Omega = 2 \cdot \pi$
- Die DFT einer Folge x(k) ist kontinuierlich
- Ist x(k) reell, dann ist das Spektrum der DFT konjugiert gerade. D. h., es treten ein gerader Realteil und ein ungerader Imaginärteil auf.

2 **Zeitversatz**

$DFT\{x(k - k_0)\} = \exp(- j \cdot \Omega \cdot k_0) \cdot X(\exp(j \cdot \Omega))$

3 **Frequenzversatz**

$DFT\{x(k) \cdot \exp(- j \cdot \Omega_0 \cdot k)\} = X(\exp(j \cdot (\Omega - \Omega_0)))$

4 **Multiplikation im Zeitbereich**

$DFT\{x(k - k_0)\} = \exp(- j \cdot \Omega \cdot k_0) \cdot X(\exp(j \cdot \Omega))$

5 **Multiplikation** (·) im **Zeitbereich**
Faltung (*) im **Frequenzbereich**

$DFT\{x(k) \cdot y(k) = \frac{1}{2 \cdot \pi} \cdot X(\exp(j\Omega)) * Y(\exp(j\Omega))$

6 **Faltung** im **Zeitbereich**
Multiplikation im **Frequenzbereich**

$DFT\{x(k) * y(k) = X(\exp(j\Omega)) \cdot Y(\exp(j\Omega))$

Polynome und DFT

- Von einer Funktion sollen n Punkte bekannt sein:
  $(x_0, y_0), (x_1, y_1), \dots (x_{n-1}, y_{n-1})$
  Bzw.: (Zahlfolge) $a = (a_0, a_1, \dots, a_{N-1})$
  Mit diesen n Punkten werden Stützstellen einer Funktion angegeben. Ausgehend von den Stützstellen kann das Polynom berechnet werden.
- **Formelbeziehungen**
  Nun werden durch die DFT die Fourierkoeffizienten wie folgt berechnet: $\widehat{\alpha}_k = \sum_{j=0}^{N-1} \exp\left((-2\pi i) \cdot \frac{jk}{N}\right) \cdot \alpha_j$, mit k = 0, ..., N - 1
- Zur Beschreibung dieser Punkte, die paarweise verschieden sind, kann eine Polynomfunktion angegeben werden, so dass gilt:
  (*) $y_i = A(x_i)$ mit i = 0, 1, …, n – 1
- Für die Polynomfunktion unter (*) kann auch geschrieben werden:
  y = V(x) · a
  Im Detail gilt:

$$\begin{pmatrix} y_0 \\ y_1 \\ \cdot \\ y_{n-1} \end{pmatrix} = \begin{pmatrix} 1 & x_0 & x_0^2 & \cdot & x_0^{n-1} \\ 1 & x_1 & x_1^2 & \cdot & x_1^{n-1} \\ \cdot & \cdot & \cdot & \cdot & \cdot \\ 1 & x_{n-1} & x_{n-1}^2 & \cdot & x_{n-1}^{n-1} \end{pmatrix} \cdot \begin{pmatrix} a_0 \\ a_1 \\ \cdot \\ a_{n-1} \end{pmatrix}$$

- V(x): Vandermonde Matrix
- V(x) ist umkehrbar.
- Ausgehend von den Stützstellen können Polynom miteinander schnell (FFT) multipliziert werden.

Faltung

- Symbol für die Faltung: *
- Faltungsbeziehung (Faltungsintegral): $(f_1 * f_2)(t)$
  $(f_1 * f_2)(t) = \int_0^t f_1(\tau) \cdot f_2(t - \tau) \cdot d\tau$
- Rücktransformation: $L^{-1}\{F_1(s) \cdot F_2(s)\} = (f_1 * f_2)(t)$

FFT-DFT-Signalbeziehungen

1. Eingangssignal
2. Tiefpass — Zu 2.: Bandbegrenzung
3. Signal **x(t)**
4. Wandler A/D — Zu 4.: Digitalisierung
5. Signal **x[n]**
6. Fensterung — Zu 6.: Signalblock der Länge N
7. **FFT** — Zu 7.: Fouriersumme wird gebildet
8. Signal **X[k]** — Zu 8.: Orthogonalitätszusammenhänge werden beachtet: DFT-Bildung
9. ↓ **DFT**-Koeffizienten

Zetafunktion (ζ: Zeta)

Hintergründe

- Reihenentwicklung für Funktionen:
  Nach Taylor gilt unter Beachtung von Tangentenbeziehungen folgende Näherung: $f(x) \approx f(a) + a \cdot f'(a)$ mit $P = (a, f(a)) \in f(x)$
  Weiterhin folgt:
  $f(x) \approx f(a) + (x - a) \cdot f'(a) + \frac{(x-a)^2}{2!} \cdot f''(a) + \frac{(x-a)^3}{3!!} \cdot f'''(a) + \ldots$
- Das Konvergenz- und Divergenz-Verhalten bei Folgen und der Summe von Reihen ist speziell mit Blick auf die Beziehung von Reihen und multiplikativen Darstellungen relevant. Die Lage der Nullstellen ist bedeutsam.
- Elementare Reihen
  $\sin(x) = x - x^3/3! + x^5/5! - \ldots$ (x in Bogenmaß) für $|x| < \infty$
  $\cos(x) = 1 - x^2/2! + x^4/4! - \ldots$ (x in Bogenmaß) für $|x| < \infty$
- Eulersche Formel: $\exp(i \cdot x) = \cos x + i \cdot \sin x$
  $\exp(i \cdot x) = 1 + i \cdot x/1! + (i \cdot x)^2/2! + (i \cdot x)^3/3! + \ldots =$
  $= 1 + i \cdot x/1! - (x)^2/2! - I \cdot ((x)^3/3! + \ldots) =$
  $= 1 - x^2/2! + x^4/4! - + \ldots + i{\cdot}x/1! - i{\cdot}x^3/3! + i \cdot x^5/5! - + \ldots$
- Harmonische Reihe: $H_n = \sum_1^n \frac{1}{n} = 1 + ½ + 1/3 + \ldots$
  $H_n = 1 + ½ + (1/3 + ¼) + (1/5 + 1/6 + 1/7 + 1/8) + \ldots >$
  $> 1 + ½ + 2/4 + 8/16 + \ldots$ (→ divergente Reihe)
  Es folgt: $H_n \notin |Z$
- Gamma: $\gamma = \lim_{n \to \infty} (\mathrm{Hn} - \ln(n)) \approx 0{,}5772156\ldots$
- $\frac{1}{e} = e^{-1} = \lim_{n \to \infty} \left(1 - \frac{1}{n}\right)^n$
- Zetafunktion mit ganzen Zahlen:
  $\zeta(n) = \sum_{r=1}^{\infty} \frac{1}{r^n} = 1 + \frac{1}{2^n} + \frac{1}{3^n} + \frac{1}{4^n} + \ldots =$
  $= 1 + (\frac{1}{2^n} + \frac{1}{3^n}) + (\frac{1}{4^n} + \frac{1}{5^n} + \frac{1}{6} + \frac{1}{7^n}) + \ldots < 1 + \frac{2}{2^n} + \frac{4}{4^n} + \ldots =$
  $= 1 + \frac{2}{2^n} + (\frac{1}{2^{n-1}})^2 + (\frac{1}{2^{n-1}})^3 + \ldots$
  = (unter Beachtung der geometrischen Reihe) = $\frac{1}{1 - \frac{1}{2^{n-1}}}$

  Wallis zeigte 1731, dass gilt:

  $\zeta(2) = \sum_{r=1}^{\infty} (\frac{1}{r^2}) = \frac{\pi^2}{6} = \frac{1}{1^2} + \frac{1}{2^2} + \frac{1}{3^2} + \frac{1}{4^2} + \ldots = 1{,}644934\ldots$
  $\frac{\pi^2}{8} = \frac{1}{1^2} + \frac{1}{3^2} + \frac{1}{5^2} + \frac{1}{7^n} + \ldots = 1{,}23370055\ldots$
  $\zeta(4) = \frac{\pi^4}{90} = \frac{1}{1^4} + \frac{1}{3^4} + \frac{1}{5^4} + \frac{1}{7^4} + \ldots = 1{,}082323234\ldots$
  $\frac{\pi^4}{96} = \frac{1}{1^4} + \frac{1}{3^4} + \frac{1}{5^4} + \frac{1}{7^4} + \ldots = 1{,}014678032\ldots$
  $\frac{\pi^3}{32} = \frac{1}{1^3} - \frac{1}{3^3} + \frac{1}{5^3} - \frac{1}{7^3} + \ldots = 0{,}968946146\ldots$
  $\frac{5\pi^5}{1536} = \frac{1}{1^5} - \frac{1}{3^5} + \frac{1}{5^5} - \frac{1}{7^5} + \ldots = 0{,}996157828\ldots$

Reihen und Logarithmen

- $H_n = \sum_1^n \frac{1}{r}$ und somit $H_r = H_{r-1} + 1/r$
  → $1/n = H_n - H_{n-1}$
  → $x \sim H_1x$
  $½ x^2 \sim H_2x^2 - H_1x^2$
  $1/3\, x^3 \sim H_3x^3 - H_2x^2$ etc.
  → $x + ½ x^2 + 1/3\, x^3 + \ldots =$
  $H_1x - 0 + H_2x^2 - H_1x^2 + H_3x^3 - H_2x^2 \ldots$
  → $x + ½ x^2 + 1/3\, x^3 + \ldots =$
  $H_1x + H_2x^2 + H_3x^3 - H_1x^2 - H_2x^2 - \ldots = \sum_1^{\infty} H_r x^r - \sum_1^{\infty} H_r x^{r+1}$
  → $-\ln(1 - x) = (1 - x) \cdot \sum_1^{\infty} H_r x^r$
  → $\sum_1^{\infty} H_r x^r = \frac{-\ln(1-x)}{1-x} = \frac{1}{1-x} \cdot \ln(\frac{1}{1-x})$
- $\frac{1}{1-x} \cdot \ln(\frac{1}{1-x})$ ist eine erzeugende Funktion

Vergleich von H_n mit ln(n)

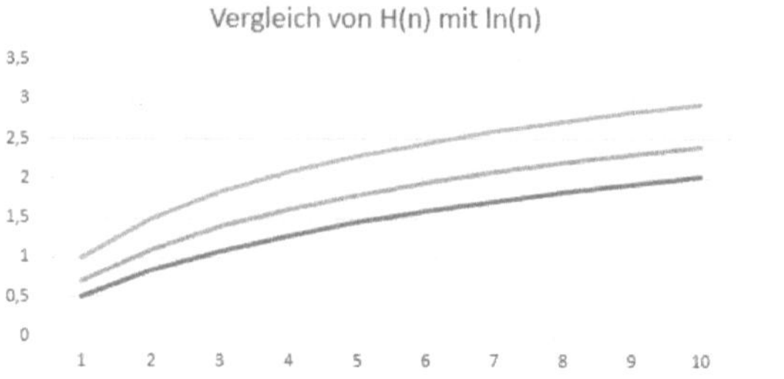

$H_n - 1$: untere Linie; ln(n): mittlere Linie; $H_n - 1/n$: obere Linie

- $H_n - 1 < \ln(n) < H_n - 1/n$
  → $- \ln() + H_n - 1 < 0 < H_n - \ln - 1/n$
  → $- \ln - 1 < - hn < - \ln - 1/n$
  → $\ln(n) + 1 > H_n > \ln + 1/n$
  → $\ln(n) + 1/n < H_n < \ln(n) + 1$
- $1/n < H_n < \ln(n)$

Euler-Funktion; Zeta-Funktion

- Mit der Zetafunktion ergibt sich eine enge Verknüpfung zwischen trigonometrischen (zyklometrischen) Funktionen, Logarithmen und den Nullstellen.
- Es gilt: $(1 + ½ + 1/2^2 + \ldots) \cdot (1 + 1/3 + 1/3^2 + \ldots) \cdot$
  $\cdot (1 + 1/5 + 1/5^2 + \ldots) \cdot \ldots = 1 + ½ + 1/3 + 1/2^2 + 1/5 + \ldots$
  $= \sum_{n=1}^{\infty} \frac{1}{n^s}$
- Für alle $r \in |Z$ folgt: $r = 2^{r1} \cdot 3^{r2} \cdot 5^{r3} \cdot 7^{r4} \cdot \ldots$, mit $r_i \in |Z$
- Nach Euler (1707 - 1783) folgt:
  $\sum_{n=1}^{\infty} \left(\frac{1}{n^s}\right) = \prod_{p \in |P} \left(1 + \frac{1}{p^s} + \frac{1}{p^{2s}} + \cdots\right) = \prod_{p \in |P} \left(1 - \frac{1}{p^s}\right)^{-1}$
  mit |P = Menge der Primzahlen und s reell ($s \in |R$)
- Für die einzelnen Produkt-Faktoren unter Π kann jeweils eine Reihe gemäß $\Sigma(p^{-ns})$ gebildet werden. Die einzelnen Werte der Reihen können dann miteinander multipliziert werden.
- Für s = 1 konvergiert die Euler-Funktion nicht.
  → Insofern existieren unendlich viele Primzahlen.
- Mit $i^2 = -1$ (also $i = \sqrt{-1}$) und s komplex ($s = \sigma + i \cdot t$) ergibt sich die Riemannsche Zeta-Funktion (für $\sigma > 1$):
  $\zeta(s) = \sum_{n=1}^{\infty} \frac{1}{n^s} = \prod_{mit\ p \in |P} \left(1 - \frac{1}{p^s}\right)^{-1} = \prod_{k=1}^{n} A_k \prod_{p} \frac{1}{1 - 1/p^s}$
- Es gilt: $\zeta(s) = 1/[(1 - 2^{-s})(1 - 3^{-s})(1 - 5^{-s})(1 - 7^{-s}) \ldots]$
- Riemann hat für die Zetafunktion mit $z \in |C$ eine analytische Fortsetzung gefunden und durch die Integration der Zeta-Funktion über eine geschlossene Kurve einen grundsätzlichen Zugang zur Beziehung zwischen den Nullstellen der Zetafunktion ζ(s), den Primzahlenverteilungen und den log-Bestimmungen entdeckt.
- Der Wert der n-ten Nullstelle wurde von ihm mit ungefähr $n \cdot \ln(n)$ bestimmt (mit $\ln(n) = \log_e(n)$).
- Es gilt: $\sum_p \frac{1}{p} = \log(\log(\infty))$
- Nach Riemann gilt: $\zeta(s) = \frac{\Gamma(1-z)}{2\pi i} \cdot \oint_{u^-} \frac{u^{z-1}}{e^{-u}{}_{-1}} du$

Zetafunktion

Grundlagen

- Harmonische Reihe:
  $H_n = \sum_{r=1}^{n} \frac{1}{r}$ = 1 + ½ + 1/3 + ¼ + … + 1/n → H_n ist divergent.
- $\gamma = \lim_{n\to\infty} (H_n - \ln(n)) \approx 0{,}5772156\ldots$
- Zetafunktion mit ganzen Zahlen:
  $\zeta(n) = \sum_{r=1}^{n} \left(\frac{1}{r}\right)^{n} = 1 + 1/2^n + 1/3^n + \ldots$
- $\sum_{r=1}^{n} \frac{1}{r^2} = 1 + 1/4 + 1/9 + \ldots = 1{,}644934\ldots = \frac{\pi^2}{6} = \zeta(2)$

Gammafunktion

- Gammafunktion: $\Gamma(s)$: $\Gamma(s + 1) = s!$; $\Gamma(s + 1) = s\,\Gamma(s)$
- $\Gamma(s + 1) = \int_0^{\infty} exp(-u)u^{s-1}du$
- $\Gamma(s + 1) = = (s \cdot \exp(\gamma s))^{-1} \cdot \prod_{n=1}^{\infty}(exp(s/n)) \cdot (1 + s/n)^{-1}$
- Folgende Funktionalgleichung gilt:
  $\pi^{-s/2}\Gamma(s/2)\,\zeta(s) = \pi^{(s-1)/2}\Gamma(1/2 - s/2)\,\zeta(1 - s)$

Euler-Funktion

- Nach Euler (1707 - 1783) gilt:
  $\sum_{n=1}^{\infty} \frac{1}{n^s} = \prod_{p\in|P}\left(1 + \frac{1}{p^s} + \frac{1}{p^{2s}} + \ldots\right)$
  mit |P = Menge der Primzahlen und s reell (s∈ |R)
  Es folgt: $\prod_{p\in|P}\left(1 + \frac{1}{p^s} + \frac{1}{p^{2s}} + \ldots\right) = \prod_{p\in|P}\left(1 - \frac{1}{p^s}\right)^{-1}$
- Es gilt: $(1 + ½ + 1/2^2 + \ldots) \cdot (1 + 1/3 + 1/3^2 + \ldots) \cdot$
  $(1 + 1/5 + 1/5^2 + \ldots) \ldots = 1 + ½ + 1/3 + 1/2^2 + 1/5 + \ldots = \sum_{n=1}^{\infty} \frac{1}{n^s}$
- Für s = 1 konvergiert die Euler-Funktion nicht.
  → Insofern existieren unendlich viele Primzahlen.

Zeta-Funktion

- Ein grundsätzlicher Zugang zur Verteilung der Primzahlen wurde von Riemann mit der Zeta-Funktion $\zeta(s)$ gefunden.
- Mit $i^2 = -1$ ($i = \sqrt{-1}$) und s komplex ($s = \sigma + i \cdot t$) ergibt sich die Riemannsche Zeta-Funktion:
  $$\zeta(s) = \sum_{n=1}^{\infty} \frac{1}{n^s} = \prod_{p\in|P}\left(1 - \frac{1}{p^s}\right)^{-1}$$
  $$= \prod_{p} \frac{1}{1 - 1/p^s} \text{ für } \sigma > 1.$$
- Es gilt: $\zeta(s) = 1/((1 - 2^{-s})\,(1 - 3^{-s})\,(1 - 5^{-s})\,(1 - 7^{-s}))$

Beispielwerte der Zetafunktion

$\zeta(1) = \infty$	$\zeta(2) = \pi^2 / 6$
$\zeta(3) = 1{,}2020569032$	$\zeta(4) = \pi^4 / 90$
$\zeta(5) = 1{,}0369277551$	$\zeta(6) = \pi^6 / 945$
$\zeta(7) = 1{,}0083492774$	$\zeta(8) = \pi^8 / 9450$
$\zeta(9) = 1{,}0020083928$	$\zeta(10) = \pi^{10} / 93555$

Gammafunktion (Γ)

- Gammafunktion: $\Gamma(s)$: $\Gamma(s + 1) = s!$; $\Gamma(s + 1) = s \cdot \Gamma(s)$
- $\Gamma(s + 1) = \int_0^{\infty} \exp(-u) \cdot u^{s-1}\,du$
- $\Gamma(s + 1) = = (s \cdot \exp(\gamma s))^{-1} \cdot \Pi\,(\exp(s/n) \cdot (1 + s/n)^{-1}$
- Folgende Funktionalgleichungen gelten:
  $\pi^{-s/2} \cdot \Gamma(s/2) \cdot \zeta(s) = \pi^{(s-1)/2} \cdot \Gamma(1/2 - s/2) \cdot \zeta(1 - s)$
  $\Gamma_P(x) = \frac{r! \cdot r^{x+1}}{x\,(x+1)(x+2)\ldots(r+x)}$
  $\frac{1}{\Gamma(x)} = \lim_{r\to\infty} \frac{1}{\Gamma_P(x)} = x \exp(\gamma x) \cdot \prod_{r=1}^{\infty}\left(1 + \frac{x}{r}\right) e^{-x/r}$
  $\Gamma(x) \cdot \Gamma(1 - x) = \frac{\pi}{\sin(\pi x)}$
  $\Gamma(x) = \int_0^1 \left(\ln\left(\frac{1}{t}\right)\right)^{x-1} dt$
  $\Gamma(x) = \frac{\Gamma(x+1)}{x}$

Gamma- und Zetafunktion

- $\Gamma(s)\,\zeta(s) = \int_0^{\infty} \frac{z^{s-1}}{exp(z) - 1} dz$
- $\zeta(s) = \frac{2^{z-1}}{z-1} - 2^z \int_0^{\infty} \frac{sin(z\ arctan(t))}{(1+t^2)^{z/2}\,(exp(\pi t)+1)} dt$
- $\zeta(s) = \frac{\Gamma(1-s)}{2\pi i} \oint_{\gamma} \frac{z^{s-1}}{e^{-z} - 1} dz$
- $\zeta(2k) = ((-1)^{k-1} (2\pi)^{2k} B_{2k})/(2\,(2k)!)$
  mit $B_0 = 1$ und $B_1 = -0{,}5$;
  $B_m = -\sum_{k=0}^{m-1} \binom{m}{k} \frac{B_k}{(m - k + 1)}$ für m > 1.

Integration der Zetafunktion

- **Cauchysche Integrationsformel**
  f(z) sei analytisch; Δ ein einfaches zusammenhängendes Gebiet; z ein Punkt in Δ; C sei ein geschlossener Weg
  $$f(z) = \frac{1}{2\pi i} \cdot \oint_C \frac{f(\zeta)}{\zeta - z}\, d\zeta$$
  Die Werte im Inneren von C werden über den Rand bestimmt.
- Durch die Anwendung der Integrationsformel von Cauchy auf die Eulerische Zetafunktion fand Riemann folgende Beziehung: $\zeta(z) = \frac{\Gamma(1-z)}{2\pi i} \cdot \oint_{u^-} \frac{u^{z-1}}{e^{-u} - 1}\, du$

Nullstellen der Zetafunktion

- Triviale Nullstellen der Zeta-Funktion:
  s = - 2, - 4, - 6 ... Dies sind die Polstellen von $\Gamma(s/2)$.
- Nicht-triviale Nullstellen der Zeta-Funktion:
  Riemann vermutet, dass alle nicht-trivialen Nullstellen der Zeta-Funktion im Bereich (critical strip) von 0 < Re(s) = σ< 1 auf der kritischen Geraden (critical line) mit σ = 0,5 für p ∈ |P liegen.
- Der Vermutung von Riemann entspricht:
  $\pi(x) = li(x) + O(x^{0,5} \cdot \log(x))$
- Einige Nullstellen auf der kritischen Geraden:

0,5 ± i · 14,134725…	0,5 ± i · 21,022040…
0,5 ± i · 25,010856…	0,5 ± i · 30,425…
0,5 ± i · 32,93…	0,5 ± i · 37,58…
0,5 ± i · 40,91…	0,5 ± i · 43,32…
0,5 ± i · 48,00…	0,5 ± i · 49,77…

Zumindest über 100 Mrd.Nullstellen liegen auf dieser Geraden.

Einichten im Zusammenhang mit der Zetafunktion

1: Mit $s = \sigma + i \cdot t$ ergibt sich $n^s = n^{\sigma} \cdot \exp(i \cdot t \cdot \log(n))$

2: $\varsigma(s) = \zeta(s) = \frac{1}{s-1} + 1 - s \int_1^{\infty} \frac{x-|x|}{x^{s+1}} dx$

3: Für |z| < 1 folgt: $\sum_{n=1}^{\infty} \frac{z^n}{n} = \log(\frac{1}{1-z})$

4: $\gamma = \lim_{s\to 1}(\zeta(s) - \frac{1}{s-1})$

5: Primzahlsatz: $\pi(x) = \sum_{p \le x} 1 \to \pi(x) \sim \frac{x}{\log(x)}$

6: (Definition) $li(X) = \int_2^x \frac{1}{\log(t)} \cdot dt$; so folgt: $\pi(x) \sim li(x)$

7: $\Gamma(x) = \int_0^{\infty} t^{z-1} \cdot \exp(-t) \cdot dt$

8: $\Gamma(x) = (n - 1)!$

9: $(\Gamma(x))^{-1} = z \cdot \exp(\gamma z) \cdot \prod_{n=1}^{\infty}(1 + \frac{z}{n}) \cdot \exp(-z/n)$

10: $\frac{\sin(\pi z)}{\pi} = \frac{1}{\Gamma(z)\Gamma(1-z)}$

11: $\sin(\pi z) = \pi z \cdot \prod_{n=1}^{\infty}(1 - \frac{z^2}{n^2})$

12: $\Gamma(z) = \frac{\Gamma(1+z)}{z}$; $\Gamma(1 - z) = \frac{\Gamma(2-z)}{1-z}$

13: $\Gamma(\frac{1}{2}) = \sqrt{\pi}$

14: $\frac{\pi}{2} = \prod_{n=1}^{\infty} \frac{(2n)^2}{(2n-1) \cdot (2n+1)}$ (Produkt von Wallis)

Physik

- Fläche eines Kreises: $F_{Kreis} = \pi \cdot r^2$
- Kreisumfang: $U_{Kreis} = 2 \cdot \pi \cdot r$
- Kugeloberfläche: $F_{Kugel} = 4 \cdot \pi \cdot r^2$
- Kugelvolumen: $V_{Kugel} = (4 / 3) \cdot \pi \cdot r^3$

Basisgrößen

- Länge: l ([l] = m (Meter))
- Masse: m [[m] = kg (Kilogramm))
- Zeit: t ([t] = s (Sekunde))
- Lichtstärke: I ([I] = cd (Candela))
- Elektr. Stromstärke: I ([I] = A (A: Ampere))
- Temperatur: T ([T] = K (Kelvin))
- Stoffmenge: y ([y] = mol (Mol))

Elementareinheiten

- Plancklänge: $l_P = 1{,}6 \cdot 10^{-35}$ m
- Planckzeit: $t_p = 5{,}4 \cdot 10^{-44}$ s
- Planckenergie: $E_P = 1{,}22 \cdot 10^{19}$ GeV
- Planckmasse: $m_P = 1{,}3 \cdot 10^{19}$ Protonenmassen
- Plancktemperatur: $T_P = 1{,}4 \cdot 10^{32}$ K

Fundamentalen (Natur-)Konstanten

- c – Lichtgeschwindigkeit: $2{,}99792458 \cdot 10^8$ m/ s
- G – Gravitationskonstante: $6{,}67259 \cdot 10^{-11}$ m³/(kg · s²)
- *h* - Plancksches Wirkungsquantum: $6{,}62606876 \cdot 10^{-34}$ Js
- *k* – Boltzmannkonstante: $1{,}3806503 \cdot 10^{-23}$ J/K
- e_P - Ladung des Protons: $1{,}602176462 \cdot 10^{-19}$ C
- μ_0 - Induktionskonstante: $4\pi \cdot 10^{-7}$ N / A² = $1{,}2566 \cdot 10^{-6}$ Vs /Am
- n_0 - Loschmidtsche Konstante: $2{,}6867775 \cdot 10^{25}$ m⁻³

Konstanten

- Protonenmasse: $m_p = 1{,}67 \cdot 10^{-27}$ kg
- Elektronenmasse: $m_e = 9{,}1 \cdot 10^{-31}$ kg
- Avogadro-Konstante: $N_0 = 6{,}02 \cdot 10^{23}$/mol
- Elektrische Konstante: $k_0 = 1/(4 \cdot \pi \cdot \varepsilon_0) = 9 \cdot 10^9$ N m²/c²
- $\varepsilon_0 = 8{,}85 \cdot 10^{-12}$ F / m
- $k_0/c^2 = \mu_0/4\pi = 10^{-7}$ N s²/C²

Wechselwirkungen

Bezeichnung / Typ	Quelle / Wirkungsbereich	Stärke, rel.	Reichweite
Starke Wechselwirkung	Kräfte zwischen Mesonen, Neutronen, Protonen	1	10^{-15} m
Elektro.-mag. Wechselwirkung	Elektrische Ladungsträger	$\approx 10^{-2}$	weit
Schwache Wechselwirkung	Elementarteilchen	$\approx 10^{-13}$	kurz, nah
Starke Wechselwirkung	Masse	$\approx 10^{-38}$	weit

Geschwindigkeiten, Beschleunigung

- **Mittlere Geschwindigkeit:** $v_m = (x_2 - x_1)/\Delta t$
- **Geschwindigkeit:** $v = \lim (\Delta x/\Delta t)$
- **Momentanbescheunigung:** $a = \lim (\Delta v/\Delta t)$
- **Gravitationsbeschleunigung:** $g = 9{,}81$ m/s²
- **Zentripetalbeschleunigung:** $\mathbf{a}_c = \lim (\Delta \mathbf{v}/\Delta t)$

Rotationen

- **Winkelbeschleunigung:** $\alpha = d^2\phi/dt^2$
- **Drehimpuls:** $\mathbf{L} = \mathbf{r} \times \mathbf{p}$
- **Drehmoment:** $\mathbf{T} = \mathbf{r} \times \mathbf{F}$; $\mathbf{T} = d\mathbf{L}/dt$
- **Kinetische Rotationsenergie** $K = (1/2) \cdot (I\,\omega)^2/I = (1/2) \cdot L^2/I$

Kraft, Impuls, Energie

- **Impuls:** $\mathbf{P} = m \cdot \mathbf{v}$
- **Kraft:** $\mathbf{F} = d\mathbf{P}/dt$
- Axiome von **Newton**:
  (1) $\mathbf{a} = 0$, insofern $\mathbf{F}_{ges} = \mathbf{0}$ vorliegt
  (2) $\mathbf{F}_{ges} = d\mathbf{P}/dt$ (bzw.: $\mathbf{F}_{ges} = m \cdot \mathbf{a}$)
  (3) $\mathbf{F}_{BA} = -\mathbf{F}_{AB}$
- **Gewicht:** $\mathbf{F}_{Gewicht} = m \cdot \mathbf{g}$
- **Gravitationsgesetz:** $F = G\,(m_1 \cdot m_2)/r^2$
- **Arbeit:** $W = F \cdot s \cdot \cos(\alpha)$; $dW = \mathbf{F} \cdot \mathbf{ds}$
- **Kinetische Energie:** $K = (1/2) \cdot m \cdot v^2$
- **Potentielle Energie:** $dU = -\mathbf{F} \cdot ds$
- **Potentielle Energie im Erdfeld:**
  (Abstand von der Erdoberfläche: r)
  $U - U_{Erdoberfläche} = m \cdot g \cdot R_e^2\,(1/R_e - 1/r)$
  $U - U_{Erdoberfläche} \approx m \cdot g \cdot h$
- **Potentielle Energie einer Feder:** $U = k \cdot (x^2/2)$
- **Kraftstoß:** $dI = \mathbf{F} \cdot dt$
- **Energie-Masse-Beziehung**: $E = m \cdot c^2$

Feder

- **Hookesches Gesetz:** $F = -k \cdot (x_1 - x_2)$
- **Charakteristische Federgleichung:** $d^2x/dt^2 = (-k/m) \cdot x$
- **Schwingungsdauer:** $T = 2 \cdot (\pi/\omega)$
- **Frequenz:** $f = 1/T$
- **Schwingungsdauer des einfachen Pendels** $T = 2 \cdot \pi \cdot (l/g)^{0{,}5}$

Relativistische Größen

- **Eigenzeit** (relative Zeitbestimmung): $\tau = T/\gamma$ mit $\gamma = (1 - v^2/c^2)^{-0{,}5}$
- **Lorentz-Kontraktion:** $L_{Bewegt} = L_{Ruhend}/\gamma$
- **Additionstheorem nach Einstein:** $u'_x = (u_x + v)/(1 + v \cdot u_x/c_2)$
- **Relativistischer Impuls:** $\mathbf{p} = m \cdot \gamma(u) \cdot \mathbf{u}$
- (relativistische) **Energieerhaltung:** $E = m \cdot \gamma(u) \cdot c^2$
- (relativistische) **Kinetische Energie:** $K = E - m \cdot c^2$
- **Relativistische Masse:** $M(u) = m \cdot \gamma(u)$

Physik

Thermodynamik

- **Zustandsgleichung eines idealen Gases:**
  $P \cdot V = k \cdot N \cdot T$
- **Erster Hauptsatz der Thermodynamik:**
  $\Delta Q = \Delta U + \Delta W$
- **Isotherme Expansion eines idealen Gases:**
  $\Delta Q = \Delta W = k \cdot N \cdot T \cdot \ln(V_2/V_1)$
- **Adiabatische Expansion eines idealen Gases:**
  $P_1 \cdot V_1^\gamma = P_2 \cdot V_2^\gamma$, mit $\gamma = C_p/C_v$
- **Carnot-Maschine (Wirkungsgrad):**
  $\varepsilon = 1 - (T_2/T_1) = \Delta W/\Delta Q$
- **Entropie** (thermodynamische Definition):
  $S = k \cdot \ln(p)$

Elektrizitätslehre

- **Coulomb-Gesetz:** $F = k_0 \cdot q_1 \cdot q_2/r^2$
- **Elektrische Feldstärke:** $\boldsymbol{E} = F/q$
- **Elektrische Feldstärke einer Punktladung:**
  $\boldsymbol{E} = k_0 \cdot (Q/r^2) \cdot \mathbf{r}_0$
- **Elektrischer Kraftfluss:** $d\boldsymbol{\Phi} = \boldsymbol{E} \cdot d\mathbf{A}$
- **Satz von Gauß:** $\oint E \cdot dA = 4 \cdot \pi \cdot k_0 \cdot Q_{in}$
- **Feldstärke** einer linearen Ladungsverteilung
  $E = (2 \cdot k_0 \cdot \lambda)/r$
- **Feldstärke** einer dünnen Platte: $E = 2 \cdot k_0 \cdot \lambda \cdot \sigma$
- **Energiedifferenz** im elektrischen Feld:
  $U = -q \cdot \int_\infty^r E \cdot ds$
- **Potentialdifferenz** im elektrischen Feld (**Spannung**):
  $V = -\int_\infty^r E \cdot ds$
- **Potentielle Energie von zwei Punktladungen**:
  $U = k_0 \cdot Q_1 \cdot Q_2/r$
- **Elektrisches Potential:** $V = U/q$
- **Energiedichte des elektrischen Feldes:**
  U / *Volumen* $= \boldsymbol{E}^2/(8 \cdot \pi \cdot k_0)$
- **Elektrische Stromstärke**: $I = Q/t$
- **Elektrische Leistung**: $P = V \cdot I$
- **Ohmsches Gesetz**: $R = V/I$
- **Elektromagnetische Kraft**: $\boldsymbol{F} = q \cdot \boldsymbol{E} + \boldsymbol{F}_{mag}$
- **Magnetische Kraft:** $\boldsymbol{F}_{mag} = q \cdot \mathbf{v} \cdot x \cdot \boldsymbol{B}$
- **Magnetisches Feld (Amperesches Gesetz)**:
  $\oint \boldsymbol{B} \cdot ds = 4 \cdot \pi \cdot k_0 \cdot I/c^2$
- **Biot-Savartsches Gesetz**: $d\boldsymbol{B} = (k_0/c^2)\boldsymbol{I}((d\boldsymbol{l} \times \boldsymbol{r}_0)/\boldsymbol{r}^2)$
- **Faradaysches Induktionsgesetz:** $EMK = B \cdot A \cdot \omega \cdot \sin(\omega \cdot t)$
  $\oint \mathbf{E} \cdot \mathbf{ds} = -d\phi_B / dt$
- **Selbstinduktion (Induktivität (einer Spule)):** $L = N\,\phi/I$
- **Selbstinduzierte Gegenspannung**: $EMK = -L\,(dI/dt)$
- **Energiedichte e. Magnetfeldes**: U/Volumen $= c^2 \cdot \boldsymbol{B}^2 / (8 \cdot \pi \cdot k_0)$
- **Induktiver Widerstand:** $X_L = \omega \cdot L$
- **Kapazitiver Widerstand:** $X_C = 1/(\omega \cdot C)$
- **Kreisfrequenz:** $\omega = 2 \cdot \pi \cdot f$

Kernphysikalische und atomare Daten

Teilchengruppe	Bezeichnung	Ladung (in e-Ladung)	Ruhemasse (Bezug: e-Ruhemasse)	Spin
Baryonen	Neutron	0	1838	1/2
	Proton	+ 1	1836	1/2
	Λ-Hyperon	0	2182	1/2
	Σ-Hyperonen	+ 1, 0, - 1	2324 – 2341	halbzahlig
	Ξ-Hyperonen	+ 1, 0, - 1	2586	halbzahlig
Leptonen	Elektron (e)	-1	1	1/2
	Neutrino	0	??? (< 0,0005)	1/2
Mesonen	μ - Mesonen (μ^+, μ^-)	+ 1, - 1	207	1/2
	π - Mesonen (π, π^0, π^-)	+ 1, 0, - 1	264 – 273	0
	K - Mesonen (K^+, K^0, M^-)	+ 1, 0, - 1	965 – 966	0
Nullgruppe	Photon	0	0	1

Bosonen: Teilchen mit ganzzahligen Spin-Werten: Photonen
Fermionen: Teilchen mit halbzahligen Spin-Werten: Proton, Neutron, Elektron

Elementarteilchendaten

- Quarks treten niemals isoliert auf.
- Aktuell wird nach den sogenannten Pentaquarks gesucht.
- Mesonen: Zwei Quarks sind verbunden.
- Baryonen: drei Quarks sind verbunden.

- 12 elementare Partikel (6 Quarks und 6 Leptonen) bilden die Grundbausteine der Materie.
- <u>Gruppe A: 6 Quarks</u>
  - „Banale" Quarks:
    up (u; hoch – Masse 0,004 GeV)
    down (d; runter – Masse: 0,007 GeV)
    top (t; oben – Masse: 174 GeV)
    bottom (b; unten – Masse: 4,7 GeV)
  - „Poetische" Quarks:
    charm (c; charm – Masse: 1,5 GeV)
    strange (s; Fremdheit – Masse: 0,15 GeV)
- <u>Gruppe B: 6 Leptonen</u>
  - Elektron (e' – Masse: 0,0005 GeV)
  - Myon (μ – Masse: 0,1 GeV)
  - Tau (τ – Masse: 1,8 GeV)
- <u>Neutrinos:</u>
  - Elektron-Neutrino (Ny-e'; Masse: ???)
  - Myon-Neutrino (Ny-μ (Ny-My); Masse: ???)
  - Tau-Neutrino (Ny-τ (Ny-Tau); Masse: ???)
- Zu jedem Teilchen (Leptonen und Quarks) existiert noch ein **Antiteilchen** (Antimaterie)

Physik

Sonnensystem

Körper	Durchmesser in km	Gesamtmasse in kg
Sonne (Stern)	1.392.000	$1{,}989 \cdot 10^{30}$
Merkur	4.876	$0{,}34 \cdot 10^{24}$
Venus	12.112	$4{,}87 \cdot 10^{24}$
Erde	12.756	$5{,}97 \cdot 10^{24}$
Mars	6.788	$0{,}64 \cdot 10^{24}$
Jupiter	143.650	$1.900 \cdot 10^{24}$
Saturn	120.670	$569 \cdot 10^{24}$
Uranus	51.200	$87 \cdot 10^{24}$
Neptun	49.600	$103 \cdot 10^{24}$

Masse der Sonne in Erdmassen: 333.000
Gesamtmasse der Planeten im Sonnensystem in Erdmassen: 447
Abstand der Erde zur Sonne: $149{,}6 \cdot 10^6$ km = 149.600.000 km (entspricht 1 AE)

Modellbildung

Grunddaten	Bezugsdaten	Modelldaten
Durchmesser Erde	$\varnothing_{Erde} \approx$ 12.700 km	$\approx$ 0,01 m
Durchmesser Sonne	$\varnothing_{Sonne} \approx$ 1.400.000 km	$\approx$ 1 m
Abstand Sonne-Erde	$\Delta_{Sonne\text{-}Erde} \approx$ 150.000.000 km	$\approx$ 100 m

Strahlung

Schwarzkörperstrahlung nach Planck (Schwarzkörperleistung ($P_\nu(T)$)): $P_\nu(T) = \frac{2\,h\,\nu^3}{c^2} \cdot \frac{1}{exp((h \cdot \nu)(k \cdot T)) - 1}$

Näherungen nach **Wien**: $P_\nu(T) = \frac{2\,h\,\nu^3}{c^2} \cdot \frac{1}{exp((h \cdot \nu)(k \cdot T))}$

Näherungen nach **Rayleigh-Jeans**: $P_\nu(T) = \frac{\nu^2}{c^2} \cdot 2\,k\,T$

Stefan-Boltzmann-Gesetz: $\int_0^\infty P_\nu(T) \cdot d\nu = P_S = \sigma \cdot T^4$

Bewegungsgleichungen nach Kepler

(M_S: Sonnenmasse; M_E: Erdmasse)

$$M_S + M_E = \frac{4 \cdot \pi^2}{G} \cdot \frac{a^3}{T^2} \rightarrow M_S \cong \frac{4 \cdot \pi^2}{G} \cdot \frac{a^3}{T^2} \cong \frac{4 \cdot \pi^2}{G} \cdot \frac{r^3}{T^2}$$

Weiterhin gilt: $m \cdot g = G \cdot \frac{m \cdot M}{R^2} \rightarrow g = G \cdot \frac{M}{R^2}$

Schwingungen / Oszillator

Harmonischer Oszillator (reibungsfrei)

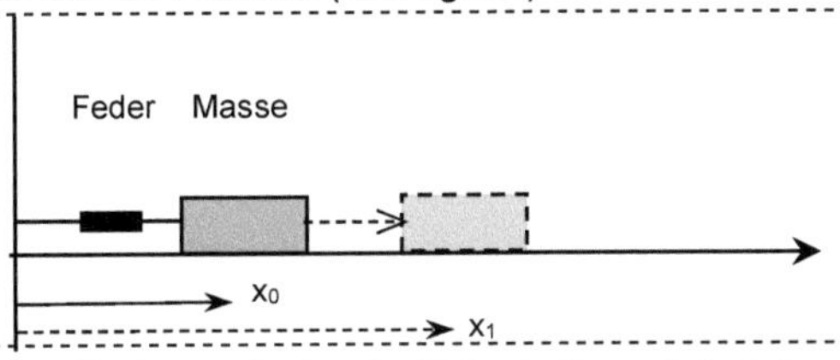

Rückstellkraft (der Feder) $\mathbf{F} = - k \cdot x \cdot \mathbf{e}_x$

Es gilt (Energiesatz): $0{,}5 \cdot m \cdot v^2 + V(x) = E_K$ (konstante Energie)
$\rightarrow V(X) = - \int F \cdot dr = - \int (- kx; 0; 0) \cdot (dx, dy, dz)$
$= \int k \cdot x \cdot dx = 0{,}5 \cdot k \cdot x^2$
Somit folgt: $0{,}5 \cdot m \cdot v^2 + 0{,}5 \cdot k \cdot x^2 = E_K$
Lösung für x: $x(t) = A \cdot \cos\ \omega \cdot t - \varphi)$
mit $\omega^2 = k/m$; A: Amplitude

Gedämpfter harmonischer Oszillator (reibungsbehaftet: Luftwiderstand)

Rückstellkraft (der Feder) $\mathbf{F} = - k \cdot x \cdot \mathbf{e}_x$
Reibungskraft $\mathbf{F}_R = - \beta \cdot v \cdot \mathbf{e}_x$
$m \cdot a = m \cdot dv/dt = m \cdot d^2x/dt^2 = - k \cdot x - \beta \cdot v$
Mit den Ableitung von x ergibt sich: $m \cdot \ddot{x} + \beta \cdot \dot{x} + k \cdot x = 0$ Lösungsansatz: $x(t) = \exp(\lambda \cdot t)$

Dies führt zur Gleichung:
$\lambda^2 \cdot \exp(\lambda \cdot t) + 2 \cdot \gamma \cdot \lambda \cdot \exp(\lambda \cdot t) + \omega^2 \cdot \exp(\lambda \cdot t) = 0$
$\exp(\lambda \cdot t) \cdot (\lambda^2 + 2 \cdot \gamma \cdot \lambda + \omega^2) = 0$
(Abkürzungen: $2 \cdot \gamma = \beta/m$ und $\omega^2 = k/m$)

Dies ergibt die charakteristische Gleichung: $\lambda^2 + 2 \cdot \gamma \cdot \lambda + \omega^2 = 0$
Lösungswerte: $\lambda_{1,2} = - \gamma \pm (\gamma^2 - \omega^2)^{0,5}$

Ergebnisse
$x_1(t) = \exp(\lambda_1 \cdot t) = \exp(- \gamma \cdot t) \cdot \exp((\gamma^2 - \omega^2)^{0,5} \cdot t)$;
$x_2(t) = \exp(\lambda_2 \cdot t) = \exp(- \gamma \cdot t) \cdot \exp(- (\gamma^2 - \omega^2)^{0,5} \cdot t)$;
$x(t) = A \cdot x_1(t) + B \cdot x_2(t)$

Lösungsanalyse
(1) $\gamma^2 < \omega^2$: die Wurzel führt zu imaginären Lösungswerten.
(2) $\gamma^2 = \omega^2$: die Lösung wird nur von γ bestimmt.
(3) $\gamma^2 > \omega^2$: die Lösungen sind alle reell.

Zu (3) – **überdämpftes System** –

In diesem Fall mit $\omega^2 < \gamma^2$:
$x_1(t) = \exp(- \gamma \cdot t) \cdot\ A \cdot (\gamma^2 - \omega^2)^{0,5} \cdot t\ +\ B \cdot (\gamma^2 - \omega^2)^{0,5} \cdot t)$

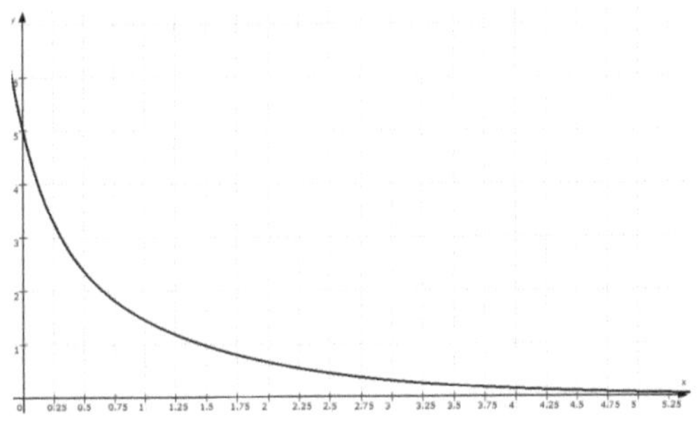

$x(t) = \exp(- 3 \cdot t) \cdot (3 \cdot \exp((5)^{0,5} \cdot t) + 2 \cdot \exp(- (5)^{0,5} \cdot t))$
(also: A = 3; B = 2; $(\gamma^2 - \omega^2)^{0,5} = (3^2 - 2^2)^{0,5} = (5)^{0,5}$; $\gamma = 3$)

Zu (1) – **schwache Dämpfung** –

$x(t) = \exp(- \gamma t) \cdot (A\exp(i \cdot (\omega^2 - \gamma^2)^{0,5} \cdot t) + B \exp(- i \cdot (\omega^2 - \gamma^2)^{0,5} \cdot t))$
$x(t) = \exp(- \gamma t) \cdot (A\exp(i\ \Omega t) + B\exp(- i\Omega t))$ mit $\Omega := (\omega^2 - \gamma^2)^{0,5}$
$x(t) = \exp(\gamma t) \cdot (A(\cos(\Omega t) + i \cdot \sin(\Omega\ t)) + B(\cos(\Omega t) - i \cdot \sin(\Omega \cdot t)))$
$x(t) = \exp(- \gamma \cdot t) \cdot ((A + B) \cdot \cos(\Omega \cdot t) +\ i \cdot (A - B) \cdot \sin(\Omega \cdot t))$
$x(t) = \exp(- \gamma \cdot t) \cdot (A^* \cdot \cos(\Omega t) + i \cdot B^* \cdot \sin(\Omega t))$
mit $A^* = A + B$ und $B^* = A - B$
Mit $D = (A^{*2} + B^{*2})^{0,5}$ und $\tan(\varphi) = B^*/A^*$ folgt:
$x(t) = D \cdot \exp(- \gamma \cdot t) \cdot \cos(\Omega \cdot t - \varphi)$

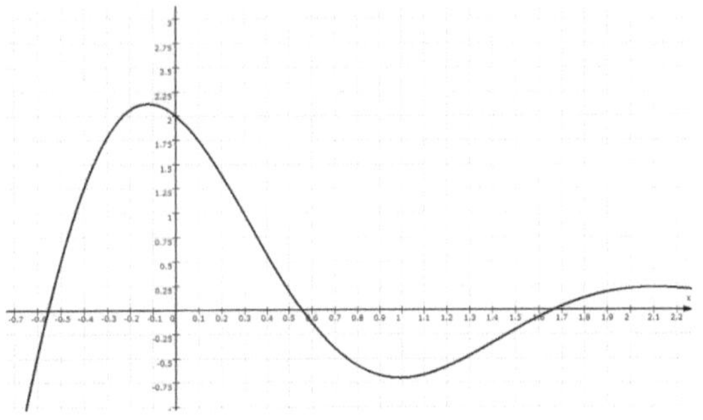

Verlauf für: $x(t) = 2 \cdot \exp(- t) \cdot \cos(8^{0,5} \cdot t)$
(also: $A^* = 2 = D$; $B^* = 0$; $\tan(\varphi) = 0$; $\varphi = 0$; $\Omega = 8^{0,5}$; $\omega = 3$; $\gamma = 1$

Zu (2) – **aperiodischer Grenzfall** –

In diesem Fall gilt: $\omega^2 = \gamma^2$ und somit: $\Omega := (\omega^2 - \gamma^2)^{0,5} = 0$

Zwei Lösungen existieren:
$x_1(t) = \exp(- \gamma \cdot t)$ und $x_2(t) = t \cdot \exp(- \gamma \cdot t)$
Allgemein gilt: $x(t) = (A + B \cdot t) \cdot \exp(- \gamma \cdot t)$

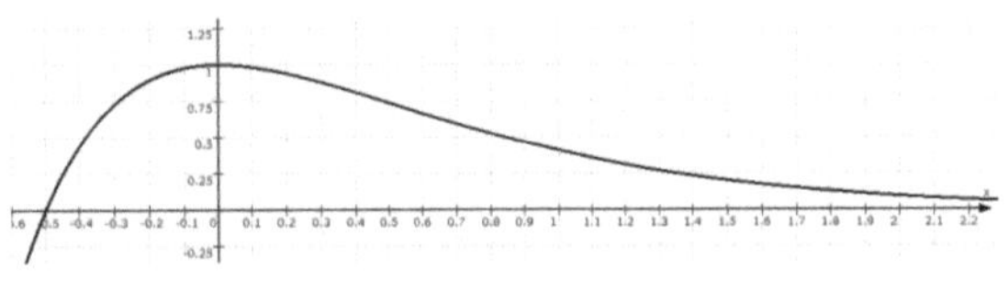

Verlauf für: $x(t) = (1 + 2 \cdot t) \cdot \exp(- 2 \cdot t)$

Elektrische Bauelemente

Ohmsches Gesetz

U – Spannung (Spannungsabfall) in Volt (V)
I – Stromstärke in Ampere (A)
R – (ohmscher) Widerstand in Ohm (Ω)
Bei einem ohmschen Widerstand liegt die Phasengleichheit von Spannung und Strom vor.

$U = R \cdot I$	$R = U/I$	$I = U/R$

Bauelemente

Ohmscher Widerstand: R

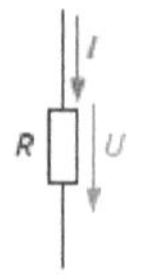

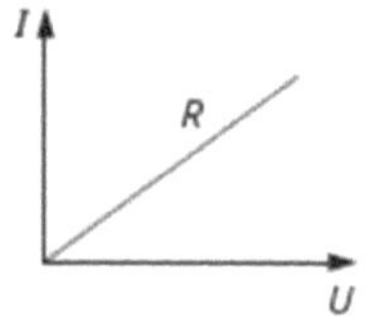

Widerstand; R
Leitwert: G = 1/R

Einheit: [R] = Ohm = Ω
Impedanz Z(s) = R
Admittanz Y(s) = 1/R = G

Zeitfunktionen
$u(t) = R \cdot i(t)$; $i(t) = G \cdot u(t)$

Komplexe Beziehungen / Berechnung
Z(s) = R
Y(s) = G

Energie des Bauelements
$w(t) = \int_{-\infty}^{t} R \cdot i^2(\tau) \cdot d\tau$

Wärmeenergie

Induktivität (Spule): L

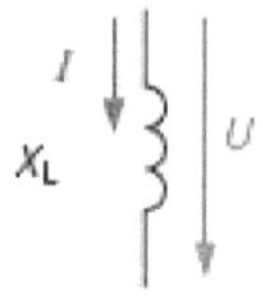

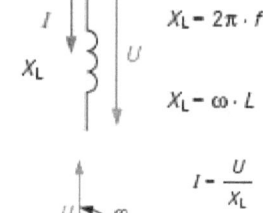

$X_L = 2\pi \cdot f \cdot L$

$X_L = \omega \cdot L$

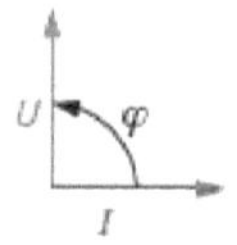

$I = \frac{U}{X_L}$

$\varphi = 90°$
(induktiv)

Induktivität: L

Einheit: [L] = Vs/A = Henry = H

Zeitfunktionen
$u(t) = L \cdot di(t)/dt$;
$i(t) = (1/L) \cdot \int_{-\infty}^{t} u(\tau) \cdot d\tau$

Komplexe Beziehungen / Berechnung
Impedanz Z(s) = sL
Admittanz Y(s) = 1/sL

Energie des Bauelements
$w_m(t) = ½ \cdot Li^2(t)$

Magnetfeldenergie

Kapazität (Kondensator): C

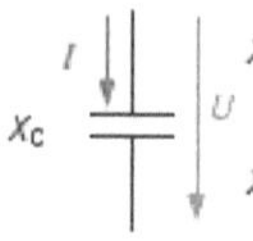

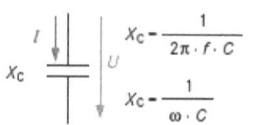

$X_C = \frac{1}{2\pi \cdot f \cdot C}$

$X_C = \frac{1}{\omega \cdot C}$

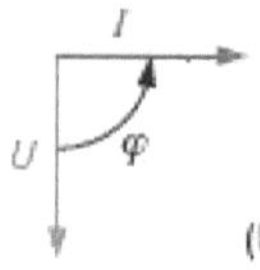

$I = \frac{U}{X_C}$

$\varphi = 90°$
(kapazitiv)

Kapazität: C

Einheit: [C] = As/V = Farad = F

Zeitfunktionen
$u(t) = (1/C) \cdot \int_{-\infty}^{t} i(\tau) \cdot d\tau$
$i(t) = C \cdot du(t)/dt$

Komplexe Beziehungen / Berechnung
Z(s) = 1/sC;
Y(s) = sC

Energie des Bauelements
$w_e(t) = ½ \cdot Cu^2(\tau)$

Elektrische Feldenergie

R-Reihenschaltung	**L-Reihenschaltung**	**C-Reihenschaltung**
Die Widerstandwerte werden addiert:	Die Induktivitäten werden addiert:	1/C = Werte werden addiert.
$R_{ges} = R_1 + R_2 + \ldots$	$L_{ges} = L_1 + L_2 + \ldots$	$1/C_{ges} = 1/C_1 + 1/C_2 + \ldots$
R-Parallelschaltung	**L-Parallelschaltung**	**C-Parallelschaltung**
Die Leitwerte (G = 1/R) werden addiert:	1/L – Werte werden addiert:	Die Kapazitäten (C) werden addiert:
$G_{ges} = G_1 + G_2 + \ldots =$ $= 1/R_{ges} = 1/R_1 + 1/R_2 + \ldots$	$1/L_{ges} = 1/L_1 + 1/L_2 + \ldots$	$C_{ges} = C_1 + C_2 + \ldots$

Elektrische Schaltungen

Grundschaltungen

- **Reihenschaltung**

$R_{ges} = R_1 + R_2 + \dots R_n$;
$I = I_1 = I_2 = \dots = I_n = I_{ges}$
→ I ist für alle R gleich groß

$U_1/U_2 = R_1/R_2$ etc.

- **Parallelschaltung** ($G = 1/R$)

$G_{ges} = G_1 + G_2 + \dots G_n$
$U = U_1 = U_2 = \dots = U_n = U_{ges}$
→ U ist für alle R gleich groß

Reihenschaltung

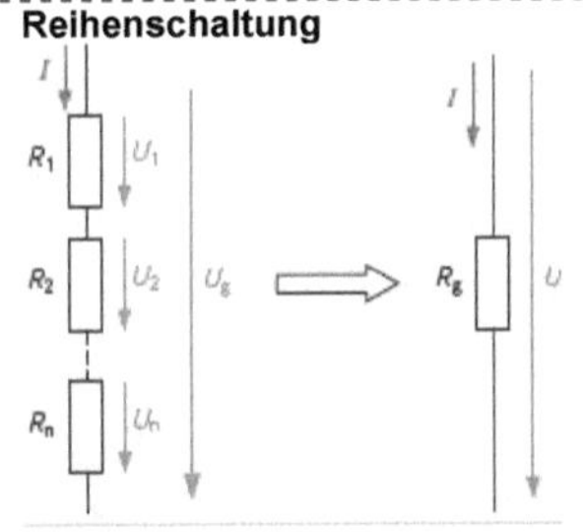

$U_g = U_1 + U_2 + \dots + U_n$

Parallelschaltung

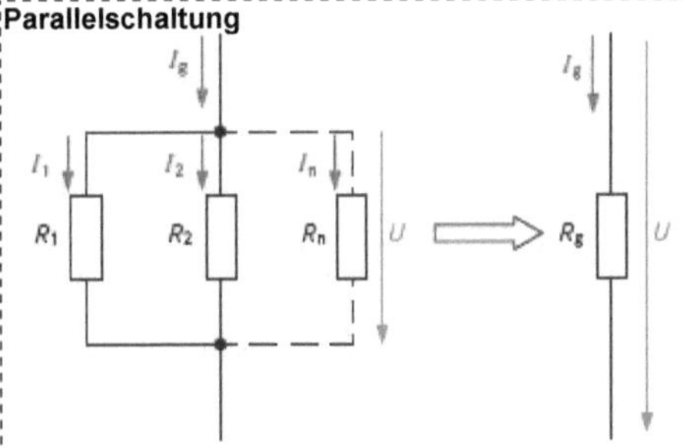

Spannungsteiler

unbelastet

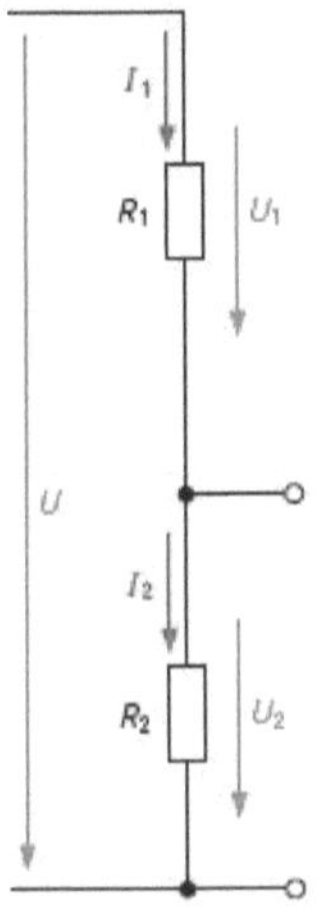

$$\frac{U_2}{U} = \frac{R_2}{R_1 + R_2}$$

belastet

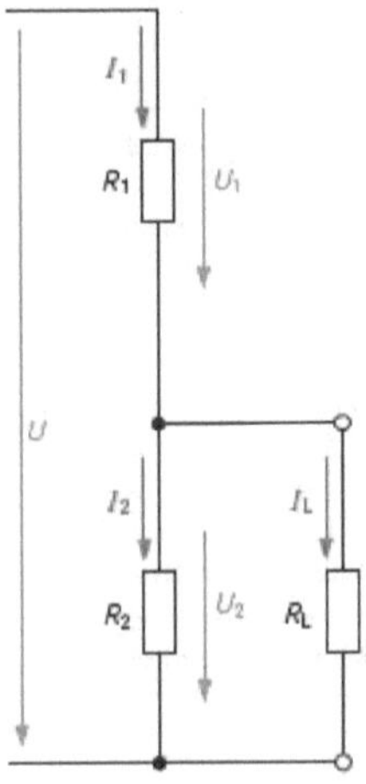

$$\frac{U_2}{U} = \frac{R_2 \cdot R_L}{R_1\,(R_2 + R_L) + R_2 \cdot R_L}$$

- **Leistungswert an R_L**

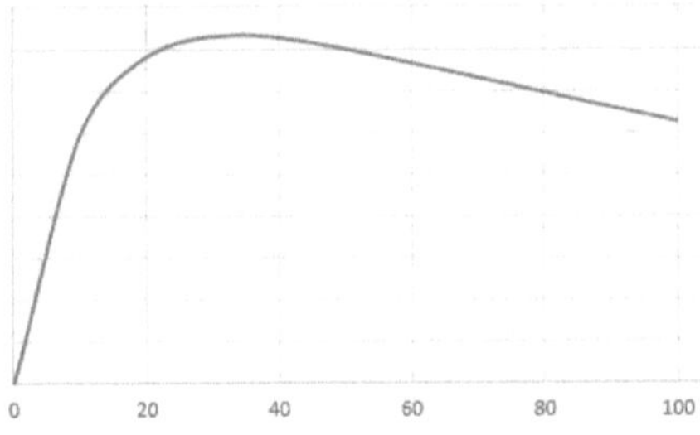

Schwingkreise

- **Reihenschwingkreis:**
  I ist konstant für alle Elemente. Insofern wird I als Bezugsgröße (im Zeigerbild) genommen
- **Parallelschwingkreis:**
  U ist konstant für alle Elemente. Insofern wird U als Bezugsgröße (im Zeigerbild) genommen

Reihenschwingkreis

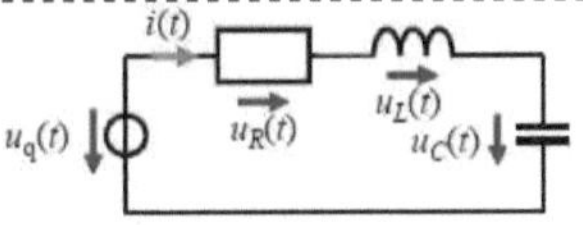

- **Kirchhoffsche Maschenregel**
  $u_q(t) = u_R(t) + u_L(t) + u_C(t)$
- **Exponentialansatz** (mit $s = \sigma + j \cdot \omega$)
  $u_q(t) = \mathrm{Re}\{U_q \cdot \exp(s \cdot t)\}$; $i_q(t) = \mathrm{Re}\{I_q \cdot \exp(s \cdot t)\}$
- **Algebraischer Ansatz**: $U_q = (R + sL + 1/(sC))\, I$
- **Übertragungsfaktor**: $I/U_q = sC/(s^2\, L\, C + s\, R\, C + 1)$

Parallelschwingkreis

- **Knotenregel**
  $i_q(t) = i_R(t) + i_L(t) + i_C(t)$
- **Exponentialansatz** (mit $s = \sigma + j \cdot \omega$)
  $u_q(t) = \mathrm{Re}\{U_q \cdot \exp(s \cdot t)\}$; $i_q(t) = \mathrm{Re}\{I_q \cdot \exp(s \cdot t)\}$

Grundgleichungen beim Spannungsteiler

Grundgleichungen ($R_v = R_1$; $R_q = R_2$)
1. $R_{ers} = R_q \,||\, R_L = R_q \cdot R_L/(R_q + R_L)$
2. $I_{ges} = U_{ges}/(R_V + R_{ers})$
3. $U_L = U_{ges} - I_{ges} \cdot R_v$
4. $P_L = U_L^2/R_L$

Leistungwert an R_L:
R_L(max) bei
$R_L = \frac{R_v \cdot R_q}{R_v + R_q}$

Lineares Zeitsystem

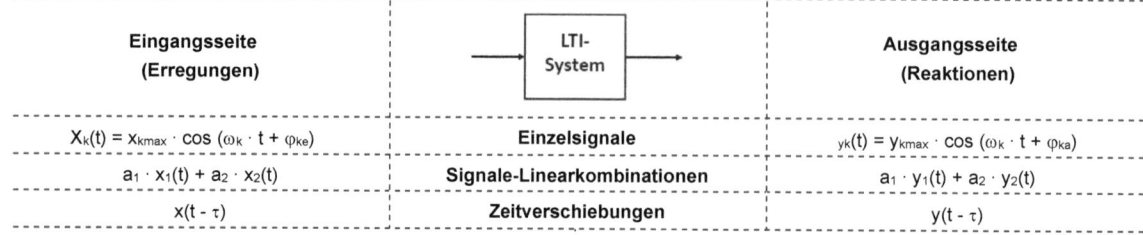

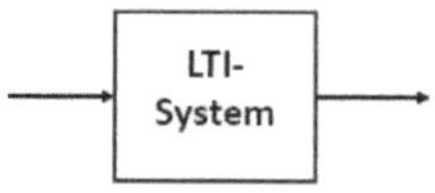

Eingangsseite (Erregungen)		Ausgangsseite (Reaktionen)
$X_k(t) = x_{kmax} \cdot \cos(\omega_k \cdot t + \varphi_{Ke})$	**Einzelsignale**	$y_k(t) = y_{kmax} \cdot \cos(\omega_k \cdot t + \varphi_{Ka})$
$a_1 \cdot x_1(t) + a_2 \cdot x_2(t)$	**Signale-Linearkombinationen**	$a_1 \cdot y_1(t) + a_2 \cdot y_2(t)$
$x(t - \tau)$	**Zeitverschiebungen**	$y(t - \tau)$

Systemdaten - Grundgleichungen

Eingang: I_1, U_1, P_1
Ausgang: I_2, U_2, P_2

Stromdämpfungsfaktor: $D_I = I_1/I_2$
Spannungsdämpfungsfaktor: $D_U = U_1/U_2$
Stromdämpfungsfaktor: $D_P = P_1/P_2$

Leistungsdämpfungsmaß
$a_P = \lg(P_1/P_2)$ B; B: Bel
$a_P = 10 \cdot \lg(U_1/U_2)$ dB; dB: dezi Bel

Spannungsdämpfungsmaß
$a_u = 20 \cdot \lg(U_1/U_2)$ dB

Stromdämpfungsmaß
$a_i = 20 \cdot \lg(I_1/I_2)$ dB

Signaldaten

- **Äquivalente Impulsdauer (Δt)**
  $\Delta t = \frac{1}{\hat{x}} \cdot \int_{-\infty}^{\infty} x(t) \cdot dt$ (Amplitudenmaximum von x(t): $\hat{x}$)
- **Mittlere Leistung**
  $S_x = \lim_{T \to \infty} \frac{1}{T} \int_{-T/2}^{T/2} |x(t)|^2 \cdot dt$
- **Leistung:** $P = R \cdot \lim_{T\to\infty} \frac{1}{T} \int_{-T/2}^{T/2} i^2(t) \cdot dt$
- **Effektivwert:** $x_{eff} = (S_x)^{0,5}$
- **Energie:** $E_x = \int_{-\infty}^{\infty} |x(t)|^2 \cdot dt$
- **Energie**: $E = R \cdot \int_{-\infty}^{+\infty} i^2(t) \cdot dt$
- **Impulsfläche des Signals:** $F_x = \int_{-\infty}^{\infty} x(t) \cdot dt = \hat{x} \cdot \Delta t$
- **Reziprozitätsgesetz:** $\Delta f \cdot \Delta t = 1$

Netzwerkanalysen

Netzwerkanalyse

- Allgemein gilt für ein Netzwerk
  - Anzahl der Knotenpunkte: K
  - Zahl der Zweige: Z
  - Zahl der selbstständigen Zweige: Z – K + 1
  - Zahl der selbstständigen Maschen: Z – K + 1
  - Zahl der gemeinsamen Zweige:
    Z – (Z – K + 1) = K – 1
  - Zahl der gemeinsamen Ströme: K – 1
  - Zahl der unabhängigen Knotenspannungen: K – 1
- Für ein Netzwerk mit K Knoten und Z Zweigen gilt:
  - Es existieren K -1 unabhängige Knotengleichungen
  - Es existieren Z – (K – 1) = Z – K + 1 unabhängige Maschengleichungen
- Für Strom- und Spannungsquellen müssen Ersatzschaltungen bestimmt werden:
  - Eine Spannungsquelle wird durch einen Kurzschluss ersetzt ($R_i = 0$)
  - Eine Stromquelle wird durch einen Leerlauf ersetzt ($R_i = \infty$)

Auswahlregeln

- Allgemeine Regel
  - Maschenstromverfahren wird bevorzugt, wenn gilt:
    (K – 1) > (Z – K + 1)
  - Knotenpotentialverfahren wird bevorzugt, wenn gilt:
    (K – 1) < (Z – K + 1)
- Zum Maschenverfahren:
  Spannungsquellen <u>nur</u> in den Maschenzweigen
- Zum Knotenpotentialverfahren:
  Stromquellen <u>nur</u> in den Baumzweigen

Maschenstromverfahren

- Wahl von geeigneten Maschen: Es müssen Z – (K + 1) unabhängige Maschenströme bestimmt werden.
- Bestimmung der Beziehungen zwischen Maschen- und Zweigströmen im Netzwerk: Hierzu ist die Knotenregel von Kirchhoff zu beachten ($\sum I_n = 0$).
- Die Maschenregel von Kirchhoff ist zu beachten ($\sum U_n = 0$)
- Verknüpfung der Zweigspannungen und Zweigströme durch das Ohmsche Gesetz.
- Kombination der verschiedenen Gleichungen und Auflösung der entsprechenden linearen Gleichungssysteme.
- In den Maschen dürfen nur Spannungsquellen auftreten. Die Stromquellen müssen in Ersatzspannungsquellen umgerechnet werden.
- Bestimmungsgleichung für das Maschenstromverfahren:
  $[U_0] = [W_M]\,[I_M]$
- $[U_0]$: Vektor zur Erfassung Quellen und Ersatzquellen in den einzelnen Maschen. Bei gleicher Ausrichtung der Maschenströme und der Richtung der Spannungsquellen werden die Spannungen mit einem negativen Vorzeichen aufgeführt. Ansonsten (bei ungleichen Richtungen) positiv.
- $[W_M]$: Maschenwiderstandsmatrix
- $[I_M]$: Vektor der ausgewählten Maschenströmen
- Zur Bestimmung von $[W_M]$:
  - In der Hauptdiagonalen erscheint die Summe der zur Masche (i) gehörenden Widerstände mit einem positiven Vorzeichen ($+ \sum R_i$) in der i-ten Zeile an der Position der i-ten Spalte
  - Angaben in der i-ten Zeile und j-ten Spalte ($i \neq j$)
  Aufführung der Summe der Widerstände die zugleich zur i-ten und j-ten Masche gehören. Das Vorzeichen ist jeweils negativ.

Vektoranalysis

Grundlagen

- **Allgemein: a**: Vektor (**f**ette Buchstaben stehen für Vektoren)
  $\mathbf{a} = a_1\mathbf{e}_1 + a_2\mathbf{e}_2 + a_3\mathbf{e}_3 = (a_1, a_2, a_3)$
  In kartesischen Koordinaten gilt:
  $\mathbf{a} = a_x\mathbf{e}_x + a_y\mathbf{e}_y + a_z\mathbf{e}_z = (a_x, a_y, a_z)$
- **Länge** eines Vektors: $|\mathbf{a}| = a = (a_1^2, a_2^2, a_3^2)^{0,5}$
- $r = |\mathbf{r}| = (x^2 + y^2 + z^2)^{0,5}$
- **Einheitsvektor ($\mathbf{e}_i$)**: Vektor in Richtung von a mit der Länge 1
  $\mathbf{a}_0 = \mathbf{a}/|\mathbf{a}|$
- **Inneres Produkt (Skalarprodukt)**
  $\mathbf{a} \cdot \mathbf{b} = |\mathbf{a}| \cdot |\mathbf{b}| \cdot \cos(\angle\mathbf{a}, \mathbf{b})$
  $\mathbf{a} \cdot \mathbf{b} = a_1b_1 + a_2b_2 + a_3b_3$
  $\mathbf{a} \cdot \mathbf{b} = a_xb_x + a_yb_y + a_zb_z$
- **Äußeres Produkt (Vektorprodukt; Kreuzprodukt)**
  $\mathbf{a} \times \mathbf{b}| = |\mathbf{a}| \cdot |\mathbf{b}| \cdot \sin(\angle\mathbf{a}, \mathbf{b})$
  $\mathbf{a} \times \mathbf{b} = \begin{vmatrix} \boldsymbol{e_1} & \boldsymbol{e_2} & \boldsymbol{e_3} \\ \boldsymbol{a_1} & \boldsymbol{a_2} & \boldsymbol{a_3} \\ \boldsymbol{b_1} & \boldsymbol{b_2} & \boldsymbol{b_3} \end{vmatrix}$
  $\mathbf{a} \times \mathbf{b} = -\,\mathbf{b} \times \mathbf{a}$
- **Spatprodukt**
  $(\mathbf{a} \times \mathbf{b}) \cdot \mathbf{c} = \begin{vmatrix} c_1 & c_2 & c_3 \\ a_1 & a_2 & a_3 \\ b_1 & b_2 & b_3 \end{vmatrix}$
  $(\mathbf{a} \times \mathbf{b}) \cdot \mathbf{c} = (\mathbf{b} \times \mathbf{c}) \cdot \mathbf{a} = (\mathbf{c} \times \mathbf{a}) \cdot \mathbf{b}$
  $-(\mathbf{a} \times \mathbf{b}) \cdot \mathbf{c} = (\mathbf{b} \times \mathbf{a}) \cdot \mathbf{c} = (\mathbf{c} \times \mathbf{b}) \cdot \mathbf{a} = (\mathbf{a} \times \mathbf{c}) \cdot \mathbf{b}$
- **Doppeltes Kreuzprodukt:** $\mathbf{a} \times (\mathbf{b} \times \mathbf{c}) = (\mathbf{a} \cdot \mathbf{c})\,\mathbf{b} - (\mathbf{a} \cdot \mathbf{b})\,\mathbf{c}$

Gradient

grad
φ (r): skalare Funktion, skalares Feld
$d\varphi = \text{grad}\varphi\, dr$
Mit kartesischen Koordinaten:
$\text{grad}\varphi = (\partial\varphi/\partial x_1) \cdot \mathbf{e}_x + (\partial\varphi/\partial x_2) \cdot \mathbf{e}_y + (\partial\varphi/\partial x_3) \cdot \mathbf{e}_z$
$\text{grad}\,\varphi = (\partial\varphi/\partial x_1, \partial\varphi/\partial x_2, \partial\varphi/\partial x_3)$

Divergenz

$\text{div}\mathbf{a}(\mathbf{r}) = \lim_{\Delta V \to 0} \frac{1}{\Delta V} \oiint_{F(\Delta V)} \vec{a}(\vec{r}) \cdot d\vec{f}$
$\text{div} = \lim_{G \to \chi_0} \left(\int_{\partial G} \nu \cdot do / \int_G do\right)$
Mit $\mathbf{a} = (a_x, a_y, a_z)$ folgt: $\text{div}\mathbf{a} = \partial A_x/\partial x + \partial A_y/\partial y + \partial A_z/\partial z$

Rotation

$\mathbf{n} \cdot \text{rot}(\mathbf{A}(\mathbf{r})) = \lim_{\Delta F \to 0} \frac{1}{\Delta F} \oint_{C(\Delta F)} A(r) \cdot ds$
$\text{rot}\boldsymbol{\upsilon} = (\partial/\partial x, \partial/\partial y, \partial/\partial z) \times (U, V, W)$
$\text{rot}\boldsymbol{\upsilon} = \det \begin{vmatrix} e_1 & e_2 & e_3 \\ \frac{\partial}{\partial x} & \frac{\partial}{\partial y} & \frac{\partial}{\partial z} \\ U & V & W \end{vmatrix}$

Nabla (∇) - Beschreibungen

- ∇: Nabla-Operator (andere Bezeichnung: „Del")
- $\nabla = (\partial/\partial x, \partial/\partial y, \partial/\partial z)$
- Δ: Delta-Operator (andere Bezeichnung: „Laplace-Operator")
- $\nabla^2 = \Delta = (\partial^2/\partial x^2, \partial^2/\partial y^2, \partial^2/\partial z)$ folgt:
- GRADIENT: ∇F = GRAD F
- Divergenz: $\nabla \cdot \boldsymbol{\upsilon} = \text{div}\,\boldsymbol{\upsilon}$
- Rotation: $\nabla \times \boldsymbol{\upsilon} = \text{rot}\,\boldsymbol{\upsilon}$

Regeln

- $dr = d((\mathbf{r} \cdot \mathbf{r})^{0,5}) = (\text{grad } r) \cdot \mathbf{dr}$
- $\text{grad } r = \mathbf{r}/|\mathbf{r}| = \mathbf{r}/r = \mathbf{e}_r$
- $\text{grad}(1/r) = -\mathbf{r}/(r^3) = (-1/r^2)\,\mathbf{e}_r$
- $\text{grad}(\ln(r)) = \mathbf{r}/r^2 = (1/r)\,\mathbf{e}_r$
- $\text{grad}(c\psi) = c \cdot \text{grad}\psi$
- $\text{grad}(\varphi + \psi) = \text{grad}\varphi + \text{grad}\psi$
- $\text{grad}(\varphi \cdot \psi) = \varphi \cdot \text{grad}\psi + \psi \cdot \text{grad}\varphi$
- $\text{grad}(\mathbf{A} \cdot \mathbf{B}) = \nabla(\mathbf{A} \cdot \mathbf{B})$
- $(\mathbf{A} \cdot \text{grad})\,\mathbf{B} = (\mathbf{A} \cdot \text{grad } B_x)\,\mathbf{e}_x + (\mathbf{A} \cdot \text{grad } B_y)\,\mathbf{e}_y + (\mathbf{A} \cdot \text{grad } B_z)\,\mathbf{e}_z$
- $(\mathbf{A}\,\text{grad})\mathbf{r} = \mathbf{A}$
- $\text{grad}(\mathbf{A} \cdot \mathbf{B}) = (\mathbf{A}\,\text{grad})\mathbf{B} + (\mathbf{B}\,\text{grad})\mathbf{A} + \mathbf{A} \times \text{rot}\mathbf{B} + \mathbf{B} \times \text{rot}\mathbf{A}$
- $\text{div}(\mathbf{a}) = 0$, für $\mathbf{a}$ = konstant
- $\text{div}(\varphi\mathbf{a}) = \varphi\,\text{div}\mathbf{a} + \mathbf{a} \cdot \text{div}\varphi$
- $\text{div}\mathbf{r} = 3$
- $\text{div}\mathbf{e}_r = 2/r$
- $\text{div}(\mathbf{a} + \mathbf{b}) = \text{div}\mathbf{a} + \text{div}\mathbf{b}$
- $\text{div}(\alpha\mathbf{a}) = \alpha \cdot \text{div}a$ mit α als konstanter Größe
- $\text{div}(\varphi\mathbf{a}) = \varphi \cdot \text{div}\mathbf{a} + \mathbf{a} \cdot \text{grad}\varphi$ mit φ als Funktion
- $\text{div grad}(u) = \nabla \cdot \nabla u = \nabla^2 u = \Delta u$
- Laplace-Operator: $\Delta = \nabla^2 = \nabla \cdot \nabla = \text{div grad}$
- $\text{div}(\text{rot}\mathbf{A}) = \nabla \cdot (\nabla \times \mathbf{A}) = 0$
- $\text{div}(\mathbf{A} \times \mathbf{B}) = \nabla \cdot (\mathbf{A} \times \mathbf{B}) = \mathbf{B} \cdot \text{rot}\mathbf{A} - \mathbf{A} \cdot \text{rot}\mathbf{B}$
- $\text{rot}(\mathbf{A}) = c\,\text{rot}\mathbf{A}$
- $\text{rot}(\mathbf{A} + \mathbf{B}) = \text{rot}\mathbf{A} + \text{rot}\mathbf{B}$
- $\text{rot}(\Phi\mathbf{A}) = \nabla \times (\Phi\mathbf{A}) = \Phi\,\text{rot}\mathbf{A} + (\text{grad}\Phi) \times \mathbf{A}$
- $\text{rot}(\text{grad}\Phi) = \nabla \times \nabla\Phi = 0$
- $\text{rot rot}\mathbf{A} = \text{grad div}\mathbf{A} - \Delta\mathbf{A}$
- $\text{rot}(\mathbf{A} \times \mathbf{B}) = \nabla \times (\mathbf{A} \times \mathbf{B})$
  $= \mathbf{A}\,\text{div}\mathbf{B} - \mathbf{B}\,\text{div}\mathbf{A} + (\text{B} \cdot \text{grad})\mathbf{A} - (\mathbf{A} \cdot \text{grad})\mathbf{B}$
- $\text{rot}(\mathbf{a} \times \mathbf{r}) = 2\mathbf{a}$ ($\mathbf{a}$: konstant)
- $\Delta\Phi = \text{div grad}\Phi$
- $\Delta\mathbf{A} = \text{grad div}\mathbf{A} - \text{rot rot}\mathbf{A}$
- $\Delta\mathbf{A} = \Delta A_x\mathbf{e}_x + \Delta A_y\mathbf{e}_y + \Delta A_z\mathbf{e}_z$
- $\Delta(\Phi\mathbf{A}) = \Phi\Delta\mathbf{A} + \mathbf{A}\Delta\Phi + 2(\text{grad}\Phi \cdot \text{grad})\mathbf{A}$

Operatoren

- **Quabla**-Operator (auch: Wellenoperator): $\square = (1/c^2) \cdot \partial^2/\partial_t^2 - \Delta_x$
- **Box**-Operator: $\square\mathbf{E} = \mathbf{0}$
- **D'Alembert**-Operator: $\square\mathbf{B} = \mathbf{0}$

Maxwellsche Gleichungen

Feldeinteilung

Elektrostatische Felder
- die elektromagnetischen Felder sind in zeitlicher Hinsicht konstant
- es liegen keine elektrischen Ströme vor
- es treten keine magnetischen Felder auf

Magnetostatische Felder
- die magnetischen Felder sind in zeitlicher Hinsicht konstant
- es liegen keine elektrischen Ströme vor
- es treten keine elektrischen Felder auf

Stationäre Felder
- die elektrischen und magnetischen Felder sind zeitlich konstant
- Gleichströme können vorliegen

Quasistationäre Felder
- Die Feldgrößen sind zeitlich abhängig.
- Vernachlässigt wird jedoch die Veränderung der Verschiebestromdichte ($\partial \mathbf{D}/\partial t$)

Schnell veränderliche Felder
Alle Feldentwicklungsaspekte sind zu berücksichtigen

Materialgleichungen

- $\mathbf{D} = \varepsilon \cdot \mathbf{E} = \varepsilon_r \cdot \varepsilon_0 \cdot \mathbf{E}$
- $\mathbf{B} = \mu \cdot \mathbf{H}$
- (Stromdichte): $\mathbf{J} = \kappa \cdot \mathbf{E}$

Symbole und Daten

- Lichtgeschwindigkeit: c = 299.792,5 km/s ≈ 1.080.000.000 km/h
- **E**: elektrische Feldstärke
- **D**: dielektrische Verschiebung ($\mathbf{D} = \varepsilon_0 \cdot \mathbf{E}$)
- **H**: magnetische Erregung
- **B**: magnetische Feldstärke ($\mathbf{B} = \mu_0 \cdot \mathbf{H}$)
- J: Stromdichte   ρ: Ladungsdichte
- ε_0: elektrische Feldkonstante (Influenzkonstante)
- $\varepsilon = \varepsilon_0 \cdot \varepsilon_r$; $[\varepsilon]$ = As/Vm; $[\varepsilon_0]$ = As/Vm; $[\varepsilon_r] = 1$
- μ_0: magnetische Feldkonstante (Induktionskonstante; Permeabilität des Vakuums, Permeabilitätskonstante
- κ: Leitfähigkeit: $[\kappa]$ = A/mV

System	ε_0	μ_0
SI	$10^7 / (4 \cdot \pi \cdot c^2)$ F/m = $= 8,854 \cdot 10^{-12}$ F/m $\approx (9 \cdot 4\pi)^{-1} \cdot 10^{-9}$ F/m	$4 \cdot \pi \cdot 10^{-7}$ Vs/Am
Gauß	1	1

Elektrostatische Felder

- $\oint_{C(F)} \vec{E} \cdot d\vec{s} = 0$
- $\oiint_{F(v)} \vec{D} \cdot \vec{f} = \iint_V \rho \cdot dv$
- rot $\vec{E} = 0$
- div $\vec{D} = \rho$

Magnetostatische Felder

- $\oint_{C(F)} \vec{H} \cdot d\vec{s} = 0$
- $\oiint_{F(V)} \vec{B} \cdot d\vec{f} = 0$
- rot $\vec{H} = 0$
- div $\vec{B} = 0$

Stationäre Wechselfelder

- $\oint_{C(F)} \vec{E} \cdot d\vec{s} = 0$
- rot $\vec{E} = 0$
- $\oint_{C(F)} \vec{H} \cdot d\vec{s} = \iint_F \vec{J} \cdot d\vec{f}$
- rot $\vec{H} = \vec{J}$
- $\oiint_{F(v)} \vec{D} \cdot \vec{f} = \iint_V \rho \cdot dv$
- div $\vec{D} = \rho$
- $\oiint_{F(V)} \vec{B} \cdot d\vec{f} = 0$
- div $\vec{B} = 0$

Quasistationäre Felder

- $\oint_{C(F)} \vec{E} \cdot d\vec{s} = - \iint_F \frac{\partial \vec{B}}{\partial t} \cdot d\vec{f} = 0$
- rot $\vec{E} = - \partial_t \vec{B}$
- $\oint_{C(F)} \vec{H} \cdot d\vec{s} = \iint_F \vec{J} \cdot d\vec{f}$
- rot $\vec{H} = \vec{J}$
- $\oiint_{F(v)} \vec{D} \cdot \vec{f} = \iint_V \rho \cdot dv$
- div $\vec{D} = \rho$
- $\oiint_{F(V)} \vec{B} \cdot d\vec{f} = 0$
- div $\vec{B} = 0$

Schnell veränderliche Felder

- $\oint_{C(F)} \vec{E} \cdot d\vec{s} = - \iint_F \frac{\partial \vec{B}}{\partial t} \cdot d\vec{f} = 0$
- rot $\vec{E} = - \partial_t \vec{B}$
- $\oint_{C(F)} \vec{H} \cdot d\vec{s} = \iint_F \left[\vec{J} + \frac{\partial \vec{D}}{\partial t}\right] \cdot d\vec{f}$
- rot$\vec{H} = \vec{J} + \frac{\partial \vec{D}}{\partial t}$
- $\oiint_{F(v)} \vec{D} \cdot \vec{f} = \iint_V \rho \cdot dv$
- div $\vec{D} = \rho$
- $\oiint_{F(V)} \vec{B} \cdot d\vec{f} = 0$
- div $\vec{B} = 0$

Randbedingungen

Für stationäre, quasistationäre und schnell veränderliche Felder gilt:

- $\mathbf{n} \times (\mathbf{E}_1 - \mathbf{E}_2) = 0$
- $\mathbf{n} \cdot (\mathbf{B}_1 - \mathbf{B}_2) = 0$
- $\mathbf{n} \times (\mathbf{H}_1 - \mathbf{H}_2) = \mathbf{J}_F$ (*)
- $\mathbf{n} \cdot (\mathbf{D}_1 - \mathbf{D}_2) = \rho_F$ (**)

(*) $\mathbf{J}_F = 0$, wenn keine Oberflächenströme vorliegen

(**): $\rho_F = 0$, wenn keine Oberflächenladung auf der Grenzfläche ist

Maxwellsche Grundgleichungen

Differenzialform (im Vakuum)

- div $\vec{E} = 0$
- div $\vec{B} = 0$
- rot $\vec{E} = - \partial_t \vec{B}$
- rot $\vec{B} = (1 / c^2)\, \partial_t \vec{E}$

Integralgleichungen

Gaußscher Satz

- $\iint_V divA \cdot dv = \oiint_{F(V)} A \cdot df$
- $\iint_V grad\Phi \cdot dv = \oiint_{F(V)} \Phi \cdot df$
- $\iint_V rotA \cdot dv = \oiint_{F(V)} df \times A = \oiint_{F(V)} [n \times A] \cdot df$
- $\iint_V [F \cdot divG \ + \ (G \cdot grad)F] \cdot dv = \oiint_{F(V)} F(G \cdot df) =$
  $= \oiint_{F(V)} F(G \cdot n) \cdot df$
- $\iint_V G \cdot dv = \oiint_{F(V)} f(G \cdot df) - \iint_V r \cdot divG \cdot dv$

Greensche Theoreme

1. Theorem

$\iint_V (\Phi \cdot \Delta\Psi \ + \ grad\Phi \cdot grad\Psi) \cdot dv = \oiint_{F(V)} \Phi \cdot grad\Psi \cdot df =$
$= \oiint_{F(V)} \Phi \cdot n \cdot grad\Psi \cdot df$

2. Theorem

$\iint_V (\Phi \cdot \Delta\Psi \ - \ \Psi \cdot \Delta\Phi) \cdot dv = \oiint_{F(V)} (\Phi \cdot grad\Psi \ - \ \Psi \cdot grad\Phi) \cdot n \cdot df$

Sätze von Stokes

$\iint_F rotA \cdot df = \oint_{C(F)} A \ \cdot ds$

$\iint_F n \times grad\Phi \cdot df = \oint_{C(F)} \Phi \cdot ds$

Wellengleichungen

Schwingungsgleichung einer Feder

- Hookesches Gesetz: harmonische Kraft einer Feder
  $F = - k \cdot (x - x_1)$; x_1: Gleichgewichtslage des Körpers
- zugehörige x-Position in Abhängigkeit von der Zeit t
  $x = x_0 \cdot \cos(\omega \cdot t)$; x_0: maximale Auslenkung
- $dx/dt = - x_0 \cdot \omega \cdot \sin(\omega \cdot t)$
- $d^2x/dt^2 = - x_0 \cdot \omega^2 \cdot \cos(\omega \cdot t)$
- $d^2x/dt^2 = - \omega^2 \cdot x$
- $\omega = (k/m)^{0,5}$

Allgemeine mechanische Schwingungsgleichung

- $\frac{d^2x}{dt^2} = - K \cdot x$
- $x = x_0 \cdot \cos(\omega \cdot t)$
- $\omega = \sqrt{K}$
- Schwingungsfrequenz: $f = 1/T$ mit $T = 2 \cdot \pi \cdot (m/k)^{0,5}$
- Schwingungsdauer eines Pendels: $T = 2 \cdot \pi \cdot (l/g)^{0,5}$

Nichtrelativstische Schrödingersche Wellengleichung

- $\psi(X;\ T) = EXP(I \cdot (K \cdot X - \omega \cdot T))$
- $\partial\psi(X;\ T)/\partial T = (- I \cdot \omega) \cdot \psi(X;\ T) =$
  $= (-I \cdot \omega) \cdot E(I \cdot (K \cdot X - \omega \cdot T))$
- $\partial^2\psi(X;\ T)/(\partial T)^2 = (I \cdot K)^2 \cdot \psi(X;\ T) =$
  $= (I \cdot K)^2 \cdot EXP\ (I \cdot (K \cdot X - \omega \cdot T)) =$
  $= - K^2 \cdot EXP\ (I \cdot (K \cdot X - \omega \cdot T))$
- $- \frac{\hbar^2}{2 \cdot m} \cdot \frac{\partial^2\ \Psi(x;t)}{\partial x^2} = i \cdot \hbar \cdot \frac{\partial\Psi(x;t)}{\partial t}$

Nichtlinearität

- Nichtlineare Effekte treten auf, wenn die Medien nicht isotrop sind. D. h., sie besitzen nicht in alle Raumbereiche die gleichen physikalischen (und eventuell chemischen) Eigenschaften. Dies hat zur Folge, dass die Polarisationsgleichungen für elektromagnetische Wellen modifiziert werden müssen.
- Es gilt: $\mathbf{D} = (\mathbf{1} + \chi) \cdot \varepsilon_0 \cdot \mathbf{E} = \varepsilon_0 \cdot \mathbf{E} + \varepsilon_0 \cdot \chi \cdot \mathbf{E} = \varepsilon_0 \cdot \mathbf{E} + \mathbf{P}$
- Klassische Polarisationsbeziehung: $\mathbf{P} = \varepsilon_0 \cdot \chi \cdot \mathbf{E}$
- Polarisationsbeziehung unter Beachtung nichtlinearer Effekte:
  $\mathbf{P} = \varepsilon_0 \cdot (\chi^{(1)} \cdot \mathbf{E} + \chi^{(2)} \cdot \mathbf{E} \cdot \mathbf{E} + \chi^{(3)} \cdot \mathbf{E} \cdot \mathbf{E} \cdot \mathbf{E} + \ldots) = \mathbf{P}_l + \mathbf{P}_{nl}$
- $\chi^{(i)}$: dielektrische Suszeptibilität (→ Polarisationsmaß)
- Unter Beachtung von **P** verändern sich die Maxwellschen-Ausdrücke im Detail:
  rot $\mathbf{E} = - \frac{\partial B}{\partial t}$; rot $\mathbf{B} = \varepsilon_0 \cdot \mu_0 \cdot \frac{\partial E}{\partial t} + \mu_0 \cdot \frac{\partial P}{\partial t}$
- Die Nichtlinearität hat zur Folge, dass sich die einzelnen Wellenkomponenten unterschiedlich schnell ausbreiten.

Elektromagnetische Wellengleichung

- Im Vakuum gelten: rot $\vec{E} = - \partial_t\vec{B}$ und rot $\vec{B} = (1/c^2)\ \partial_t\vec{E}$
- rot (rot $\vec{E}$) = rot ($- \partial_t\vec{B}$) = $- \partial_t$ (rot $\vec{B}$)
- rot (rot $\vec{E}$) = $- \partial_t ((1/c^2) \cdot \partial_t\vec{E}) = - (1/c^2) \cdot \partial_t{}^2\vec{E}$
- rot (rot $\vec{E}$) = grad(div $\vec{E}$) – div(grad $\vec{E}$)
- div $\vec{E} = 0$, da im Vakuum keine Ladungen vorliegen.
- div (grad$\vec{E}$) = $\nabla \cdot \nabla(\vec{E}) = \nabla^2\ (\vec{E}) = \Delta\vec{E}$
- $\nabla^2 = \Delta = (\partial^2/\partial x^2,\ \partial^2/\partial y^2,\ \partial^2/\partial z^2)$
- $\Delta\vec{E} = - (1/c^2) \cdot \partial_t^2\vec{E}$
- Es gilt: $(1/c_2) = \varepsilon_0 \cdot \mu_0$

Lösung der elektromagnetischen Wellengleichung

- $\Delta\vec{E} = - (1/c^2) \cdot \partial_t{}^2\vec{E}$
- $\frac{\partial^2 E_x}{\partial x^2} + \frac{\partial^2 E_y}{\partial y^2} + \frac{\partial^2 E_z}{\partial z^2} = \frac{1}{c^2} \cdot \frac{\partial^2 E_x}{\partial t^2}$
- Licht ist eine transversale Welle: Insofern gibt es nur die zeitliche Abhängigkeit und eine von der Ausbreitungsrichtung (Ausbreitungskoordinate).
  Die Feldausbreitung steht senkrecht zu dieser Richtung.
- Somit gilt:
  $\frac{\partial E}{\partial x} = \frac{\partial E}{\partial y} = 0$ und $\frac{\partial^2 E_z}{\partial z^2} = \frac{1}{c^2} \cdot \frac{\partial^2 E_x}{\partial t^2}$
- Lösungsansatz:
  $\boldsymbol{E}(t) = \hat{E} \cdot \exp(- i \cdot (k_0 \cdot z - \omega \cdot t)) + \hat{E} \cdot \exp(i \cdot (k_0 \cdot z - \omega \cdot t))$

  $\boldsymbol{E}(t) = 2 \cdot |\hat{E}| \cdot \cos(k_0 \cdot z - \omega \cdot t + \varphi_0)$

  $\boldsymbol{E}(t) = \mathrm{Re}(\hat{E}) + i \cdot \mathrm{Im}(\hat{E})$

  Für $\boldsymbol{E}(t) = a + i \cdot b$ folgt:

  $|\hat{E}| = (a^2 + b^2)^{0,5}$ und $\varphi_0 = \arctan(b/a)$

Digitalisierte Realitätserfassung

- Ein analoges Signal kann aus digitalen Signalen vollständig rekonstruiert werden, wenn pro Wellenlänge λ zwei Abtastpunkte gleichmäßig verteilt auftreten.
- Es gilt: $f_A = 2 \cdot f_g = 2 \cdot c/\lambda$ (→ Abtasttheorem von Nyquist)

- Auf der Basis digitaler Daten können sinnvolle Realitätseinsichten gewonnen werden.
- Die Leistungsfähigkeit wurde theoretisch begründet und untersucht von Rainey (1926), Reeves (1937) und Shannon (1948).

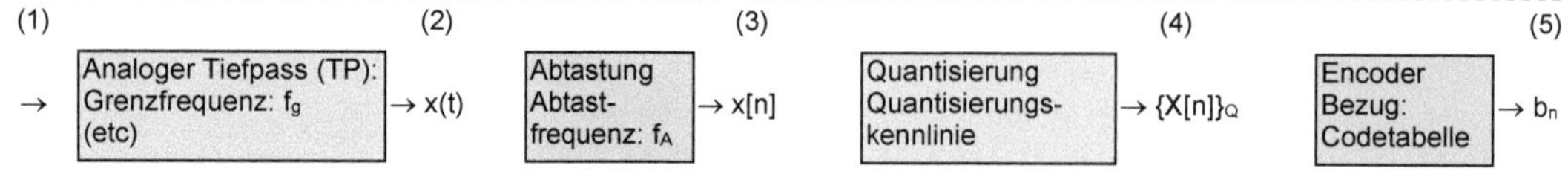

›Entwicklung‹ vom ›analogen‹ zum ›digitalisierten‹ Signal

- (1): Eingang: analoges Signal
- (2): bandbegrenztes Signal x(t)
- (3): zeitdiskretes Signal x[n]
- (4): digitales Signal $\{X[n]\}_Q$
- (5): Bitfolge b_n (→ diskretes Signal)

Dirac-Impuls

- Dirac-Funktion, auch **δ-Funktion**: δ (x)
- Sie geht auf Dirac, A. M. Paul (engl. Physiker: 1900 –
- Andere Bezeichnungen: Dirac-Impuls, Nadelimpuls, Einheitsimpulsfunktion
- Die Dirac-Funktion ist von elementarer Bedeutung für die Beschreibung quantenphysikalischer und nachrichtentechnischer Signale und Systeme
- Allgemein gilt
  $\delta(z) = 0$ für $z \neq 0$ mit $\int_{-\infty}^{+\infty} \delta(z) \cdot dz = 1$.
- In der digitalen Nachrichtentechnik gilt (normiert): $|\delta(z)| = 1$.:
- Die mathematische Begründung der Dirac-Funktion erfolgt im Rahmen der Theorie der Distributionen.

- Genähert kann die Dirac-Funktion über
  Dreiecksfunktionen
  Exponentialfunktionen
  Fresnel-Funktionen
  Glocken-Kurven (Gauß-Verteilungen)
  Lorentz-Kurven
  Rechteck-Funktionen
- Die Verläufe dieser Kurven und Funktionen können über elektronische Schaltungen und softwaretechnische Darstellungen (Algorithmen) erzeugt bzw. erstellt werden.
- Nachfolgend werden unter Verwendung einer Funktion vom Typ $f_P(x) = A \cdot \exp(-Px) \cdot \sinh(Px)$ Realisierungen dargestellt.

Annäherung an die Dirac-Funktion über die Gleichung $f_P(x) = 4 \cdot \exp(-Px) \cdot \sinh(Px)$ mit P als Parameter.
P wird variiert. Diese Gleichung kann durch die Zusammenschaltung von Spulen (L) und Kondensatoren (C) realisiert werden.

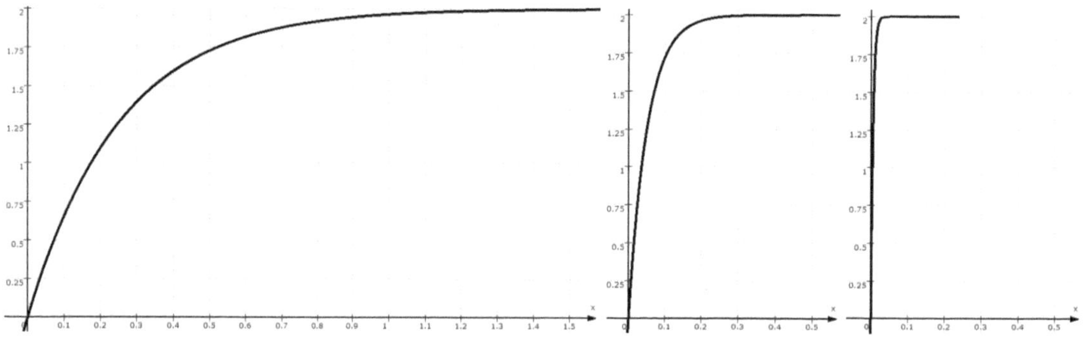

P = 2 P = 10 P = 100

Information in Systemen

Informationstheorie nach Shannon

Die Grundüberlegungen bei Shannon lauten:

1. Es soll keine negative Information geben. Also: $I(x_i) \geq 0$.
2. Die Informationsgehalte eines einfach verbundenen Zeichenpaares können addiert werden:

   $I(x_1x_2) = I(x_1) + I(x_2)$.

Allgemein gilt für den Erwartungswert bezüglich des mittleren Informationsgehalts von Quellsymbolen (H):

- $H = E\{I(x)\} = \Sigma p(x) \cdot I(x) = \Sigma(-p(x) \cdot ld(p(x)))$;
- Bezeichnung für H: **Symbolentropie** (einer Signalquelle); oder auch kürzer **Entropie**.

Kanalmodell

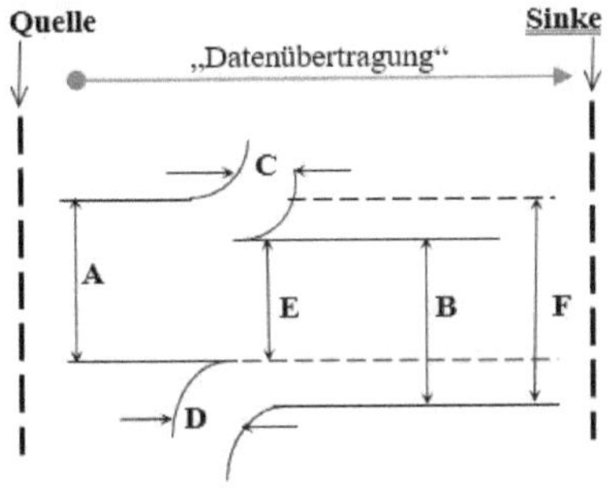

Im Detail gilt: $H(X) = -\sum_{i=1}^{n} ld(p(x_i) \cdot p(x_i))$

Eingangsseitig liegt bei einer Übertragung eine Eingangs-entropie vor. Weiterhin treten im Übertragungsprozess Störungen auf, die zu Informationsverlusten führen.

Konkret werden folgende Kanalentropien unterschieden – unter Verwendung einer verkürzten Schreibweise:

- **A**: Kanaleingangsentropie: $H(X) = -\Sigma\, p(x_i) \cdot ld\, p(x_i)$
- **B**: Kanalausgangsentropie: $H(Y) = -\Sigma\, p(y_j) \cdot ld\, p(y_j)$
- **C**: Rückschlussentropie (Äquivokation – Verluste)
  $H(X|Y) = H(X) + H(Y|X) - H(Y)$
- **D**: Irrelevanz (Streuentropie – Rauschen)
  $H(Y|X) = -\Sigma\,\Sigma\, p(x_i,y_j) \cdot ld\,(p(y_j|x_i))$
- **E**: Transinformationsentropie, Synentropie
  $H(X \to Y) = H(X; Y) = H(Y) - H(Y|X)$
- **F**: (Gesamt-)Verbundentropie: $H(X,Y) = H(Y|X) + H(Y)$

Erläuterung

Zum Beispiel gilt für $H(Y|X)$:
$H(Y|X) = \sum_{i=1}^{n} p(x_i) \sum_{j=1}^{m} p(y_j|x_i) \cdot ld\, p(y_j|x_i)$.

Die Symbolfolge $x_i \to y_j$ wird zeitlich gesehen auch als Signalfolge einer Quelle begriffen. Man spricht von der Entropie zweier Symbole, die nacheinander von einer Quelle erzeugt werden.
Mit Blick auf die Übertragungsfolge in einem Kanal spricht man auch von der Transinformation.
$H(X|Y)$ und $H(Y|X)$ sind bedingte Entropiewerte.

Zur Kanalübertragung

Die Übertragungsgegebenheiten eines Kanals werden mit einer Übertragungsmatrix beschrieben.

$$\text{Es gilt: } P(Y|X) = \begin{bmatrix} p(y_1|x_1) & p(y_2|x_1) & \dots & p(y_n|x_1) \\ p(y_1|\, x_2) & p(y_2|x_2) & \dots & p(y_n|x_2) \\ \vdots & \vdots & \dots & \vdots \\ p(y_1|x_m) & p(y_2|x_m) & \dots & p(y_n|x_m) \end{bmatrix}$$

Hierbei tritt x_i am Eingang und y_j am Ausgang auf.
Für x_i mit $i \in \{1; 2; ...; m\}$ ist $\sum_{j=1}^{n} p(y_j|x_i) = 1$ erfüllt.

Kaskadierte Kanäle

Es wird angenommen, dass eine Signalfolge erst durch den Kanal K_1 und danach durch den Kanal K_2 geführt wird.
X: ursprüngliche Eingangsinformation.
Y: Information am Ende des ersten Kanals, die auch die Quellinformation für den zweiten Kanal ist.
Z: Information hinter dem zweiten Kanal – hier in der Sinke

Der Kanal K_1 wird durch $P(Y|X)$ und der Kanal K_2 durch $P(Z|Y)$ beschrieben. Durch die Multiplikation der einzelnen Übertragungsmatrizen miteinander kann die Gesamtübertragung für K_{ges} bestimmt werden.

Hierbei gilt: $K_{ges} = K_1 \cdot K_2$.

Es folgt: $P(Z|X) = P(Y|X) \cdot P(Z|Y)$.

Wobei gilt: $H(X;Z) \leq H(X;Y)$ und $H(X;Z) \leq H(Y;Z)$
[**Hauptsatz der Datenverarbeitungstechnik**].

Aufgaben / Anregungen

Übersicht zu den nachfolgenden Aufgabenblättern

Blatt	Inhalte
1	Symmetrien; Symmetrie und Funktion
2	Schreibweise von Funktionen; Koordinatensysteme; Parameter, lineare Funktionen
3	Lineare und quadratische Gleichungen; Nullstellen, Scheitelpunkte; gebrochen rationale Funktionen; Funktionen mit Parametern; lineare Systeme, Determinanten; Cramersche Regel, „Multiplikationen“
4	Umkehrfunktionen; Wurzelgleichungen; Ableitungen; Funktionenschar; Funktionsuntersuchungen
5	Extremwertbetrachtungen; Integrale; Flächenintegrale
6	Integrale, Flächen
7	Ableitungen; Aufleitungen; Bogenlängen
8	Vektoren
9	Wurzelgleichungen (Lösungen); Geschwindigkeit – Zeit – Distanz (SRT)
10	Stochastik
11	Paradoxon nach Simpson
12	Wachstumsfunktionen; „Bevölkerungsentwicklung“; Chaos
13	Simulationen
14	Elektrotechnik; Primzahlermittlung (Algorithmus nach Shor)
15	Kettenbrüche; Collatz-Problematik; Fareybrüche
16	exp(X)-Umrechnungen; Systembeschreibungen; Systemberechnungen
17	Information in Systemen; Entropiebetrachtungen zu Kanälen
18	Optik-Spektren; Bethe-Weizsäcker-Formel; Vakuum
19	Systeme und Tests
20	Abstraktion
21	Problemlösungen
22	Problemlösungen; Informationsdaten

(1) Aufgaben / Anregungen

Symmetrien

- **Unterscheidungen**

  Symmetrien in der Geometrie (Figuren und Körpern)
  Symmetrien bei Funktionsgleichungen der Mathematik
  Symmetrien der Physik (Erhaltungssätze gemäß Noether, Symmetriegruppen (von Gleichungen))
  Symmetriebrechungen in der Physik (Optik ...) und bei mathematischen Strukturen
  Symmetrien bei Argumentationen (gleichwertige Kommunikationen und Argumente (evtl. Dilemmata; Lügen als Symmetriebruch)
  Symmetrien, Symmetriebrüche und -anomalien in der Psychologie (Uber-Ich, Ich, Es; Bewusstsein (Bw.) Vor-Bw., Unter-Bw.)
- **Bekannte Symmetrien**

  Achsensymmetrie: $f(x) = f(-x)$; z. B.: $f(x) = x^2$; Spiegelsymmetrie: $f(x) = - f(-x)$; z. B.: $f(x) = x^3$
  Rotationssymmetrie (Drehsymmetrie) Drehung um eine Punkt a mit $\varphi_n = \frac{360^o}{n}$ für $n \in \{1, 2, 3, ...\}$

Quadrat ($|R^2$ – 2D)

Koordinaten:
A: (0,0)
B: (1,0)
C: (1,1)
D: (0,1)

Symmetrieachsen
Diagonalen A-C, B-D
Waagerechte Achse durch den Mittelpunkt
Senkrechte Achse durch den Mittelpunkt

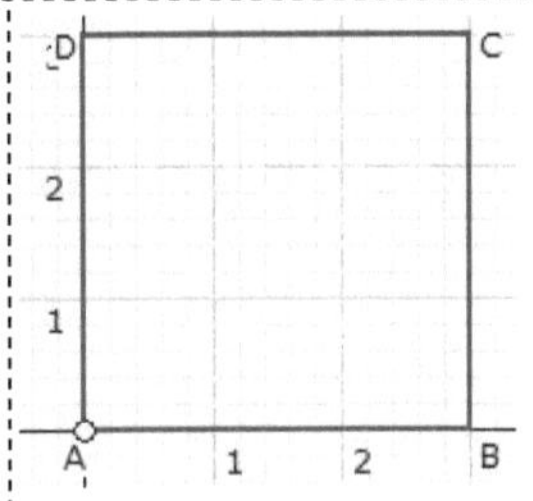

Würfel ($|R^3$ – 3D)

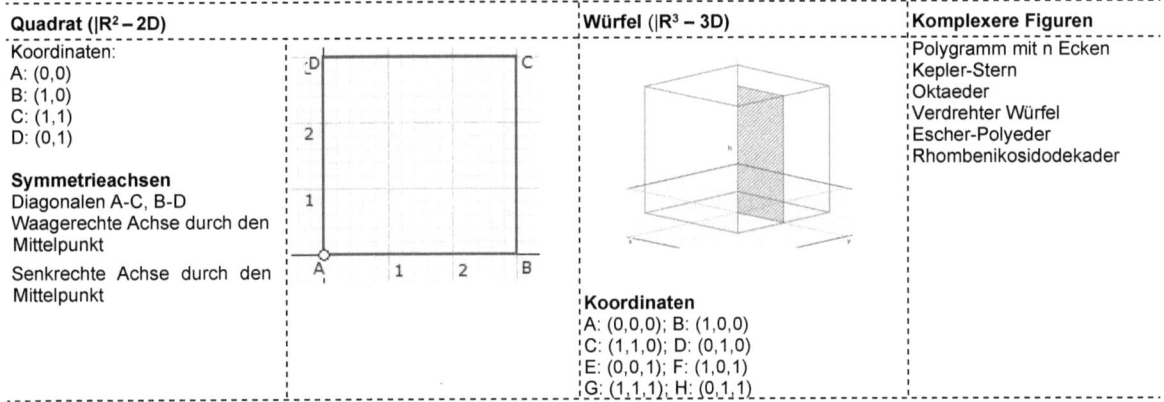

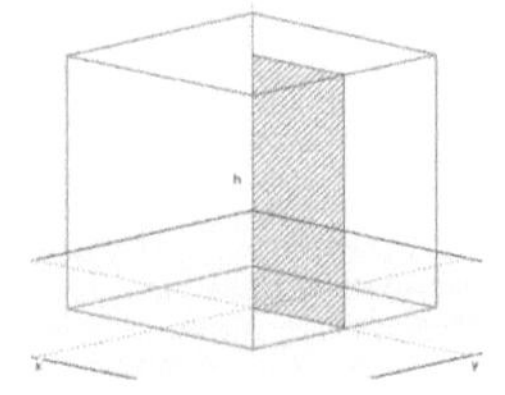

Koordinaten
A: (0,0,0); B: (1,0,0)
C: (1,1,0); D: (0,1,0)
E: (0,0,1); F: (1,0,1)
G: (1,1,1); H: (0,1,1)

Komplexere Figuren
Polygramm mit n Ecken
Kepler-Stern
Oktaeder
Verdrehter Würfel
Escher-Polyeder
Rhombenikosidodekader

Aufgabe

Verdeutlichen Sie sich die Symmetrie bei den Graphen folgender Funktionen:

(1): $f_1(x) = x$
(2): $f_2(x) = x^2$
(3): $f_3(x) = x-1$
(4): $f_4(x) = x^0$
(5): $f_5(x) = x^2 + x^{-6}$
(6): $f_6(x) = x^3 + x^{-5}$
(7): $f_7(x) = x – x^2$

Welche Symmetrien können sie in ihrer Umgebung erkennen?
(Häuser, Brücken, Gesichter, Körper, Straßenschilder, Zeichen (Buchstaben, Zahlen), Bilder.)

(2) Aufgaben / Anregungen

Funktionsgleichung, Koordinatensysteme, Parameter

Schreibweisen
$f = \{(x; y)\} \mid y = f(x) \wedge x \in |R\}$.
Der Name der Funktion ist diesem Fall: f.

Für f(x) wird oftmals eine konkrete Funktion eingesetzt, z. B.:
$f(x) = x^2$. Also gilt in diesem Fall: $f = \{(x; y)\} \mid y = x^2 \wedge x \in |R\}$.
Abgekürzt wird geschrieben: $y = f(x) = x^2$.

F(x) wird in diesem Fall abgebildet auf die y-Achse, die typischerweise senkrecht auf der x-Achse steht. In diesem Fall spricht man von einem kartesischen Koordinatensystem.
Jedoch können auch andere Gestaltungen verwendet werden. So kann z. B. die Achsen schiefwinklig aufeinander stehen.

Allgemein spricht man von der bzgl. der x-Achse von der Abszisse; bei der y-Achse von der Ordinate.
Der Mittelpunkt des Koordinatensystems wird als Koordinatenursprung (Nullpunkt) bezeichnet.

Das x in f(x) bezeichnet die Variable.
So wird in gleicher Art das x in der Gleichung
$f(x) = 4x^3 - 2x^2 - x + 1$ variiert.

F(x) gibt dann den Wert an, der über die Ordinate dargestellt wird.
In dem Ausdruck $f_{a,b,c}(x)$ bezeichnen die Größen a, b, c Parameter.
Diese werden bei jeder Rechnung vorab neu eingestellt.
Insofern sind sie auch veränderbare Größen.
Während einer Rechenprozedur in Abhängigkeit von der Variablen x werden die Parameter a, b, c jedoch nicht verändert.

Mit dem Ausdruck f(x, y, z) wird eine Funktion f in Abhängigkeit von drei Variablen (x; y; z) bezeichnet.
Zum Beispiel: $f(x, y, z) = x^3 - x \cdot z + \sin(y)$
Koordinatensysteme können auch mit einer Abstandsgröße zu einem Mittelpunkt (Pol-Position) und einem Drehwinkel mit Blick auf eine gedachte Polarachse dargestellt werden.

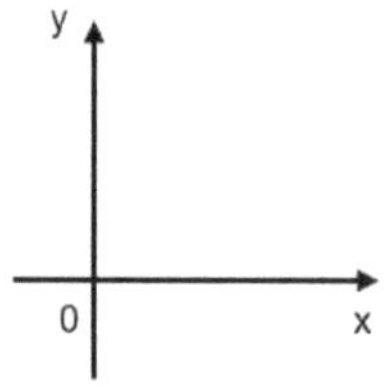

Kartesisches System

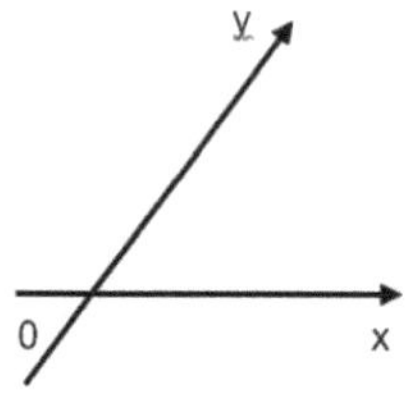

Schiefwinkliges System

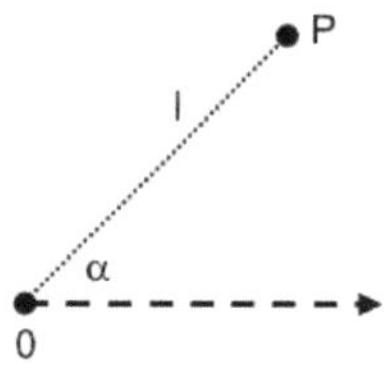

Polarkoordinatensystem

Ausgehend von den x-y-Werten eines Punktes im Kartesischen System können die Werte für ein Polarkoordinatensystem bestimmt werden: Es gilt: $l = x^2 + y^2$ und $\tan\alpha = y/x$.

In vergleichbarer Art können die übrigen Umrechnungen vorgenommen werden.

Aufgabe (Bestimmung von Parametern)
Von der Funktion $y = f(x) = a \cdot x^3 + b \cdot x^2 + c \cdot x + d$ sind folgende Punkte bekannt (a, b, c, d ∈ **R**): $P_1 = (-1; 5)$, $P_2 = (-2; 0)$, $P_3 = (1; 9)$ und $P_4 = (2; 32)$. Ermitteln Sie die Werte von a, b, c und d.
Geben Sie die vollständige Gleichung an.

Es ergibt sich: $5 = -a + b - c + d$
$0 = -8a + 4b - 2c + d$
$9 = a + b + c + d$
$32 = 8a + 4b + 2c + d$

Umgerechnet erhalten wir:
$14 = 2b + 2d \rightarrow 7 = b + d \rightarrow d = 7 - b$
$*4 = 2a + 2c \rightarrow 2 = a + c \rightarrow c = 2 - a$
$32 = 8b + 2d \rightarrow 16 = 4b + d \rightarrow d = 16 - 4b$
$32 = 16a + 4c \rightarrow 8 = 4a + c \rightarrow c = 8 - 4a$

Für b ergibt sich über $7 - b = 16 - 4b \rightarrow 3b = 9 \rightarrow b = 3$
Für a ergibt sich über $2 - a = 8 - 4a \rightarrow 3a = 6 \rightarrow a = 2$
Damit folgt: c = 0 und d = 4
(Die gesuchte Gleichung lautet: $f(x) = 2 \cdot x^3 + 3 \cdot x^2 + 4$.)

Skizzieren Sie in einem Diagramm die folgenden Funktionen:
$g(x) = -2 \cdot x + 5$; $h(x) = (1/3) \cdot x - 3$; $k(x) = 5 \cdot x - 10$

Von linearen Funktionen ($f(x) = a \cdot x + b$) sind jeweils bestimmte Daten bekannt. Ermitteln Sie die fehlenden Werte und tragen Sie diese direkt in die Tabelle ein.

Nr.	**a =**	**b =**	**x_1 / y_1**	**x_2 / y_2**	**f(x) =**
1	5	- 3	3 /	/ - 5	
2			3 /	/ - 5	$-6 \cdot x - 11$
3			7 / 4	4 / 7	
4			- 3 / - 52	6 / 47	

Von der Funktion $y = f(x) = a \cdot x^3 + b \cdot x^2 + c \cdot x + d$ sind folgende Punkte bekannt (a, b, c, d ∈ **R**).
$P_1 = (-1; 5)$, $P_2 = (-2; 0)$, $P_3 = (1; 9)$ und $P_4 = (2; 32)$.

Ermitteln Sie die Werte von a, b, c und d. Geben Sie die vollständige Gleichung an.

Von der Funktion $y = f(x) = a \cdot x^2 + b \cdot x + c$ sind folgende Punkte bekannt: $f(1) = 0$; $f(-2) = 24$; $f(3) = 34$. Es gilt: a, b, c ∈ **|R**.
Bestimmen Sie a, b, c.

Geben Sie die vollständige Funktion an.

(3) Aufgaben / Anregungen

A: Die Kosten für eine Taxifahrt über 6 km betragen 7,60 €. Eine Fahrt über 20 km kostet 20,20 €. Zeichnen Sie den Graphen für diese Gegebenheiten. Geben Sie die Funktionsgleichung an. Wie groß ist die Grundgebühr für eine Fahrt? Wie hoch ist der Kilometerpreis? Wie viel kostet eine Fahrt über 30 km?

B: Bei einer Telefongesellschaft bezahlt ein Kunde monatlich eine Grundgebühr $\mathbf{K_G}$. Dazu kommt für jede Telefoneinheiten der Betrag $\mathbf{K_T}$. Der Kunde Isamala hat 600 Tarifeinheiten telefoniert.
Er muss insgesamt 36,- € bezahlen. Der Kunde Volkert hat 200 Tarifeinheiten telefoniert. Er muss insgesamt 18,- € bezahlen.
Skizzieren Sie die Gegebenheiten. Bestimmen Sie $\mathbf{K_G}$ und $\mathbf{K_T}$.
Geben Sie die vollständige Funktionsgleichung an.
Die Kundin Sirena muss in für einen Monat 99,- € bezahlen.
Wie viele Telefoneinheiten hat sie telefoniert?

C: Zeichnen Sie den Verlauf von $f(x) = 2 \cdot x^2 + 2 \cdot x - 4$.
Wo befinden sich Nullstellen?
Geben Sie den Schnittpunkt mit der y-Achse an.

D: Von der Funktion $y = f(x) = a \cdot x^3 + b \cdot x^2 + c \cdot x + d$ sind folgende Punkte bekannt:
$P_1 = (-1; -3)$, $P_2 = (0; 1)$, $P_3 = (1; 5)$ und $P_4 = (5; 141)$.
Ermitteln Sie die Werte von a, b, c und d.
Geben Sie die vollständige Gleichung an

E: Funktionsbetrachtung
Skizzieren Sie den Verlauf der Funktion:
$f(x) = (x^3 - 4 \cdot x^2 - 12 \cdot x)/(x^2 - 2 \cdot x)$.

Existieren Nullstellen, Pole, Lücken?

Bestimmen Sie – sofern möglich – eine Ersatzfunktion.

Geben Sie die erste Ableitung an. Existieren Extremwerte?

F: Die Funktion $f(x) = 4 \cdot x^2$ liegt vor.
Folgende Punkte, die auf dem Graphen der Funktion f(x) liegen, werden näher betrachtet:
A(1; a); B(5 ; b); C(3,5 ; c) und D(2 ; d).
Bestimmen Sie die Werte für a; b; c; d. Skizzieren Sie den Verlauf. Es wird nacheinander jeweils eine Gerade zwischen dem Punkt A und den Punkten B, C und D gelegt. Bestimmen Sie für alle **drei Fälle** die Steigung $\tan(\alpha)$ der jeweils vorliegenden Geraden.

H: Vollziehen Sie diese Darstellung nach:
- Lineares Gleichungssystem mit zwei Unbekannten

(I) $a_{11} \cdot x_1 + a_{12} \cdot x_2 = b_1$
(II) $a_{21} \cdot x_1 + a_{22} \cdot x_2 = b_2$

Es folgt: $x_1 = (b_1 \cdot a_{22} - b_2 \cdot a_{12})/(a_{22} \cdot a_{11} - a_{12} \cdot a_{21})$

$$x_2 = \frac{a_{11} \cdot b_2 - a_{21} \cdot b_1}{a_{11} \cdot a_{22} - a_{12} \cdot a_{21}}$$

- Determinante $D = \begin{vmatrix} a_{11} & a_{12} \\ a_{21} & a_{22} \end{vmatrix} = a_{11} \cdot a_{22} - a_{21} \cdot a_{12}$
- Es gilt: $x_2 = \dfrac{\begin{vmatrix} a_{11} & b_1 \\ a_{21} & b_2 \end{vmatrix}}{\begin{vmatrix} a_{11} & a_{12} \\ a_{21} & a_{22} \end{vmatrix}} = \dfrac{a_{11} \cdot b_2 - a_{21} \cdot b_1}{a_{11} \cdot a_{22} - a_{12} \cdot a_{21}}$
- Es folgt: $x_1 = D_{x1}/D$ und $x_2 = D_{x2}/D$
- Allgemein gilt nach der Cramerschen Regel:
  $x_i = \det A_i / \det A$ für $A \cdot \chi = b$ mit:
  A: reguläre Matrix
  χ: Spaltenvektor der Unbekannten (x_i)

I: Lösen sie die quadratischen Gleichungen auf.
Nehmen Sie dazu eine quadratische Ergänzung vor:
a) $f(x) = (x - 2) \cdot (x + 4) \cdot 0{,}5$
b) $g(x) = - x^2/2 - x - 5$
c) Bestimmen Sie die Schnittpunkte von f(x) mit g(x)
d) $h(x) = (x + 5) \cdot (x - 2)$
e) $i(x) = - 2 \cdot x^2 - 6 \cdot x + 20$
f) $j(x) = (x - 4 \cdot (x + 3)$
g) $k(x) = (1/x) \cdot (x^2 - x - 12)$

J: Leiten Sie für quadratische Gleichungen ($f(x) = a \cdot x^2 + b \cdot x + c$) eine allgemeine Gleichung zur Bestimmung der Nullstellen x_1 und x_2 („p-q-Formel") her. Bestimmen Sie $x_1 + x_2$ und $x_1 \cdot x_2$.

K: Skizzieren Sie den Verlauf von: $f(x) = x^4 - 2 \cdot x^2 + 1$.
Ermitteln Sie die Nullstellen, Extrema und Wendepunkte.

L: Ermitteln Sie die Nullstellen der Funktion: $f(x) = 2\sin(2x) + x + 1$
Skizzieren Sie den Funktionsverlauf im Bereich $- 6 < x < 6$

G: Skizzieren Sie die Verläufe der folgenden Funktionen:

a.) $f(x) = x^2$	f.) $f(x) = x^2 + 6 \cdot x + 9$	k.) $f(x) = x^3 - 3 \cdot x^2 + 6 \cdot x$	p.) $f(x) = 2 \cdot \sin(3x) + 3$
b.) $f(x) = x^2 + 2 \cdot x$	g.) $f(x) = x^2 + 6 \cdot x - 9$	l.) $f(x) = x^{0,5}$	q.) $f(x) = \sin(x) - \cos(x)$
c.) $f(x) = x^2 - 4 \cdot x$	h.) $(x) = x^2 + (x - 2)^2$	m.) $f(x) = x^{-0,5}$	r.) $f(x) = \ln(k \cdot x)$; $k \in$ |R
d.) $f(x) = - 0{,}5 \cdot x^2$	i.) $f(x) = x^3 - 3 \cdot x$	n.) $f(x) = x^{1/3}$	s.) $f(x) = \exp(k \cdot x)$; $k \in$ |R
e.) $f(x) = x^2 - 9$	j.) $f(x) = x^3 - x^2 + x$	o.) $f(x) = x^4 - x^2 + 2$	t.) $f(x) = \cos(x) \cdot \ln(x)$

Bestimmen Sie jeweils auch die Nullstellen, den Schnittpunkt mit der y-Achse und, sofern vorhanden, den Scheitelpunkt.

„Multiplikationen"

Es gilt: $a \cdot b = b \cdot a$; $a \cdot a = a^2$

In der Vektorrechnung gibt es die S-Multiplikation:
$a \cdot \mathbf{b} = (b_1, b_2, b_3) = a \cdot b_1 + a \cdot b2 + a \cdot b_3$

Außerdem gibt es das Skalarprodukt (inneres Produkt)

$\cos(\varphi) = (\mathbf{a} \cdot \mathbf{b})/(|\mathbf{a}| \cdot |\mathbf{b}|)$ mit den Vektoren **a** und **b** und ihren Längen $|\mathbf{a}|$, $|\mathbf{b}|$. φ ist der Winkel zwischen **a** und **b**.

Weiterhin gibt es das Vektorprodukt (äußeres Produkt): $\mathbf{a} \times \mathbf{b}$
$|\mathbf{a} \times \mathbf{b}| = |\mathbf{a}| \cdot |\mathbf{b}| \cdot \sin(\angle(\mathbf{a}, \mathbf{b}))$

$$\mathbf{a} \times \mathbf{b} = \det \begin{bmatrix} e_1 & e_2 & e_3 \\ a_1 & a_2 & a_3 \\ b_1 & b_2 & b_3 \end{bmatrix}$$

$\mathbf{a} \times \mathbf{b} = - \mathbf{b} \times \mathbf{a}$

Mit den **Faltungen** tritt in der Vektoranalysis ein weiteres Produkt auf.

(4) Aufgaben / Anregungen

A: Zur Ermittlung der Umkehrfunktion sind zwei Vorgehensweisen möglich:
i.) Die ursprüngliche Funktion wird nach x (in Abhängigkeit von y) umgestellt. Dann werden x und y getauscht.
ii.) In der ursprünglichen Funktion werden x und y ausgetauscht und die Funktion wird dann nach y umgestellt.

Erster Weg
$f(x) = y = (x - 3)^2 + 5$
$\rightarrow y - 5 = (x - 3)^2$
$\rightarrow (y - 5)^{0,5} = x - 3$
$\rightarrow (y - 5)^{0,5} + 3 = x$
$\rightarrow y = (x - 5)^{0,5} + 3$

Zweiter Weg
$x = (y - 3)^2 + 5$
id(x):
$\rightarrow x - 5 = (y - 3)^2$
$\rightarrow (x - 5)^{0,5} = y - 3$
$\rightarrow y = (x - 5)^{0,5} + 3$

Zeichnung
$y = (x - 5)^{0,5} + 3$

B: Bildung einer Umkehrfunktion
Ermitteln Sie die Umkehrfunktion von f(x) und geben Sie diese explizit an.
Zeichnen Sie den Verlauf von F(x) und der Umkehrfunktion in einem Diagramm ein.
A1: $f(x) = x^2$
A2: $f(x) = (x + 2)^2 + 3$
A3: $f(x) = (x - 3)^2 - 9 = 0$

C: Wurzelgleichungen
Bestimmen Sie die Lösungswerte:
C1: $y = (x - 4)^{0,5}$
C2 : $f(x) = (x + 2)^2 + 3$
C3 : $(x + 6)^{0,5} - (2 \cdot x + 2)^{0,5} = 0$
C4 : $(3 \cdot x + 7)^{0,5} = 4 + (3 \cdot x + 15)^{0,5}$
C5 : $2 \cdot (x + 3)^{0,5} - (2 \cdot x + 2)/(x + 3)^{0,5} = (x - 3)^{0,5}$
C6 : $(x)^{0,5} + a = (x - a)^{0,5}$
C7 : $(x + 6)^{0,5} = (x)^{0,5} + (2)^{0,5}$
C8 : $(2 \cdot x + 2)/(x + 3)^{0,5} = (x - 3)^{0,5}$

D: Bilden Sie die erste Ableitung der Funktionen:

a) $f(x) = x^5$
b) $f(x) = x^{-4}$
c) $f(x) = 4 \cdot x^{4/3}$
d) $f(x) = 9 \cdot x^{-7}$
e) $f(x) = x^{-4/3}$
f) $f(x) = x^2 \cdot (x)^{1/3}$
g) $h(x) = (a - b \cdot x)^{-2}$ (mit $a, b \in R$)
h) $s(x) = x^2 \cdot (x)^{1/3}$
i) $k(x) = x / (x \cdot (x)^{0,5})^{0,5}$
j) $f(x) = 7 \cdot (x)^{1/3} - x^2 \cdot (x)^{1/5}$
k) $f(x) = (a^x)^2$
l) $f(x) = \sin(x)$
m) $t(x) = \sin(2 \cdot x)$
n) $f(x) = \cos(2x)$
o) $m(x) = -(\cos(x))^{0,6}$
p) $f(x) = \cos(2x) \cdot x^2$
q) $f(x) = \sin(x^2)$
r) $n(x) = \ln(5x)$
s) $f(x) = \ln(x^2)$
t) $f(x) = \sin(\ln(x^3))$
u) $f(x) = \ln(\sin(x^{0,3}))$
v) $f(x) = \exp(\ln(\sin(x)))$
w) $p(x) = \exp(x^2)$

E: Machen Sie sich mit dem folgenden Schema vertraut.
Vorgehensweise bei Funktionsuntersuchungen:
$f(x) = P(x) / Q(x)$
1. Bestimmung des **Definitionsbereichs** (|D = Def)
2. Bestimmung **des Wertebereichs** (|W)
3. Bestimmung der **Nullstellen** (f(x) = 0; wobei Q(x) ungleich Null sein muss.)
4. Bestimmung der **Pole** (Q(x) ist gleich Null und zugleich ist P(x) ungleich Null.)
5. Bestimmung der **Lücken** (P(x) und Q(x) müssen zugleich Null sein.)
6. Bestimmung der **Asymptoten** (vertikale Asymptoten → Pole; horizontale Asymptoten → Grenzwertbetrachtung mit x gegen plus/minus Unendlich)
7. Bestimmung der **Extremwerte, Wendepunkte, Sattelpunkte**
8. **Schnittpunkt** des Graphen mit der y-Achse
9. **Graph** der Funktion

Ergänzen Sie die Darlegung.

F: Gegeben ist die **Funktionsschar** $f_t(x) = x^3 - 12x + (t - 1)^2$; $t \in R$
a) Führen Sie eine **Funktionsuntersuchung** für t = 5 durch und zeichnen Sie den zugehörigen **Graphen**. Ermitteln Sie: Symmetrieeigenschaften; Extrempunkte; Nullstellen; Wendepunkte
b) Bestimmen Sie die Funktionsgleichung der **Tangente** an der Stelle x = - 1 für t = 5.
c) Für welchen Wert von t wird die y-Koordinate des **Tiefpunktes** (Minimums) am **kleinsten**?
Lösen Sie das Problem **rechnerisch** und zeichnen Sie den zugehörigen **Graphen**.

G: Untersuchen Sie folgende Funktion: $f_a(x) = x^3 - a \cdot x$
i) Bestimmen Sie mit a = 1: |D; Nullstellen; erste und zweite Ableitung; Schnittstelle mit der y-Achse
ii) Bestimmen Sie mit $a \in |R^+$ die Extremwerte (inkl. genauem Nachweis, ob Maxima oder Minima vorliegen).
iii) Es sei nun $a \in \{1; 3; 5\}$.
Zeichnen Sie die Verläufe von f(x) in Abhängigkeit von a.

H: Skizzieren Sie den Verlauf von: $f(x) = x^4 - 2 \cdot x^2 + 1$.
Ermitteln Sie die Nullstellen, Extrema und Wendepunkte.

I: Skizzieren Sie den Verlauf von
$f(x) = (2 \cdot x^3 - 6 \cdot x + 4)/(x^3 - 3 \cdot x)$. Bestimmen Sie die Extrema.

J: Skizzieren Sie den Verlauf der Funktion:
$f(x) = (x^2 + 3x - 10)/(x^2 - x - 2)$. Existieren Lücken?
Bestimmen Sie die erste Ableitung.

K: Skizzieren Sie den Verlauf der Funktion:
$f(x) = (x^3 - 3 \cdot x^2 - 10 \cdot x)/(x^2 - 3 \cdot x)$. Bestimmen Sie die Extrema.

L: Existieren Nullstellen, Pole, Lücken?
Bestimmen Sie – sofern möglich – eine Ersatzfunktion.
Geben Sie die erste und zweite Ableitung an.
Existieren Extremwerte? Skizzieren Sie den Funktionsverlauf.

M: Untersuchen Sie folgende Funktion: $f_a(x) = x^3 - a \cdot x^2 - 2 \cdot x$
i) Bestimmen Sie mit a = 1: |D; Nullstellen; erste und zweite Ableitung; Schnittstelle mit der y-Achse
ii) Bestimmen Sie mit $a \in |R^+$ die Extremwerte (inkl. genauem Nachweis, ob Maxima oder Minima vorliegen).
iii) Es sei nun $a \in \{1; 2; 3\}$.
Zeichnen Sie die Verläufe von f(x) in Abhängigkeit von a.

N: Funktionsermittlung
Von einer Funktion $f(x) = a \cdot x^3 + b \cdot x^2 + c \cdot x + d$ sind folgende Punkte bekannt:
$f(1) = -6$; $f -1) = -26$; $f'(1) = 6$; $f''(1) = 8$.

Bestimmen Sie a, b, c, d. Geben Sie die vollständige Gleichung an.

(5) Aufgaben / Anregungen

A: Von einer Funktion sind folgende Punkte bekannt.
Nullstellen: $x_{n1} = -4$ und $x_{n2} = +6$; Polstelle: $x_p = 0$; Lücke: $x_l = 3$
Weiterhin gilt: $f(1) = 1$.
Geben Sie die vollständige Funktion f(x) an.
Bestimmen Sie die $f_{ers}(x)$.
Skizzieren Sie den Verlauf von f(x) für $-5 \leq x \leq 7$.
Wie verhält sich f(x) für $x \to \pm\infty$?

D: Skizzieren Sie den Verlauf der Funktion: $f(x) = \frac{(x-4)}{(x-1)\cdot(x-6)}$

E: Wie ist bei einer zylindrischen Dose (mit Seitenwänden und mit Boden (also ohne Deckel)) das Verhältnis der Höhe (h) zum Durchmesser (d), wenn bei vorgegebenem Volumen der Materialbedarf möglichst gering sein soll?
Stellen Sie hierzu zuerst die Haupt- und Nebenfunktion auf.
Geben Sie eine Skizze an.

H: Extremwertaufgabe
Eine runde Zylinderdose mit einem gegebenen Volumen (V) soll mit Boden (aber ohne Deckel) eine möglichst kleine Oberfläche haben. Bestimmen Sie hierfür das Verhältnis der Höhe zum Durchmesser.

J: Die Ortschaft A, die an der geraden Straße A zu B liegt, soll mit dem Kraftwerk C, das 2 km von der Straße entfernt ist, durch eine unter der Erde verlegte Leitung verbunden werden.
Die Kosten betragen € 60,- pro lfd. Meter bei Verlegung neben der geraden Straße und € 100,- pro lfd. Meter im Gelände.
Gehen Sie davon aus, dass die Strecke von B zu C senkrecht auf der Strecke B zu A steht. Rechnen Sie a.) allgemein und b.) mit dem Wert: A zu B gleich 8 km.

L: Bestimmen Sie die optimalen Längen für ein Sportstation. Die Innenbahn hat eine Länge von 400 m. Die rechten und linken Wegführungen bestehen aus Kreisbögen. Die innere Rechteckfläche soll maximal sein.

M: Die Summe zweier positiver Zahlen sei 20.
Bestimmen Sie die Zahlen so, dass
a) ihr Produkt maximal wird,
(b) die Summe der Quadrate beider Zahlen minimal wird und
(c) das Produkt der einen mit dem Kubus der anderen maximal ist!

O: In eine Kugel ist ein Kegel mit einem möglichst großen Volumen einzuschreiben.

P: Bestimme die Gleichung der Geraden durch den Punkt (3, 4), die im ersten Quadranten mit den Koordinatenachsen ein Dreieck kleinster Fläche bildet.

B: Bestimmen Sie die Extremwerte der Funktion
$f(x) = x^2 - x + 1 = 0$.
Skizzieren Sie den Graphen für $-4 \leq x \leq 4$.

C: Eine gebrochen rationale Funktion hat folgende Verlaufspunkte:
Nullstellen: $x_{n1} = -2$, $x_{n2} = 5$: Pole: $x_{p1} = 2$; Lücken: $x_{l1} = 0$.
Geben Sie die vollständige und die charakteristische Gleichung an.
Skizzieren Sie den Verlauf. Ermitteln Sie die Extrema und Wendepunkte. Wie sieht der Verlauf für Nullstellen: $x_{n1} = -2$, $x_{n2} = 2$; Pole: $x_{p1} = 5$; Lücken: $x_{l1} = 0$ aus?

F: Von einer rechteckigen Glasplatte mit den Seiten a und b ist eine Ecke in der Form eines rechtwinkligen Dreiecks mit den Katheten p < a und q < b abgebrochen. Aus dem Reststück soll eine möglichst große rechteckige Platte herausgeschnitten werden.

G: Ein Kreissektor (Tortenstück) mit dem Radius r und dem Bogen b hat die konstante Flächenmaßzahl 32. Ermitteln Sie b und r so, dass der Umfang relativ extremal wird. Geben Sie Art und Größe des Extremwertes an. Geben Sie eine Skizze an.
(Tipp: Beachten Sie die Kreisgegebenheiten!)

I: Ein Schiff A segelt südlich mit 16 km/h und ein zweites Schiff B östlich mit 12 km/h. Bei t_0 ist B genau 32 km südlich von A.
a.) Mit welcher Geschwindigkeit nähern oder entfernen sie sich nach genau einer Stunde?
b.) ... nach zwei Stunden?
c.) Wann liegt die geringste Entfernung zwischen A und B vor? Wie groß ist die Distanz?

K: Es liegt ein Spannungsteiler vor. R_L und R_q liegen parallel. In Reihe dazu liegt R_V. Eingangsseitig liegt die Spannung U_{ges} an. Über R_L fällt die Spannung U_{RL} ab. Zeichnen Sie die Schaltung. Bestimmen Sie allgemein die Leistungsaufnahme von R_L. Zeichnen Sie den Verlauf von U_{RL} in Abhängigkeit von R_L. (Rechnen Sie hierfür mit $R_V = 100\ \Omega$, $R_q = 50\ \Omega$, $0\ \Omega < R_L < 500\ \Omega$ und mit $U_{ges} = 20$ V.)
Bestimmen Sie weiterhin allgemein, bei welchem R_L-Wert die maximale Leistungsaufnahme von R_L vorliegt.

N: Legen Sie in ein gleichschenkliges Dreieck mit der Basis 2a und der Höhe h ein Rechteck maximalen Flächeninhalts

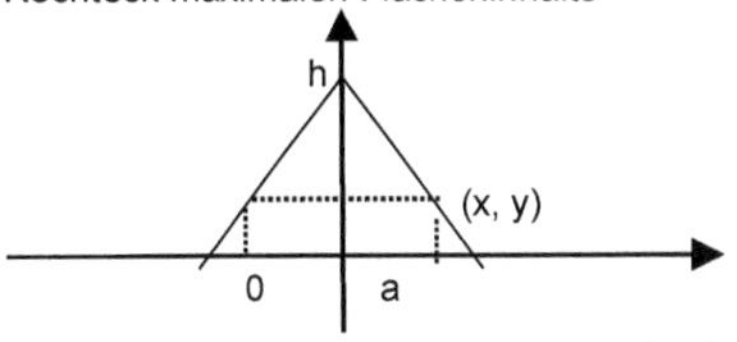

Q: Unbestimmte Integrale
Bestimmen Sie für f (x) jeweils die erste Aufleitung – das unvollständige Integral:
a.) $f(x) = x^5$
b.) $f(x) = x^2 \cdot (x)^{1/3}$
c.) $f(x) = (a - b \cdot x)^{-2}$ (mit a, b $\in$ **R**)
d.) $f(x) = x \cdot (a^2 \cdot x^2 - x^2)^{-0{,}5}$ (mit a $\in$ **R**)
e.) $f(x) = \sin(2x)$
f.) $f(x) = x^2 \cdot \cos(x)$
g.) $f(x) = x \cdot (1 - \sin^2(x^2))^{0{,}5}$

S: Unterscheiden Sie:
Aufleitung
unbestimmtes Integral
bestimmtes Integral

R: Flächenbestimmung

i.) Bestimmen Sie die Fläche zwischen dem Graphen der Funktion $f(x) = x^2 - 2 \cdot x + a$ und der x-Achse im Intervall der x-Achse von 0 bis 4. Rechnen Sie mit a = - 8.
Wie verändert sich die Fläche für a = - 3? Bestimmen Sie auch hierfür die Fläche. Geben Sie eine Skizze an.

ii.) Bestimmen Sie die Fläche, die von den Graphen der Funktionen $f_1(x) = \sin(2 \cdot x)$ und $f_2(x) = \cos(2 \cdot x)$ in den Grenzen von $\pi/8$ bis $5\pi/8$ eingeschlossen wird. Geben Sie eine Skizze an.

iii.) Bestimmen Sie die Fläche, die von den Graphen der Funktionen $f_1(x) = \sin(x)$ und $f_2(x) = \cos(x)$ in den Grenzen von $\pi/4$ bis $5\pi/4$ eingeschlossen wird. Geben Sie eine Skizze an.

(6) Aufgaben / Anregungen

A: Integral als Summe von Flächenabschnitten
Bestimmen sie die Fläche zwischen dem Graph von $f(x) = x^3$ durch die abschnittsweise Aufsummierung einzelner Flächenabschnitte (Obersumme) im Bezugsintervall: $0 \leq x \leq a$.
Es gilt: $1^3 + 2^3 + \ldots + n^3 = (n^2 \cdot (n+1)^2)/4$
Skizzieren Sie die Gegebenheiten.

D: Bestimmen Sie die Fläche zwischen $f_a(x) = x^2 - a \cdot x$ mit $a = 2$ und $x \in$ |R für $-1 \leq x \leq 3$.
Geben Sie auch die erste Ableitung und eine Skizze an.

B: Bestimmen Sie die Fläche zwischen $f_a(x) = x^2 + 1$ und der x-Achse, mit $x \in$ |R und $-1 \leq x \leq 3$.
Geben Sie auch die erste Ableitung und eine Skizze an.

C: Bestimmen Sie die Fläche zwischen dem Funktionsgraphen von $f(x) = A \cdot (x)^{1/3}$ und der x-Achse im Intervall von $0 \leq x \leq 4$.
Es sei: $A \in$ |R. Weiterhin soll sich die Funktion $f(x) = x^{1/2}$ um die x-Achse drehen. Bestimmen Sie für $1 \leq x \leq 4$ das Rotationsvolumen.

E: Die Funktion $f(x) = x^3$ rotiert um die x-Achse.
Ermitteln Sie das von der Funktion eingeschlossene Volumen im Bereich $1 \leq x \leq 2$. Geben Sie eine Skizze an.

F: Unbestimmte Integrale
Bestimmen Sie für f (x) jeweils die erste und zweite Aufleitung und das unbestimmte Integral:
a.) $f(x) = x^5$
b.) $f(x) = x^2 \cdot (x)^{1/3}$
c.) $f(x) = x^{-3} \cdot (x)^{1/3}$
d.) $f(x) = \sin(x)$
e.) $f(x) = \cos(x)$

G: Unbestimmte Integrale
Bestimmen Sie für f (x) jeweils die erste und zweite Aufleitung und das unbestimmte Integral:
a.) $f(x) = \sin(x^{5)}$
b.) $f(x) = \cos(x^2 \cdot (x)^{1/3}$
c.) $f(x) = \sin((x)^{1/2} + x)$
d.) $f(x) = (\sin((x) + 2x)^{1/2}$
e.) $f(x) = (\sin((x) + 2x)^{-1/2}$

H: Flächenbestimmung
i.) Berechnen Sie die Fläche zwischen dem Graphen der Funktion $f(x) = x^2 - 2 \cdot x + a$ und der x-Achse im Intervall der x-Achse von 0 bis 4. Rechnen Sie mit $a = -8$.
Wie verändert sich die Fläche für $a = -3$? Berechnen Sie auch hierfür die Fläche. Geben Sie eine Skizze an.
ii.) Bestimmen Sie die Fläche, die von den Graphen der Funktionen $f_1(x) = \sin(x)$ und $f_2(x) = \cos(x)$ in den Grenzen von $\pi/8$ bis $5\pi/8$ eingeschlossen wird. Geben Sie eine Skizze an.
iii.) Bestimmen Sie den Winkel zwischen den Graphen der Funktionen $f_1(x) = \sin(x)$ und $f_2(x) = \cos(x)$ am Schnittpunkt.

I: Funktionsanalyse
Es gilt: $f_a(x) = a \cdot x^3 - x^2 + 1$
Ermitteln Sie die Extrema.
Skizzieren Sie für $a = \pm 3$ den Funktionsverlauf im Intervall $-3 < x < 3$.

J: Funktionsuntersuchung und Verkehrsdichte

Es gilt: $f(x) = \dfrac{2000 \cdot x}{0{,}000002 \cdot x^3 + 0{,}1 \cdot x + \left(\frac{15}{L}\right)}$ mit $x \in$ |R⁺ und $L \in$ |R.

a) Führen Sie für L = 5 eine Funktionsuntersuchung für f(x) durch und ermitteln Sie:
Definitionsbereich (|D); Nullstellen; Polstellen, Lücken; Symmetrieeigenschaften; Extrempunkte.

b) f(x) gibt die Verkehrsdichte von motorisierten Fahrzeugen für einen Autobahnabschnitt in Abhängigkeit von der Fahrgeschwindigkeit x und der Fahrzeuglänge L an.

Hinweise / Einheiten: Verkehrsdichte: Anzahl der Fahrzeuge, die pro Stunde eine Zählstelle passieren;
x - Fahrgeschwindigkeit in km/h; $x \in$ |R; L - Fahrzeuglänge in m.

Bestimmen Sie die maximalen Verkehrsdichten für die Fälle L = 5 (siehe Aufgabenteil a), L = 15 und L = 30 im Intervall $0 \leq x \leq 150$.
Skizzieren Sie für dieses x-Intervall die Graphen der drei Fälle L = 5, L = 15 und L = 30 in einem Koordinatensystem.
Vergleichen Sie die drei Fälle und beschreiben Sie, wie sich die Fahrzeuglänge L auf die Verkehrsdichte auswirkt.

(7) Aufgaben / Anregungen / Lösungen und Herleitungen

Ableitungen/Aufleitungen

Nr.	f(x)	Ableitung von f(x)	Aufleitung von f(x)
1	ln(x)	1/x	x · ln(x) – x + C
2	ln(2x)	1/x	½ · (2x · ln(2x) – 2x) + C
3	ln(x + 2)	1/(x + 2)	(x + 2) · ln(x+ 2) – x – 2 + C
4	ln(x^2) = 2 · ln(x)	2/x	2 · (x · ln(x) – x) + C
5	ln(1/x)	-1/x	- x · ln(x) + x + C
6	exp(x)	exp(x)	exp(x) + C
7	exp(2x)	2 · exp(2x)	½ · exp(2x) + C
8	exp(x + 2)	exp(x + 2)	exp(2) · exp(x) + C = = exp(x + 2) + C
9	exp(x^2)	2 · x · exp(x^2)	
10	exp(1/x)	(-1/x^2) · exp(1/x)	
11	2^x	(ln2) · 2^x	
12	2^{x+1}	(ln2) · 2^{x+1}	

Lösungshinweise

Ableitungen

f(x) = ln(x) → D(f(x)) = 1/x

f(x) = ln(2x) → Substitution mit v = 2x; oder Kettenregel
→ D(f(x)) = 2/(2x) = 1/x

f(x) = ln(x + 2) → Kettenregel → D(f(x)) = 1/(x+2)

f(x) = ln(x^2) → Kettenregel → D(f(x)) = 2x · 1/(x^2) = 2/x

f(x) = ln(1/x) = ln(x^{-1}) = - ln(x) → D(f(x)) = - 1/x

f(x) = exp(x) → D(f(x)) = exp(x)

f(x) = exp(2x) → Kettenregel → D(f(x)) = 2 · exp(2x)

f(x) = exp(x+2) → D(f(x)) = exp(x+2)

f(x) = exp(x^2) → Kettenregel → D(f(x)) = 2x · exp(x^2)

f(x) = exp(1/x) = exp(x^{-1}) → D(f(x)) = - x^{-2} · exp(1/x)

f(x) = 2^x = exp(ln(2^x)) = exp(x · ln(2)) → Kettenregel
→ D(f(x)) = ln(2) · exp(x · ln(2)) = ln(2) · exp(ln(2^x))
= ln(2) · 2^x = ln(2) · f(x)

f(x) = 2^{x+1} = exp(ln(2^{x+1})) = exp((x + 1) · ln(2))
→ Kettenregel => D(f(x)) = ln(2) · 2^{x+1}

Aufleitungen

Partielle Integration:u = ln(x); D(u) = 1/x; D(v) = dx; v = x

Bogenlängenbestimmung

Herleitung

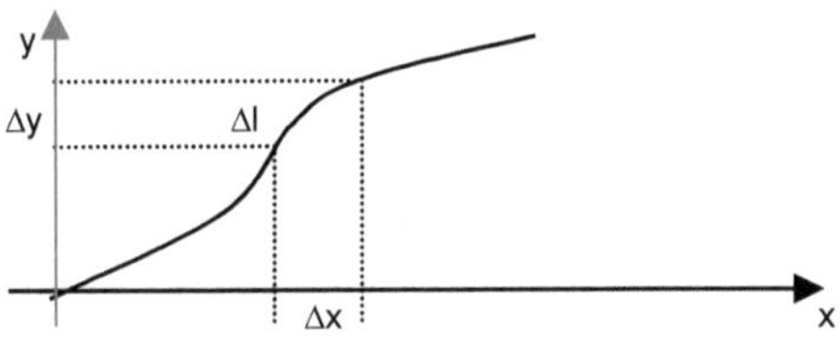

Es gilt: Δl = $((\Delta x)^2 + (\Delta y)^2)^{0,5}$ $((1)^2 + (\Delta y/\Delta x)^2)^{0,5} \cdot \Delta x$
Mit einem Grenzwertübergang (Δx → dx) folgt:
dl = $((1)^2 + (dy/dx)^2)^{0,5} \cdot dx = (1 + (Df(x))^2)^{0,5} \cdot dx$
Durch die Integration ergibt sich: L = $\int [(1 + (Df(x))^2)^{0,5}] \cdot dx$
Der gesuchte Ausdruck lautet: L = $\int_{x_1}^{x_2} \sqrt{1 + (f'(x))^2}\, dx$

Beispiel 1
f(x) = x; Grenze x_1 = 1; Grenze x_2 = 3,5
D(f(x)) = 1

L = $\int_1^{3,5} \sqrt{1 + (1)^2} dx$= $(2)^{0,5} \cdot (3,5 - 1) = 3,54$ LE

(LE: Längeneinheiten)
Dies kann zeichnerisch und durch Rechnung (Satz des Pythagoras) bestätigt werden.

Beispiel 2
Bestimmen der Bogenlänge für die Funktion $x^{3/2}$ in den Grenzen von x_1 = 3 bis x_2 = 9.Es gilt: D(f(x)) = $1,5 \cdot x^{0,5}$

So folgt: L = $\int_3^9 \sqrt{1 + \frac{9}{4}x} \cdot dx$

Sinnvolle Substitution: v = (1 + (9/4) x); dv/dx = 9/4

L = $\frac{4}{9} \cdot \frac{2}{3}\left(1 + \frac{9}{4}x\right)^{3/2} \square|_3^9 = \frac{\sqrt{614125} - \sqrt{29791}}{27} \approx \frac{611}{27} \approx 22,62963$ LE

Beispiel 3
Bestimmung der Bogenlänge eines Kreises (L_{Kreis})
mit f(x) = $(r^2 - x^2)^{0,5}$ und $(Df(x))^2 = x^2/(r^2 - x^2)$.

Es ergibt sich folgendes Integral: $L_{Kreisbogen} = \int \sqrt{1 + \frac{x^2}{r^2 - x^2}} dx$

Mit der Substitution z = x/r folgt durch D(arcsin(z)) = $1/(1 - z^2)^{0,5}$:
L_{Kreis} = r · arcsin |z|.

Hinweis: Ableitung der arcsin-Funktion
y = arcsin(x) ; es gilt x = sin(y) und somit $x^2 = \sin^2(y)$
Mit dx/dy = cos(y) und cos(y) = $(1 - \sin^2(y))^{0,5}$ ergibt sich
cos(y) = $(1 - x^2)^{0,5}$
So folgt: dx/dy = $(1 - x^2)^{0,5}$
Umgeschrieben ergibt sich D(y) = dy/dx = $\frac{1}{\sqrt{1 - x^2}}$
Damit folgt: D(arcsin(x)) = $\frac{1}{\sqrt{1 - x^2}}$

(8) Aufgaben / Anregungen

A: Bestimmen Sie die Länge der Ortspfeile P_1 und P_2. Geben Sie die vektorielle Gleichung für die Gerade durch die Punkte P_1 und P_2 an: $P_1 = (2; -4)$ und $P_2 = (-4; 2)$.

B: Von einer Geraden sind der Punkt $P_1 = (3; -7)$ und der Richtungsvektor **a** = (2, - 2) bekannt. Geben Sie die vektorielle Gleichung für die Gerade an. Skizzieren Sie die Gegebenheiten.

C: Drei Vektoren **x**, **y** und **z** sind linear abhängig: Was folgt daraus?

D: Sind die drei Vektoren **d** = (2; 1; 3), **e** = (3; 2; 1) und **f** = (0; -1; 7) linear abhängig? Erklären Sie Ihr Ergebnis.

E: Erläutern Sie den Unterschied zwischen Ortspfeil und Vektor.

F: Es seien A = (1 | 1), B = (0 | 2) und C = (-1 | -2) die Eckpunkte eines Dreiecks.
Geben Sie eine Skizze an. Berechnen Sie:
die Längen der Seiten dieses Dreiecks; den Winkel α an der Ecke A; die Gleichung der Geraden durch A und B; den Flächeninhalt des Dreiecks.
Bestimmen Sie den minimalen Abstand des Punktes F = (3 | 4) von der Geraden g, die durch A und B geht.
Liegen die Punkte D = (1,1 / 0,9) und E = (5,5 / 10,4) auf dieser Ebene?

G: Ermitteln Sie den Winkelwert zwischen den Vektoren **a** = (2; - 4) und **b** = (- 4; 2).

H: Gegeben sind die Vektoren **a** = (1; 5; *c*) und **b** = (c^2; - 6; 5/*c*) mit dem Faktor $c \in$ |R.
Bestimmen Sie jeweils den Einheitsvektor für jeden der beiden Vektoren **a** und **b**. Die Vektoren **a** und **b** sollen senkrecht aufeinander stehen. Bestimmen Sie hierfür *c*.
Bestimmen Sie für *c* = 6 den Winkel φ zwischen den Vektoren.

I: Eine Dachebene wird durch die Beziehung
E: $x_1 + 8x_2 - 4x_3 + 27 = 0$ beschrieben. Im zugehörigen Bezugssystem (Koordinatensystem) soll an der Position P(9 | - 2 | - 4) eine Lampe installiert werden. Bestimmen Sie den minimalen Abstand der Lampe von der Dachebene (E).

J: Bestimmen Sie von der folgenden Ebenendarstellung in Parameterform die Normalform und die Hessesche Normalform: f(x) = (1, 2, 3) + m (2, 3, 4) + n (3, -2, -1); m, n ∈ |R.

K: In einem Tanzsaal wird eine dreieckige Spiegelplatte eingebaut. Die Eckpunkte haben folgende Koordinaten:
$P_A = (0 | 0 | 2)$; $P_B = (-2 | 5 | 3)$ und $P_C = (3 | 2 | 6)$. Skizzieren Sie die Gegebenheiten. Wie lautet die Gleichung für jene Ebene, auf der das Dreieck liegt? Bestimmen Sie den Vektor, der senkrecht auf der Spiegelplatte steht.

L: Ein Laserstrahl wird von einem Satelliten (I) in Richtung der Erde gestrahlt. Dieser Strahl soll in Erdnähe mit einem zweiten Laserstrahl (Modulationsstrahl) – ausgehend vom Satelliten II - beeinflusst und danach von einem weiteren Satelliten (Satellit III) aufgefangen werden.
Der Modulationsstrahl muss den Trägerstrahl exakt kreuzen.
Der Messsatellit (Satellit III) ist so zu positionieren, dass er genau auf dem Lichtstrahl liegt.
Für die Satelliten I und II hat ein Programm verschiedene Positionen bestimmt. Zur Überprüfung der gefundenen Werte sollen Sie einige Werte bestimmen.

Teilaufgabe 1:
Die Punkte A und B liegen auf dem Trägerstrahl. Sie besitzen die folgenden Werte im xyz-Koordinatensystem:
P_A = (7.000 km/50.000 km/6.500 km) und
P_B = (500 km/500 km/12.000 km).
Stellen Sie die allgemeine **vektorielle Geradengleichung** für den Lichtstrahl auf.
(Zur Kontrolle: Es ist bekannt, dass ein Punkt E auf dem Lichtstrahl liegt. Seine Koordinatenwerte lauten:
P_E = (12.200 km/89.600 km/2.100 km).)

Teilaufgabe 2:
Folgende Positionswerte des Satelliten II sind bekannt:
$P_{S(II)}$ = (- 1.000 km/24.000 km/8.000 km). Der Modulationsstrahl, der vom Satelliten II abgestrahlt wird, wird durch folgenden Richtungsvektor beschrieben: ***v*** = (475 km/125 km/125 km).
Schneidet dieser Strahl den oben beschriebenen Trägerstrahl?
Bestimmen Sie, sofern er existiert, den Schnittpunkt zwischen dem Trägerstrahl und dem Modulationsstrahl.
Die Empfangsstation (Satellit III) soll den modulierten Trägerstrahl direkt auffangen. Folgende Position soll der Satellit einnehmen:
$P_{S(III)}$ = (- 4.180 km/- 35.140 km/z(SIII) km).
Bestimmen Sie den Wert von z(SIII).

M: a.) Bestimmen Sie das Vektorprodukt von *a* = (1; 2; 3) und *b* = (-2; 3; -1).
b.) Bestimmen Sie von der folgenden Ebenendarstellung in Parameterform die Normalform und die Hessesche Normalform:
f(x) = (1, 2, 3) + m (2, 3, 4) + n (3, -2, -1); m, n ∈ |R.
c.) Bestimmen Sie den Abstand des Punktes P(9, -1; -2) von der Ebene E: $x_1 + 8x_2 - 4x_3 + 27 = 0$. Interpretieren Sie Ihr Ergebnis.

N: Ein Flugzeug startet. Während der Steigflugphase fährt ein PKW mit 120 km/h immer genau unter dem Flugzeug.
Der Schatten des Flugzeuges eilt mit 170 km/h über den geraden Erdboden. Die Sonnenstrahlen haben einen Winkel von 45° zum Erdboden. Die Strahlen verlaufen genau parallel.
Skizzieren Sie die Gegebenheiten. Welche Geschwindigkeit hat das Flugzeug?
Um wie viel Meter steigt die Maschine in der Sekunde?

O: a.) Der Punkt A(5; 2) wird mit dem Punkt S(7; 2) verbunden. Geben Sie die Gleichung für die Mittelsenkrechte in vektorieller Schreibweise zwischen A und S an.
b.) Es gilt: ***m*** = (2; 3; 1) und ***a*** = (1; 1; 1).
Zerlegen Sie den Vektor ***m*** in Vektoren, die parallel und senkrecht zum Vektor ***a*** liegen. Skizzieren Sie die Gegebenheiten

P: Bestimmen Sie den Schnittpunkt der Geraden g mit der Ebene E.

g: $\mathbf{x}_g = (11|17|-7) + \lambda \cdot (-5|-14|13)$, $\lambda \in$ |R,
E: $\mathbf{x}_E = (-2|10|-8) + s \cdot (2|3|4) + t \cdot (3|-2|-1)$;
s ∈ |R; t ∈ |R. Und bestimmen Sie den Schnittwinkel der Geraden g mit der Ebene E.

Q: Flugzeugbewegung: Ein Flugzeug durchfliegt eine Messebene, die durch folgende Gleichung bestimmt wird:

E: $\mathbf{x}_E = (-2|10|-8) + s \cdot (2|3|4) + t \cdot (3|-2|-1)$; s ∈ |R; t ∈ |R.

Die Flugzeugbewegung selbst wird durch folgende Gleichung erfasst: g: $\mathbf{x}_g = (11|17|-7) + \lambda \cdot (-5|-14|13 + A)$, $\lambda \in$ |R.
a.) Rechnen Sie mit A = 0. Bestimmen Sie den Schnittpunkt des Flugzeuges mit der Ebene und den Winkel, unter dem das Flugzeug auf die Ebene stößt.
b.) Ermitteln Sie für A ∈ {5;10; 15; 20; 25} den Schnittwinkel φ der Flugbahn des Flugzeugs mit der Ebene E.
Stellen Sie die Entwicklung von φ mit φ = f(A) geeignet dar.

(9) Aufgaben / Anregungen / Lösungshinweise

Wurzelgleichungen

G1	$y = (x(x+2))^{0,5}$	$x^2 + 2 \cdot x = 0 = x \cdot (x+2) \rightarrow x_{N1} = 0;\ x_{N2} = -2;\ \mathbf{D} = \{x \mid x \leq -2 \vee x \geq 0\}_{\mathbf{R}}$
G2	$y = (x-4)^{0,5}$	$x - 4 \geq 0 \rightarrow x \geq 4;\ \mathbf{D} = \{x \mid x \geq 4\}_{\mathbf{R}}$
G3	$f(x) = (x+2)^2 + 3$	$(x+2)^2 = -3$; Dies ist mit $x \in R$ nicht lösbar.
G4	$(x+6)^{0,5} = (x)^{0,5} + (2)^{0,5}$	$x + 6 = x + 2 + 2 \cdot (2 \cdot x)^{0,5} \rightarrow 2 \cdot (2 \cdot x)^{0,5} = 4; \rightarrow 2 \cdot x = 4 \rightarrow x = 2;\ \mathbf{D} = \{x \mid x \geq 0\}_{\mathbf{R}}$
G5	$(x+6)^{0,5} - (2 \cdot x + 2)^{0,5} = 0$	$x + 6 = 2 \cdot x + 2 \rightarrow x = 4;\ \mathbf{D} = \{x \mid x \geq -1\}_{\mathbf{R}}$
G6	$(3 \cdot x + 7)^{0,5} = 4 + (3 \cdot x + 15)^{0,5}$	$3 \cdot x + 7 = 16 + 3 \cdot x + 15 + 8 \cdot (3 \cdot x + 15)^{0,5} \rightarrow -24 = 8 \cdot (3 \cdot x + 15)^{0,5}$ $\rightarrow -3 = (3 \cdot x + 15)^{0,5} \rightarrow 9 = 3 \cdot x + 15 \rightarrow -6 = 3 \cdot x \rightarrow x = -2$ **Probe:** Dies ist jedoch kein Lösungswert, da gilt: $(-6+7)^{0,5} = 1 \neq 7 = 4 + 3 = 4 + (9)^{0,5} = 4 + (-6+15)^{0,5};\ \mathbf{L} = \{\,\} = \varnothing;\ \mathbf{D} = \{x \mid x \geq -7/3\}_{\mathbf{R}}$
G7	$2 \cdot (x+3)^{0,5} - (2 \cdot x + 2)/(x+3)^{0,5}$ $= (x-3)^{0,5}$	$2 \cdot (x+3) - (2 \cdot x + 2) = ((x-3) \cdot (x+3))^{0,5} \rightarrow 2 \cdot x + 6 - 2 \cdot x - 2 = (x^2 - 9)^{0,5}$ $\rightarrow 4 = (x^2 - 9)^{0,5} \rightarrow 16 = x^2 - 9 \rightarrow 25 = x^2 \rightarrow x = 5$; **Probe:** $\mathbf{D} = \{x \mid x \geq 3\}_{\mathbf{R}}$
G8	$(x)^{0,5} + a = (x-a)^{0,5}$	$x + a^2 \Rightarrow (x)^{0,5} = 0,5 \cdot (-a-1)$; $2 \cdot a \cdot (x)^{0,5} = x - a$; $\rightarrow a^2 + 2 \cdot a \cdot (x)^{0,5} + a = 0$ $\rightarrow (x)^{0,5} = 0,5 \cdot (-a-1) \rightarrow x = (1/4) \cdot (a^2 + 2 \cdot a + 1)$; **Probe:** $\mathbf{D} = \{x \mid x \leq -2 \vee x \geq 0\}_{\mathbf{R}}$
G9	$\sqrt{x-6} + 6 = \sqrt{x+6}$	$x - 6 + 36 + 12 \cdot \sqrt{x-6} = x + 6 \rightarrow \sqrt{x-6} = -2 \rightarrow x - 6 = 4 \rightarrow x = 10$ Die Probe ist jedoch nicht erfolgreich: $\rightarrow 8 \neq 4$; $\mathbf{L} = \{\,\} = \varnothing;\ \mathbf{D} = \{x \mid x \geq 6\}_{\mathbf{R}}$
G10	$\sqrt{x+6} = \sqrt{x} + \sqrt{2}$	$x + 6 = x + 2 + 2 \cdot (2 \cdot x)^{0,5} \rightarrow \mathbf{2 =} (2 \cdot x)^{0,5} \rightarrow \mathbf{4 =} 2 \cdot x \rightarrow \mathbf{x =} 2$ **Probe:** $(8)^{0,5} = 2 \cdot (2)^{0,5} = (2)^{0,5} + (2)^{0,5}$; $\mathbf{L} = \{2\}$; $\mathbf{D} = \{x \mid x \geq -6\}_{\mathbf{R}}$
G11	$-\sqrt{x-6} + 6 = \sqrt{x+6}$	$x - 6 + 36 - 12 \cdot (x-6) = x + 6 \rightarrow 24 = 12 \cdot (x-6)^{0,5} \rightarrow 2 = (x-6)^{0,5} \rightarrow 4 = x - 6$ $\rightarrow x = 10$; **Probe:** $-2 + 6 = +4 = +4$; $\mathbf{L} = \{10\}$; $\mathbf{D} = \{x \mid x \geq 6\}_{\mathbf{R}}$

Geschwindigkeit – Distanz – Zeit

Ein Wasserkanal hat die Breite d. In ihm fließt überall das Wasser gleichmäßig mit der Geschwindigkeit w. Zwei Schwimmer können jeweils genau mit der Geschwindigkeit v schwimmen. Der eine Schwimmer durchquert genau senkrecht zur Seitenbegrenzung den Kanal und schwimmt wieder direkt zum Startpunkt zurück. Der andere Schwimmer schwimmt parallel zur Seitenbegrenzung die Distanz d und schwimmt dann wieder genau zum Startpunkt zurück.

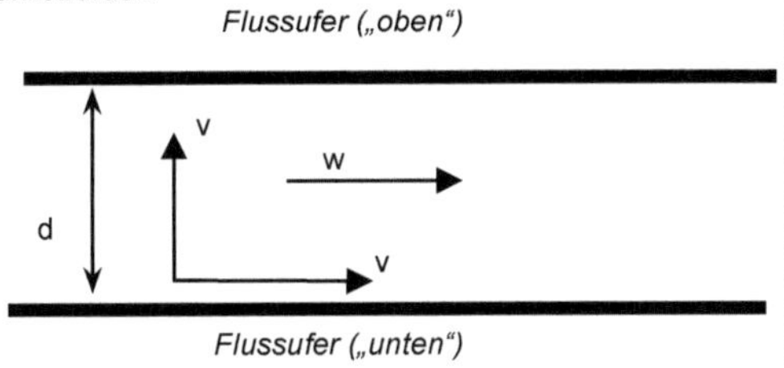

Der Schwimmer, der genau senkrecht zur Strömung bewegt, muss zum Teil direkt gegen die Strömung schwimmen, damit er genau auf der anderen Seite des Flusses ankommt.
Somit teilt sich seine Bewegung in zwei Komponenten auf, die senkrecht zueinanderstehen und in ihrer vektoriellen Summe genau die Gesamtgeschwindigkeit des Schwimmers ergeben:

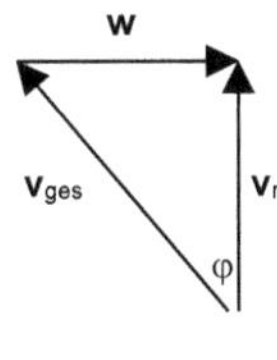

w: Geschwindigkeit des Wassers
$\mathbf{v}_{ges}$: Gesamtgeschwindigkeit des Schwimmers
$\mathbf{v}_r$: Restgeschwindigkeit des Schwimmers genau senkrecht zur Wasserbewegung
Es gilt (vektoriell): $\mathbf{v}_{ges} - \mathbf{w} = \mathbf{v}_r$
Weiterhin gilt: $\sin(\varphi) = w/v_{ges}$
w ist die Länge von **w**; v_{ges} ist die Länge von $\mathbf{v}_{ges}$.

1. Es ergibt sich im Detail (jeweils sowohl für die Hin- als auch Rückbewegung): $v_r = (v_{ges}^2 - w^2)^{0,5}$
Damit ergibt sich folgende Schwimmzeit:
$T_1 = 2 \cdot d/v_r = 2 \cdot l \cdot 1/(v_{ges}^2 - w^2)^{0,5}$

2. Der Schwimmer, der genau parallel zur Strömung bewegt, bewegt sich gegenüber der Uferböschung mit zwei unterschiedlichen Geschwindigkeiten: einmal mit der Strömung und einmal genau gegen die Strömung. Es gilt hierbei:

$T_{2\text{-hin}} = T_{2a} = d/(v_{ges} + w)$; $T_{2\text{-zurück}} = T_{2b} = d/(v_{ges} - w)$

Dieser Schwimmer benötigt somit die Gesamtzeit: $T_2 = T_{2a} + T_{2b}$
$T_2 = d/(v_{ges} + w) + d/(v_{ges} - w) = d \cdot (1/(v_{ges} + w) + 1/(v_{ges} - w)) =$
$= d \cdot ((v_{ges} - w) + (v_{ges} + w))/((v_{ges} - w) \cdot (v_{ges} + w)) =$
$= d \cdot ((v_{ges} - w + v_{ges} + w)/(v_{ges}^2 - w^2) = d \cdot (v_{ges} + v_{ges})/(v_{ges}^2 - w^2)$
$= 2 \cdot d \cdot v_{ges}/(v_{ges}^2 - w^2)$

Wir können die Differenz von T_1 zu T_2 bestimmen. Es folgt:
$T_{differenz} = T_1 - T_2 = (2 \cdot d/(v_{ges}^2 - w^2)^{0,5}) - (2 \cdot d \cdot v_{ges}/(v_{ges}^2 - w^2))$
$T_{differenz} = 2 \cdot d \cdot (((v_{ges}^2 - w^2)^{0,5}/(v_{ges}^2 - w^2)) - v_{ges}/(v_{ges}^2 - w^2))$
$T_{differenz} = 2 \cdot d \cdot ((v_{ges}^2 - w^2)^{0,5} - v_{ges})/(v_{ges}^2 - w^2)$
$T_{differenz} = 2 \cdot d \cdot v_{ges} \cdot ((1 - (w/v_{ges})^2)^{0,5} - 1)/(v_{ges}^2 \cdot (1 - (w/v_{ges})^2))$
$T_{differenz} = 2 \cdot d \cdot ((1 - \sin^2(\varphi))^{0,5} - 1)/(v_{ges} \cdot (1 - \sin^2(\varphi)))$

Mit $\cos^2(\varphi) = (1 - \sin^2(\varphi))$ folgt:
$T_{differenz} = (2 \cdot d \cdot (\cos(\varphi) - 1)/(v_{ges} \cdot (1 - \sin^2(\varphi)))$
Also: $T_{differenz} = 2 \cdot d \cdot \frac{\cos(\phi) - 1}{v \cdot \cos^2(\phi)} = 2 \cdot d \cdot (1/n) \cdot \frac{\cos(\phi) - 1}{\cos^2(\phi)}$
Somit bestimmt im Kern $\frac{\cos(\phi) - 1}{\cos^2(\phi)}$ den Graphenverlauf.

Hinweis

Prinzipiell wurde diese Problematik bzgl. der Bewegung des Lichts ausgehend von der Erde mit Blick auf einen angenommen Äther um 1900 betrachtet.
Hierbei galt: $v_{ges\text{-}Licht} = 300.000$ km/s und w(Erde) = 30 km/s.
$((v_{ges\text{-}L})^2 - w^2)^{0,5} = 299.999,99849999999624999998 \ldots$ km/s
$\approx 299.999,9985$ km/s.

Es konnten jedoch keine $T_{differenz}$-Werte ermittelt werden.

Dies war der Ausgangspunkt für die spezielle Relativitätstheorie (SRT) von Albert Einstein (1905).

(10) Aufgaben / Anregungen

A: In einer Woche werden im Lotto die Zahlen 2, 11, 26, 35, 36, 42 gezogen. Ist es sinnvoll, diese Zahlen bei der nächsten Ziehung anzukreuzen?

C: Aus drei Scheinen zum Lotto 6 aus 49 dürfen Sie sich einen auswählen. Folgende Zahlen sind bereits angekreuzt:

Schein A: 1, 2, 3, 4, 5, 6

Schein B: 2, 5, 19, 24, 37, 46

Schein C: 3, 7, 13, 31, 43, 47

Welchen Schein wählen Sie? (Der Schein ist für sie kostenlos.)

D: Ein Würfel wird 6000x geworfen.
Folgende Ziehungswerte liegen vor:

Zahl	1	2	3	4	5	6
Anzahl	**950**	**400**	**2200**	**600**	**400**	**1450**

Halten Sie diese Werte für
a.) denkbar oder undenkbar?
b.) realistisch oder unrealistisch?
c.) üblich oder unüblich?

F: In einem Klassenraum befinden sich 23 Schüler. Wie groß ist Ihrer Meinung nach die Wahrscheinlichkeit, dass zumindest zwei Schüler an einem gleichen Tag Geburtstag haben?

A: 2 %

B: 7 %

C: 14 %

D: 23 %

E: 50 %

H: Was sagen Sie zu dem Satz: „Der Zufall hat keine Erinnerung!" Können Sie zufällige Ereignisse von geplanten Ereignissen (in ihrem Leben) unterscheiden?

J: Welche Reihe ist zufällig bestimmt?

Reihe A: 1; 0; 1; 0; 1; 0; 1; 0; 1; 0; 1; 0; 1; ...

Reihe B: 1; 2; 4; 8; 16; 8; 4; 2; 1; 0; 1; 2; 4; 8; 16; 8; ...

Reihe C: 1; 4; 1; 5; 9; 2; 6; 5; 3; 5; 8; 9; 7; 9; 3; ...

K: Folgende Häufigkeitswerte sind für einen Würfel charakteristisch:

Zahl	1	2	3	4	5	6
Anzahl	96	102	97	113	97	78

a: Geben Sie die Wahrscheinlichkeiten für folgende Ereignisse an: (I) Gerade Augenzahl; (II) Augenzahl ist kleiner 5.
b: Bestimmen Sie den **Erwartungswert**.

O: Wie groß ist die Wahrscheinlichkeit, beim zwölfmaligen Werfen eines Laplace-Würfels mindestens achtmal eine Fünf zu erhalten?

P: Kindergarten
a.) In einem Kindergarten lassen die Kinder bei einem Fest Sandkörner **zufällig** auf eine quadratische Platte der Größe 5 m x 5 m fallen. Genau in der Mitte der Platte ist ein Kreis mit einem Durchmesser von 4 m eingezeichnet. Nach dem Fest wird die Anzahl der Sandkörner in den einzelnen Flächenbereichen ermittelt. Kann so die Zahl π bestimmt werden? Welchen Vorteil hat dieses Berechnungsverfahren?
b.) Für den Philosophen Platon galt (wahrscheinlich) die Beziehung $\pi = \sqrt{3} + \sqrt{2}$.Kann mit diesem Verfahren der Wert von π genauer bestimmt werden?
c.) Wie kann eine entsprechende Simulation mit einem Rechner erfolgen?

B: In einer Urne befinden sich verschiedene Kugeln: drei rote, zwei blaue und eine grüne.
Sie können in die Urne greifen und die Kugeln herausnehmen. Die Urne ist mit einem Tuch bedeckt, und Sie können nicht in die Urne sehen. Die Kugeln sind alle gleichartig.
Sie greifen einmal in die Urne.
Mit welcher Wahrscheinlichkeit greifen Sie die einzelnen Farben?
Wie kann dies berechnet werden? Wie können wir den Versuchsablauf darstellen?

E: An einer Bushaltestelle fährt zu jeder ungeraden Stunde um 20 Minuten ein Bus der Linie A. Weiterhin fährt um 50 Minuten ein Bus der Linie B. Und in jeder geraden Stunde fährt um 30 Minuten ein Bus der Linie C. Die Fahrgäste sollen unabhängig voneinander zur Busstation kommen. Jeder Fahrgast nutzt den nächsten Bus. Die Ankunft der Fahrgäste ist gemäß Laplace gleichwahrscheinlich. Bestimmen Sie die die Größe des Busses, wenn die Anzahl der Zusteigenden maximal 50 % der Sitzplätze beanspruchen darf. In 2 Stunden kommen 160 Fahrgäste an die Busstation.

G: In einer Urne befinden sich verschiedene Kugeln: drei rote, zwei blaue und eine grüne. Nun greifen Sie zwei Mal in die Urne.
Versuch A: Sie ziehen eine Kugel. Diese legen Sie wieder zurück. Danach ziehen Sie noch eine Kugel.
Versuch B: Sie ziehen eine Kugel. Diese legen Sie nicht zurück. Danach ziehen Sie noch eine Kugel.
Versuch C: Sie ziehen zwei Kugeln zugleich.
Welche Ergebnisse erwarten Sie jeweils?
Wie kann das Geschehen dargestellt und berechnet werden?

I: In einer Urne befinden sich 3 schwarze, 2 rote und 5 gelbe Kugeln. Es wird eine Kugel gezogen und immer zusammen mit einer gelben zurückgelegt. Es wird dann eine zweite Kugel gezogen. Wie große ist die Wahrscheinlichkeit, dass zumindest eine gelbe Kugel gezogen wird?

L: Wie groß ist die Wahrscheinlichkeit, dass man bei einem Wurf mit drei Würfeln mehr als 12 Zahlen erhält?

M: Wie groß ist die Wahrscheinlichkeit, dass bei einer Lottoziehung alle sechs gezogenen Zahlen kleiner als 20 sind?

N: a. Von drei Ehepaaren (jeweils ein Mann und eine Frau) setzen sich zuerst zufällig zwei Männer und dann zwei
Frauen jeweils an zwei verschiedene Tische. Wie groß ist die Wahrscheinlichkeit, dass zwei Paare am Tisch sitzen?
An jedem Tisch sind zwei Plätze.
Es sollen immer ein Mann und eine Frau an einem Tisch sitzen.
b. Bei einem weiteren Spiel sitzen an vier Tischen jeweils drei Spieler. Es sollen nun insgesamt in jeder Spielrunde acht Kinder und vier Erwachsene den vier Tischen zugeteilt werden.
Wie groß ist die Wahrscheinlichkeit, dass bei einer zufälligen Zuteilung an jedem Tisch genau ein Erwachsener sitzt?

Q: a: Wie groß ist die Chance, bei einem Würfel mit vier Würfen mindestens eine Sechs zu bekommen?
b: Und wie groß ist die Chance, beim Werfen von zwei Würfeln mindestens einmal zugleich zwei Sechsen zu erhalten, wenn insgesamt 24xl gewürfelt wird?

R: Eine Laplace-Münze (mit Kopf (K) und Zahl (Z)) wird 12-mal hintereinander geworfen.
Wie groß ist die Wahrscheinlichkeit, dass die Zahl (Z) 12-, 11- oder 10-mal erscheint?

(11) Aufgaben / Anregungen

Beispielhaft sei angenommen, dass in dem Land „ABC“ 11.000 Menschen leben. Hiervon sollen 10.000 Einheimische sein. 1.000 sind zugezogene Mitbürger. Unter den Bewohnern gehören 3.300 zu den „sozial Schwächeren“. Und 7.700 zu den sozial Stärkeren. Insgesamt haben 2.700 Mitbürger eine höhere Bildung. Und 8.300 einen nicht so hohen Bildungsstand. Weiterhin wird noch zwischen Klein- und Großfamilien unterschieden.

| Einheimische | = | E | = 10.000; | Zugezogene | = | Z | = 1.000
| „Sozial Schwächere“ | = | SoS | = 3.300; | „Sozial Stärkere“ | = | SoSt | = 7.700
| Höhere Bildung | = | HB | = 2.700; | Keine höhere Bildung | = | KhB | = 8.300
| Kleinfamilie | = | KF | = 8.830; | Großfamilie | = | GF | = 2.170

In der Tabelle werden die Beziehungen im Detail aufgeführt. Durch die zusätzliche Erfassung von Merkmalen können sich die Vergleichsrelationen verändern. Die Wahrscheinlichkeit eines Ereignisses unter Beachtung verschiedener Merkmalsgrößen (zum Beispiel M_1 und M_2) entspricht nicht unbedingt der Ereigniswahrscheinlichkeit unter Beachtung einer reduzierten Anzahl von Merkmalsgrößen (M_1).

Interpretieren Sie die Darstellung.

M1: Einheimische; $\mid E \mid = 10.000$; $\mid HB \mid = 2.500$ Quote: 25 %	M1: Zugezogene; $\mid Z \mid = 1.000$; $\mid HB \mid = 200$ Quote: 20 %

25 % > 20 % Deutung: Die Einheimischen besitzen einen höheren Bildungsgrad.

Rubrik A (M1: Einheimische Mitbürger)		*Rubrik B (M1: Zugezogene Mitbürger)*	
Rubrik A-1 *(M2: „Sozial Schwächere“)*	*Rubrik A-2* *(M2: „Sozial Stärkere“)*	*Rubrik B-1* *(M2: „Sozial Schwächere“)*	*Rubrik B-2* *(M2: „Sozial Stärkere“)*
M1: Einheimische M2 : SoSch $\mid E \cap SoS \mid = 2.500$ $\mid E \cap SoS \cap HB \mid = 400$ Quote: 16 %	M1: Einheimische M2: SoSt $\mid E \cap SoSt \mid = 7.500$ $\mid E \cap SoSt \cap HB \mid = 2.100$ Quote: 28 %	M1: Zugezogene M2 : SoSch $\mid Z \cap SoS \mid = 800$ $\mid Z \cap SoS \cap HB \mid = 140$ Quote: 17,5 %	M1: Zugezogene M2: SoSt $\mid Z \cap SoSt \mid = 200$ $\mid Z \cap SoSt \cap HB \mid = 60$ Quote: 30 %

Nun ergibt sich unter Beachtung des zusätzlichen Merkmals M2:

(Vergleich A-1 zu B-1): 16 % < 17,5 %;
(Vergleich A-2 zu B-2): 28 % < 30 %.
(Insofern wurden gegenüber dem Vergleich A-B durchgängig alle Relationen umgekehrt.)
Deutung: Die Zugezogenen besitzen einen höheren Bildungsgrad in allen Teilgruppen.

Rubrik A (M1: Einheimische Mitbürger)				*Rubrik B (M1: Zugezogene Mitbürger)*			
Rubrik A-1 *(M2: „Sozial Schwächere“)*		*Rubrik A-2* *(M2: „Sozial Stärkere“)*		*Rubrik B-1* *(M2: „Sozial Schwächere“)*		*Rubrik B-2* *(M2: „Sozial Stärkere“)*	
Rubrik A-1-1 (M3: KF)	Rubrik A-1-2 (M3: GF)	Rubrik A-2-1 (M3: KF)	Rubrik A-2-2 (M3: GF)	Rubrik B-1-1 (M3: KF)	Rubrik B-1-2 (M3: GF)	Rubrik B-2-1 (M3: KF)	Rubrik B-2-2 (M3: GF)
$\mid E \cap SoS \cap KF \mid = 2000$	$\mid E \cap SoS \cap GF \mid = 500$	$\mid E \cap SoSt \cap KF \mid = 6.600$	$\mid E \cap SoSt \cap GF \mid = 900$	$\mid Z \cap SoS \cap KF \mid = 150$	$\mid Z \cap SoS \cap GF \mid = 650$	$\mid Z \cap SoSt \cap KF \mid = 80$	$\mid Z \cap SoSt \cap GF \mid = 120$
$\mid E \cap SoS \cap KF \cap HB \mid = 300$	$\mid E \cap SoS \cap HB \cap GF \mid = 100$	$\mid E \cap SoSt \cap HB \cap KF \mid = 1.800$	$\mid E \cap SoSt \cap HB \cap GF \mid = 300$	$\mid Z \cap SoS \cap HB \cap KF \mid = 20$	$\mid Z \cap SoS \cap HB \cap GF \mid = 120$	$\mid Z \cap SoSt \cap HB \cap KF \mid = 21$	$\mid Z \cap SoSt \cap HB \cap GF \mid = 39$
Quote: 15 %	Quote: 20 %	Quote: 27,27 %	Quote: 33,3 %	Quote: 13,3 %	Quote: 18,46 %	Quote: 26,25 %	Quote: 32,5 %

Nun ergibt sich unter Beachtung des zusätzlichen Merkmals M3:

(Vergleich A-1-1 zu B-1-1): 15 % > 13,3 %
(Vergleich A-1-2 zu B-1-2): 20 % > 18,46 %
(Vergleich A-2-1 zu B-2-1): 27,27 % > 26,25 %
(Vergleich A-2-2 zu B-2-2): 33,3 % > 32,5 %

(Insofern wurden gegenüber den Vergleichen A1-B1 und A2-B2 durchgängig alle Relationen umgekehrt.)

Hinweis: Aus (mit $\neg$: Negation) $P(A \mid (M_1 \cap M_2)) < P(A \mid ((\neg M_1) \cap M_2))$ und $P(A \mid (M_1 \cap (\neg M_2))) < P(A \mid ((\neg M_1) \cap (\neg M_2)))$ folgt nicht zwingend $P(A \mid M_1) < P(A \mid (\neg M_1))$. Dieser Zusammenhang ist in der Literatur auch als „Simpsonsches Paradoxon“ bekannt. Er wurde von Edward Hugh Simpson 1951 veröffentlicht.

(12) Aufgaben / Anregungen

A: Aufgabe: Leiten Sie die folgenden Funktionen ab:

a.) $f_a(x) = a^x$;

b.) $f_b(x) = \exp(x) = e^x$

c.) $f_c(x) = a^x \cdot \ln(a)$

d.) $f_d(x) = e^{mx}$

Hinweis

In der derzeitigen Modelldiskussion werden verschiedene Grundfunktionen auf ihre Verwendbarkeit hin untersucht, wie z. B.
lineare Funktionen ($f(t) = a \cdot t + b$),
Exponential- ($f(t) = a \cdot b^t$),
Hyperbel- ($f(t) = a/(b - t)$),
Potenz- ($f(t) = a \cdot t^b$) und
Logarithmusfunktionen ($f(t) = a \cdot \ln(t + b)$).

B: Aufgabe: Es ist zu überprüfen, ob mit der Funktion $f(t) = 3{,}698 \cdot 10^9 \cdot 1{,}0179^t$ (Menschen) die Bevölkerungswerte im Zeitraum von 1970 bis 1994 adäquat erfasst werden können (Tab. 1). Dabei ist das Kalenderjahr 1970 mit t = 0 gleich zu setzen. Somit gilt: f(K.-Jahr 1998) = f(28) = 6,077 Mrd. Menschen.

K.-Jahr	Bevölkerung in Mrd.	K.-Jahr	Bevölkerung in Mrd.
1650	0,545	1970	3,698
1750	0,791	1972	3,782
1800	0,978	1974	3,89
1850	1,262	1976	4,099
1900	1,55	1978	4,258
1910	1,686	1980	4,448
1920	1,811	1982	4.607
1930	2,07	1984	4,763
1940	2,295	1986	4,936
1950	2,516	1988	5,111
1955	2,752	1990	5,292
1960	3,019	1992	5,48
1965	336	1994	5,66
1966	3,356	1997	5,97
1968	3,483	1999	6,01

Tab. 1

Daten: Laut UNO hat die Weltbevölkerung am 12. Oktober 1999 die sechs Milliarden Grenze (6.000.000.000) überschritten. Folgende Zahlen (Tab. 2) werden prognostiziert, wenn sich weltweit die Fruchtbarkeitsraten nicht verändern:

K.-Jahr	Bevölkerung in Mrd. Menschen
2050	17
2070	40

Tab.2

C: Aufgabe: Wachstumssatz s(t) mit: $s(t) = f'(t)/f(t)$. Für den Zeitraum von 1970 bis 1994 gilt: s(t) = 0,0176.
Überprüfen Sie dies.

E: Aufgabe: Mit der Funktion f(t) sollen auch die Bevölkerungszahlen für die Kalenderjahre 2025, 2070, 2120 bestimmt werden. Sind diese Zahlen akzeptabel?

F: Eine derzeit diskutierte Funktion lautet:
$P(t) = P_0 \cdot \exp((b - d) \cdot t - 0{,}5 \cdot v \cdot t \cdot t)$. In dieser Funktion P(t) werden Sterbe- (d) und Geburtsraten (b) und Umwelteinflüsse (v; Vergiftungseffekte) gesondert erfasst.
Für P(t) ist das Kalenderjahr 1999 das Jahr 0
(also: $t_0 = 0$; $P(t_0) = 6$ Mrd. Menschen).
Charakterisieren Sie P(t) näher für die Kalenderjahre 2025, 2070 und 2120 zu charakterisieren und bestimmen Sie die entsprechenden die Bevölkerungswerte.

G: Aufgabe: Untersuchen Sie den Verlauf von g(t):
$g(t) = 2{,}5 + (t^2 - 2) \cdot \exp(-t)$.
Der Verlauf von g(t) ist darzustellen.
Ist diese Funktion zur Beschreibung der Gegebenheiten geeignet?

H: Gleichungen:
Betrachtet wird die logistische Gleichung

$$X_{t+1} = X_t + r \cdot X_t \cdot (1 - X_t)$$

(Sie wurde von *Pièrre Francois Verhulst* 1845 veröffentlicht).
In der Vereinfachung erhält man: $X_{t+1} = r \cdot X_t \cdot (1 - X_t)$.

I: Berechnen sie X_n auf zwei verschiedenen Wegen:

Rechenweg A: $x_{t+1} = 3{,}7 \cdot x_t - 3{,}7 \cdot x_t^2$.
Rechenweg B: $x_{t+1} = 3{,}7 \cdot x_t \cdot (1 - 3{,}7 \cdot x_t)$. Jeweils mit $x_0 = 0{,}5$.

K: Logistische Gleichung (Chaos)
Betrachtet wird die logistische Gleichung: $X_{n+1} = r \cdot (X_n - X_n^2)$.
Rechnen Sie einmal mit $r = r_1 = 2$ und einmal mit $r = r_2 = 4$.
Geben Sie jeweils für $X_0 = 0{,}2$ und $X_0 = 0{,}8$ fünf aufeinanderfolgende Funktionswerte (X_1, X_2, X_3, X_4, X_5) – bezogen auf beide r-Werte – an.
Erfassen Sie die Gegebenheiten auch für beide r-Fälle jeweils für $x_0 = 0{,}2$ mit einer Zeichnung.
(Erforderlich ist eine saubere, charakteristische Skizze!)
Interpretieren Sie Ihre Ergebnisse und die Zeichnung.
Begründen Sie, ob ein Attraktor oder ein Repeller vorliegt.

J:

Konstruktionsprinzip

In einem Diagramm wird eine Diagonale (y = x) und die zu betrachtende Funktion eingezeichnet.
Ausgehend vom x_0-Wert wird parallel zur y-Achse eine Gerade auf den Funktionsgraphen gefällt.
Vom Funktionswert wird eine Gerade parallel zur x-Achse auf die Diagonale und vom dort gefundenen Wert wird eine Gerade zur x-Achse gezogen.
So wird der Wert x_1 gefunden.
Entsprechend zum Wert x_0 wird nun ausgehend von x_1 der Wert x_2 ermittelt usw.

(13) Aufgaben / Anregungen

Simulationen

Grundlagen

Definition der Simulation gemäß VDI:

„Nachbildung eines Systems mit seinen dynamischen Prozessen in einem experimentierfähigen Modell“ (Richtlinie 3633).

Simulationen sind bedeutsam

aus ethischen Gründen – wenn Gegebenheiten nicht konkret untersucht werden können (Krankheiten)

aus theoretisch Gründen, wenn sie nicht geschlossen aufgelöst werden können

aus experimentellen Gründen, wenn sie nur unter unverhätnsimäßigen Aufwand (Triebwerke, Rechnernetze) bzw. prinzipiell gar nicht (Astrophysik) erfasst werden können.

Simulationen speziell mit mathematisch-technischen Rechnerprogrammen ergänzen die

„naive“ Erfassung der Welt mittels der Sinne und der Sensorik („Phänomen“)

die Erzählungen und Überlieferungen (Welt der Geschichten)

die Auslegungen von Texten und Dokumenten (Welt der Bibliothek)

die experimentellen Möglichkeiten

die geschlossenen mathematischen Beschreibungen.

Allgemeine Einsichten

- Ausgehend von einem Modell, das die Realität reduziert beschreibt, werden durch Simulationen wesentliche Aspekte nummerisch dargestellt.
- Dies setzt eine Beschreibungsfunktion voraus, die
  a.) die Realitätsdaten darstellen und
  b.) programmiertechnisch umgesetzt werden kann.
- Von großer Bedeutung sind heutzutage finite Ansätze, mit den ausgehend von diskretisierten Strukturen Entwicklungen iterativ erfasst werden können. Dies ist gerade da bedeutsam, wo keine geschlossenen Lösungen existieren.
- Die Qualität der Simulation hängt von der Genauigkeit der Rechenmaschine, der Umsetzung der Rechenoperationen und der Datenspeicherung, der Modellbildung, der eingesetzten Beschreibungsverfahren und der Algorithmen ab.
- Letztlich möchte man mit Simulationen unbekannte (auch zukünftige) Gegebenheiten beschreiben. Insofern geht man vom Apriori-Wissen auf ein Erwartungswert-Wissen über. Dieser Ansatz beruht insofern darauf, dass man bewährte Beschreibungen überträgt.

Beispiel (Bestimmung von π)

- **A**: ›**Geschlossenes Verfahren**‹ (nach Wallis)

$$\pi = 2 \cdot \frac{2}{1} \cdot \frac{2}{3} \cdot \frac{4}{3} \cdot \frac{4}{5} \cdot \frac{6}{5} \cdot \frac{6}{7} \cdot \frac{8}{7} \cdot \ \ldots$$

bis zu	*6/5*	*10/9*	*20/19*	*50/49*
π-Näherung	3,4133	3,3023935	3,221089	3.173164

[Für Platon war plausibel: $\pi = 2^{0,5} + 3^{05} \approx 3,146$]

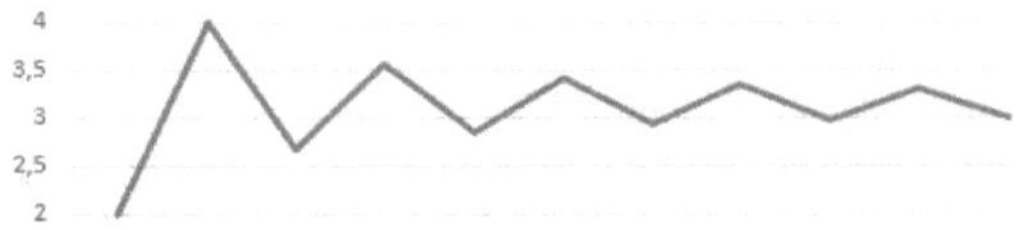

- **B**: **Punkte im Viertelkreis**
  > Idee: In einem Einheitsquadrat wird ein Viertelkreis mit dem Radius r = 1.0 eingetragen. Zufällig werden Punkte $P(x_i, y_i)$ im Quadrat abgetragen und π wird über die Verteilung der Punkte bestimmt.
  > Die Annahme ist grundlegend, dass die Anzahl der Punkte in einer Fläche der Flächengröße entspricht. Es werden mittels einer Zufallsfunktion (→ random) für x und y jeweils Werte im Bereich von 0 ... 1 bestimmt.
  > Die minimale Entfernung eines Punktes vom Ursprung (0;0) wird über $z = x_i^2 + y_i^2$ ermittelt. Sofern $z \leq 1.0$ gilt, liegt der zugehörige Punkt im Viertelkreis.

(0;1) (1;1)

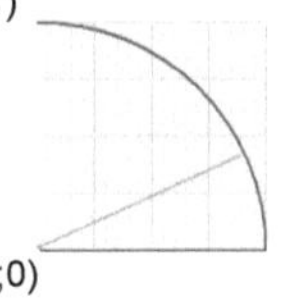

(0;0) (1;0)

Rote Linie: Der Abstand zum Ursprung beträgt 1.0

Die Punkte im Viertelkreis werden gezählt: PZ-VK

Gesamtanzahl: n

Flächengröße (F) und Punktanzahl (PZ)

$F_{Viertelkreis} \cong$ PZ-VK($z \leq 1.0$); $F_{Quadrat\text{-}Resti} \cong$ PZ-Rest($z > 1.0$)

PZ-VK($z \leq 1.0$) + PZ-Rest($z > 1.0$) = n

> Auflösung: $\pi \cong \frac{PZ-VK}{PZ-VK + PR-Rest} = \frac{PZ-VK}{n}$

Vollziehen Sie die Darlegungen und Beispiele nach.
Führen Sie Simulationen durch und klären Sie Ihr Verständnis von Realität.

(14) Aufgaben / Anregungen

Grundlagen der Informationstechnik / Elektrotechnik

1. Führen Sie die Umrechnungen durch:

a. $0{,}5\,|_{10} = ?\,|_{2}$ b. $0{,}9\,|_{10} = ?\,|_{2}$ c. $19\,|_{10} = ?\,|_{4}$ d. $25\,|_{10} = ?\,|_{8}$
e. $100111{,}011\,|_{2} = ?\,|_{10}$ f. $1111101{,}101\,|_{2} = ?\,|_{10}$ g. $25{,}7\,|_{10} = ?\,|_{3}$ h. $7{,}2\,|_{10} = ?\,|_{2}$

2. Führen Sie die Berechnungen durch:

a. $110{,}11\,|_{2} : 111{,}01\,|_{2} = ?\,|_{10}$ b. $1011{,}1\,|_{2} - 111{,}11\,|_{2} = ?\,|_{10}$ c. $11111\,|_{2} + 11111\,|_{2} + 10101\,|_{2} = ?\,|_{2}$
d. $1100{,}11\,|_{2} : 1{,}11\,|_{2} = ?\,|_{2}$ e. $1101\,|_{2} : 111\,|_{2} = ?\,|_{2} = ?\,|_{10}$

3. Multipliziert werden - hierzu stehen unbegrenzt viele Bitstellen zur Verfügung - miteinander: $13{,}8125\,|_{10} \cdot 25{,}625\,|_{10} = C\,|_{2}$
Die Bitfolge des Ergebnisses ($C\,|_{2}$) wird als Signalfolge über ein Parallelport mit 16 Leitungen geführt.
(D. h., es können 16 Signalgrößen zugleich transportiert werden.)
Bei der Aufnahme der Impulsfolgen wird die fünfte Stelle hinter dem Komma verfälscht.
Welche Zahl wird somit dual ($?\,|_{2}$) und dezimal ($?\,|_{10}$) empfangen?
Wie groß ist die Abweichung zum wahren Ergebnis?

4. Zwei Widerstände mit R_1 = 220 Ohm und R_2 = 470 Ohm werden a.) in Reihe und b.) parallelgeschaltet.
Für die Reihenschaltung gilt: I = 28 mA. In der Parallelschaltung gilt: $P(R_2)$ = 180 W.
Bestimmen sie jeweils: $I(R_1)$, $I(R_2)$, $I(R_{ges})$, $U(R_1)$, $U(R_2)$, $U(R_{ges})$, $P(R_1)$, $P(R_2)$, $P(R_{ges})$, R_{ges}

5. Ein Heizlüfter mit P = 1500 Watt arbeitet mit einer Auslastung von 80 % über fünf Stunden. Eine Kilowattstunde kostet 0,325 Euro.
Welche Kosten treten auf?

Primzahlzerlegung

- Die Zerlegung einer Zahl in ihre Primzahlfaktoren ist bedeutsam für die Sicherheit der Datenübertragung.
- Allgemein gilt: 1: $n = p_1^{e^1} \cdot p_2^{e^2} \cdot \ldots \cdot p_M^{e^M} = \prod_{k=1}^{M} p_k^{e^k}$
  2: $a^{p-1} \equiv 1 \bmod p$ bzw. $a^{p} \equiv a \bmod p$
- **Zur Primzahlzerlegung**
  Für eine Zahl N benötigt man $\sqrt[2]{N}$ systematische Versuche, um durch Probieren die Primzahlen bestimmen zu können.

Beispiele

Zahl N	$\sqrt[2]{N}$	Teiler	Versuche
66	8,124 …	2;3;11	1 + 2 + 10 = 13
1024	32	2^^10	10
2310	48,06 …	2;3;5;7;11	1 + 2 + 4 + 10 = 17
2431	49,30 …	11;13;17	10 + 12 + 16 = 38
16303	127,683 …	119:137	118 + 136 = 254
19317	138,985 …	137;141	136 + 140 = 276
19683	140,296 …	3^^9	18
65231	255,40 …	37;41;43	36 + 40 + 42 = 118
224.543	473,859 …	11;137;149	10 + 136 + 149 = 295
2.878.233	1.696,5 …	137;141;149	136+ 140+ 148 = 424

- **Problemlösungskomplexität**
  Die Laufzeit für die Bestimmung der Primfaktoren der Zahl n (so beim quadratischen Sieb) liegt in der Größenordnung von: $\exp((\ln(n) * \ln(\ln(n))^{0,5}$,
  Es kann auch mit der Eingabegröße $n = 2^{ld(n)}$ gerechnet werden. Es ist an sich unklar, ob die Faktorisierung zu einem NP-schweren Problem führt.
  Generell können nun mit Hilfe der Quantenalgorithmen NP-vollständige Fragestellungen effektiv berechnet werden.

- Eine grundlegende Vereinfachung wird durch den **Algorithmus von Shor** ermöglicht. Der Algorithmus besteht aus einem (A) klassischen Teil und einem (B) quantenmechanischen Anteil.

A: Zahlentheoretische Basis

1: Wähle eine Zahl x ($1 < x < n$).
2: Bestimme den ggT(x, n) (z. B. mittels des Euklidischen Algorithmus). Falls das Ergebnis ungleich 1 ist, gib dies als Lösung zurück und terminiere. Sonst fahre mit dem nächsten Schritt fort.
3: Bestimme mit Hilfe des Quantenteils (s.u.) die Ordnung r von x in der primen Restklassengruppe $(|Z/n|Z)^x$ (das kleinste r, so dass $x^r \equiv 1 \pmod n$).
4: Beginne wieder bei 1, falls r ungerade ist, oder setze $x^{r/2} \equiv 1 \pmod n$.
5. Gib ggT($x^{r/2} - 1, n$) und ggT($x^{r/2} + 1, n$) als Lösung zurück.

Beispiel: $f(x) = a^x \bmod N$; $a = 11$; $N = 15$

X	1	2	3	4	5
f(x)	11	1	11	1	11

Somit haben wir bereits mit x = 3 die Periodik gefunden: r = 2.
Man erhält mit r = 2 die Teiler gemäß der Vorgabe:
$P = ggT(a^{r/2} - 1;N) = ggT(11^{r/2} - 1;N) = ggT(10;15) = 5$
$Q = ggT(a^{r/2} + 1;N) = ggT(11^{r/2} + 1;N) = ggT(12;15) = 3$
Es gilt nun: $N = P \cdot Q$: $N = 5 \cdot 3 = 15$

B: Quantenmechanischer Anteil

Ausgehend von q als 2er-Potenz gemäß $n^2 \leq q < 2n^2$ kann ein Quantenregister mit einer Superposition der Zustände a (mod q) bestimmt werden: $q^{-0,5}\,(\sum_{a=0}^{q-1} |a > |0 >)$.
Ergänzend kann ein Ausgangsregister bestimmt werden mit: $q^{-0,5}\,(\sum_{a=0}^{q-1} |a > |x^a\ (mod\ n) >$. Für das erste Register muss für die diskreten Werte eine Quanten-Fouriertransformation vorgenommen werden. Die Ergebniswerte sind zu messen. Unter Beachtung der Parameter kann iterativ mittels einer Wahrscheinlichkeitsbetrachtung eine Lösung ermittelt werden.

(15) Aufgaben / Anregungen

Kettenbrüche

- Ein Kettenbruch wird über eine Zahlenfolge in rechteckigen Klammern [a;bcdefghij ...] dargestellt.

$$[2;3,4,2] \rightarrow 2,3103448 = 2 + \cfrac{1}{3+\cfrac{1}{4+\cfrac{1}{2}}} = \frac{67}{29}$$

- $0,886 \rightarrow [0;1,7,1,3,2,1,1,2]$

Allgemein gilt:

$$x = z_0 + \cfrac{1}{z_1 + \cfrac{1}{z_2 + ... + \cfrac{1}{z_n}}} \quad \text{mit}$$

- Aus den Werten in der Klammer kann die usprüngliche Zahl errechnet werden. Zum Beispiel: [3;6,6,6]

(1) $\quad 0 \quad + 1 \quad \cdot 6 = 6$
(2) $\quad 1 \quad + 6 \quad \cdot 6 = 37$
(3) $\quad 6 \quad + 37 \cdot 6 = 228$
(4) $\quad 37 + 228 \cdot 6 = 721$

Somit erhalten wir: $[3;6,6,6] \rightarrow \dfrac{721}{228} = 3,1622807$

$$3,1622807 = 3 + \cfrac{1}{1+\cfrac{1}{7/3}} = 3 + \cfrac{1}{6+\cfrac{1}{6+\cfrac{1}{6}}}$$

- Über Kettenbrüche können irrationale Zahlen dargestellt werden:

$$[1;2,2,2,2,2, ...] = [1; \overline{2}] \rightarrow 1,4142136 ... = \sqrt{2}$$

[1;1,2,1,2,1, ...]	$\sqrt{3}$	[3;2,6,2,6, ...]	$\sqrt{12}$
[2;4,4,4,4,4, ...]	$\sqrt{5}$	[3;1,1,1,6, ...]	$\sqrt{13}$
[2;2,4,2,4,2, ...]	$\sqrt{6}$	[3;1,2,1,6, ...]	$\sqrt{14}$
[2;1,1,1,4, ...]	$\sqrt{7}$	[3;1,6,1,6, ...]	$\sqrt{15}$
[2;1,1,4,1,1,4, ...]	$\sqrt{8}$	[4;8,8,8, ...]	$\sqrt{17}$
[3;6,6,6,6,6, ...]	$\sqrt{10}$	[4;4,8,4,8, ...]	$\sqrt{18}$
[3;3,6,3,6, ...]	$\sqrt{11}$	[4;2,1,3,1,2,8, ...]	$\sqrt{19}$

Alle Quadratwurzeln besitzen eine Kettenbruch-Periode.
Die Kubikwurzeln besitzen niemals eine entsprechende Periode.

$[1;3,1,5,1,1,4,1,1,8,1,14,1,10,2,1,4,12, ...] \rightarrow 1,259921 ... = \sqrt[3]{2}$

$\pi = 3,1415926 ... \rightarrow [3;7,15,1,292,1,1,1,2,1, ...]$

$\Phi = [1;1,1,1,1, ...] \rightarrow 1,6180 ...$ ($\rightarrow$ Goldener Schnitt: $\omega = \dfrac{1}{1+\omega}$)

$\dfrac{p}{q}$ in der Φ-Folge ergibt die Fibonnaci-Folge (1;1;2;3;5;8;13; ...)

($\rightarrow$ [1] =1/2; [1,1] = 2/3; [1,1,1] = 3/5; [1,1,1,1] = 5/8 ...)

$e = 2,7182818 ... \rightarrow [2;1,2,1,1,4,1,1,6,1,1,8,1,1,10, ...]$

Bei e (Eulersche Zahl) tritt eine Regelmäßigkeit (Gesetz) auf!

Collatz-Problematik

- Das Problem verbindet sich speziell mit Lothar Collatz (1919-1990).
- Kern der Problematik ist die Frage, ob der nachfolgende Algorithmus für alle Zahlen zur Abfolge 4, 2, 1 führt:

  (Schleife) wiederhole
      (if) falls n gerade (then) $\rightarrow$ n:= n/2
      (else) sonst $\rightarrow$ n:= (3 · n) + 1
      (end) bis n = 1.

Beispiele

A:
35, 106, 53, 160, 80, 40, 20, 10, 5, 16, 8, 4, 2, 1

B:
9, 28, 14, 7, 22, 11, 34, 17, 52, 26, 13, 40, 20, 10, 5, 16, 8, 4, 2, 1

Bestimmen Sie die Abfolge für: C: 9; D: 650; E: 27

Es konnte bisher nicht gezeigt werden, dass alle Zahlen zum Zyklus 1,4,2 führen. Jede Zahl, die gemäß Collatz zum Wert 1 führt, wird als ›wundersame‹ Zahl bezeichnet. ›Unwundersame‹ Zahlen sind (bisher) unbekannt.

Das Problem von Collatz gehört zur Klasse der Halteprobleme. Variationen der ursprünglichen Collatzvermutung existieren, die zu unendlichen Lösungsschritten führen.

Fareybrüche

- **Farey, John** (1766-1826 (London)
- **Konstruktionsprinzip**

In der ersten Zeile (k = 1) werden 0 und 1 eingetragen. In der (jeweils) nächsten Zeile werden die Werte der vorhergehenden Zeile übernommen. Weiterhin wird jeweils zwischen zwei Werten ($\frac{p}{n}$ und $\frac{q}{m}$) der Bruch $\frac{p+q}{n+m}$ eingetragen, sofern n + m ≤ k gilt. Sukzessive werden die einzelnen Brüche ermittelt. Der Prozess wird unbegrenzt fortgeführt.

$\frac{p+q}{n+m}$ ist der Median von $\frac{p}{n}$ und $\frac{q}{m}$. Die unendliche Anzahl von Zahlwerten kann so konstruktiv erfasst werden.

- **Realisierung**

Zeile: k	Brüche								
1	$\frac{0}{1}$								$\frac{1}{1}$
2	$\frac{0}{1}$				$\frac{1}{2}$				$\frac{1}{1}$
3	$\frac{0}{1}$		$\frac{1}{3}$		$\frac{1}{2}$		$\frac{2}{3}$		$\frac{1}{1}$
4	$\frac{0}{1}$	$\frac{1}{4}$	$\frac{1}{3}$		$\frac{1}{2}$		$\frac{2}{3}$	$\frac{3}{4}$	$\frac{1}{1}$
5	$\frac{0}{1}$	$\frac{1}{5}$ $\frac{1}{4}$	$\frac{1}{3}$	$\frac{2}{5}$	$\frac{1}{2}$	$\frac{3}{5}$	$\frac{2}{3}$	$\frac{3}{4}$ $\frac{4}{5}$	$\frac{1}{1}$

Wie gestalten sich die Werte in der 6. Zeile?

(16) Aufgaben / Anregungen

Umrechnungen zu exp(ix)

Komplexe Frequenz: $s = \sigma + j \cdot \omega$

Eulersche Formeln

- $\exp(i \cdot \varphi) = \cos(\varphi) + i \cdot \sin(\varphi)$
- $\exp(-i \cdot \varphi) = \cos(\varphi) - i \cdot \sin(\varphi)$
- $e^x = \exp(x) = 1 + x + x^2/(2!) + x^3/(3!) + x^4/(4!) + \ldots$
- $\exp(i \cdot x) = 1 + i \cdot x - x^2/(2!) - i \cdot x^3/(3!) + x^4/(4!) + \ldots$
- $\sin(x) = x - x^3/(3!) + x^5/(5!) - + \ldots$
- $\cos(x) = 1 - x^2/(2!) + x^4/(4!) - + \ldots$

exp-Beziehungen

- $\exp(s \cdot t) = \exp((\sigma + j \cdot \omega) \cdot t) = \exp(\sigma \cdot t + j \cdot \omega \cdot t)$
  $= \exp(\sigma \cdot t) \cdot \exp(j \cdot \omega \cdot t)$

$\int_{-\infty}^{\infty} \exp(j2\pi t) \cdot dt \rightarrow$

$= \lim\limits_{\Delta t \to \infty} \frac{\exp(j2\pi ft)}{j2\pi f} \Big|_{-\Delta t/2}^{\Delta t/2} \square \rightarrow \int_{-\Delta t/2}^{\Delta t/2} \exp(j2\pi ft) \cdot dt$

$= \lim\limits_{\Delta t \to \infty} \frac{\Delta t}{2j} \cdot \frac{\exp(j\pi f\Delta t) - \exp(-j\pi f\Delta t)}{\pi f\Delta t}$

(mit $si(\pi \cdot z) = \frac{\sin(\pi \cdot z)}{\pi \cdot z}$ folgt):

$= \lim\limits_{\Delta t \to \infty} \Delta t \cdot si(\pi \cdot f \cdot \Delta t) = \delta(f)$ (mit $\delta(t)$

$= \lim\limits_{\Delta t \to 0} \frac{1}{\Delta t} \cdot si(\pi \frac{t}{\Delta t}))$

$x(t) = \cos(\omega_0 \cdot t + \varphi_0)$ o—● ?

$\cos(\varphi) = -i \cdot \sin(\varphi) + \exp(i \cdot \varphi)$

$\cos(\varphi) = i \cdot \sin(\varphi) + \exp(-i \cdot \varphi)$

$2 \cdot \cos(\varphi) = -i\,(\sin(\varphi) - \sin(\varphi)) + \exp(-i\varphi) + \exp(i\varphi)$

$2 \cdot \cos(\varphi) = \exp(-i \cdot \varphi) + \exp(+i \cdot \varphi)$

$x(t) = \cos(\varphi) = 0{,}5 \cdot (\exp(-i \cdot \varphi) + \exp(+i \cdot \varphi))$

$x(t) \cdot \exp(i \cdot \omega \cdot t) =$

$= 0{,}5 \cdot (\exp(-i \cdot \varphi) + \exp(+i \cdot \varphi)) \cdot \exp(i \cdot \omega \cdot t)$

$= 0{,}5 \cdot (\exp(-i \cdot \varphi + i \cdot \omega \cdot t) + \exp(+i \cdot \varphi + i \cdot \omega \cdot t))$

$= 0{,}5 \cdot (\exp(-i \cdot (\varphi + \omega \cdot t)) + \exp(i \cdot (\varphi + \omega \cdot t)))$

$= 0{,}5 \cdot (\exp(-i \cdot (\varphi + \omega \cdot t)) + \exp(i \cdot (\varphi + \omega \cdot t)))$

Systembeschreibung

- **Übertragungsfaktor**: U2/U1
- **Frequenzgang nach Phase und Betrag**:
  $H(j\omega) = |H(j\omega)| \exp(jb(\omega))$
- **Phase (Argument)**: $b(\omega) = \arctan(Im(H(j\omega))/Re(H(j\omega))$
- **Gruppenlaufzeit**: $\tau_g(\omega) = -db(\omega)/d\omega = -D(b(\omega))$
- Die **Schwerpunktlaufzeit τ_s** entspricht $\tau_g(f = 0)$
- Die Phasenlaufzeit $\tau_p(f)$ bestimmt das Kausalverhalten des Systems. Für die einzelnen Spektren gilt: $\tau_p(f) = b(f)/\omega$.
- **Frequenzgang der Dämpfung:** $\alpha_{dB} = -20 \log_{10} |H(j\omega)| dB$
- Übertragungsfunktion des Systems (Frequenzgang)
  $H(\exp(j \cdot \Omega)) = \sum h(k) \cdot exp(-j \cdot \Omega \cdot k)$
  $\exp(-j \cdot (\Omega \pm 2 \cdot \pi \cdot n) \cdot k) = \exp(-j \cdot \Omega \cdot k)$

Beispiel - Systembeschreibung

- Es sei $h(k) = x_a(k) = a^k$ mit $|a| < 1$ und $k \geq 0$. Ansonsten sei $x_a(k) = 0$.
- $H(\exp(j \cdot \Omega)) = \sum h(k) \cdot exp(-j \cdot \Omega \cdot k)$

  Es gilt: $\sum_{k=0}^{\infty} a^k \cdot exp(-j \cdot k \cdot \Omega) = \sum_{k=0}^{\infty} (a \cdot exp(-j \cdot \Omega))^k$

  $\rightarrow H(\exp(j \cdot \Omega)) = \frac{1}{1 - a \cdot exp(-j \cdot \Omega)} = \frac{1}{1 - a \cdot exp(-j \cdot \Omega)} = \frac{1}{1 - a\cos(\Omega) + ja\sin(\Omega)}$

  $= \frac{(1 - a\cos(\Omega)) - ja\sin(\Omega)}{((1 - a\cos(\Omega)) + ja\sin(\Omega)) \cdot ((1 - a\cos(\Omega)) - ja\sin(\Omega))}$

  $\rightarrow H(\exp(j \cdot \Omega)) = \frac{1 - a\cos(\Omega)}{(1 - a\,co\ (\Omega))^2 + a^2\sin^2(\Omega)} - j \cdot \frac{a\sin(\Omega)}{(1 - a\cos(\Omega))^2 + a^2\sin^2(\Omega)}$

- Bestimmung des **Betrages** von $H(\exp(j \cdot \Omega))$: $|H(\exp(j \cdot \Omega))|^2 = (Re\{H(\exp(j \cdot \Omega))\})^2 + (Im\{H(\exp(j \cdot \Omega))\})^2$

  $|H(\exp(j \cdot \Omega))|^2 = \frac{(1 - a\cos(\Omega))^2 + a^2\sin^2(\Omega)}{((1 - a\,co\ (\Omega))^2 + a^2\sin^2(\Omega))^2} = \frac{1}{(1 - a\cos(\Omega))^2 + a^2\sin^2(\Omega)}$

  $= \frac{1}{1 - 2a\cos(\Omega) + a^2\cos^2(\Omega) + a^2\sin^2(\Omega)} = \frac{1}{1 + a^2 - 2a\cos(\Omega)}$

  $|H(\exp(j \cdot \Omega))| = \frac{1}{\sqrt{1 + a^2 - 2a\cos(\Omega)}}$ (Betrag bzw. Amplitudengang)

- Bestimmung des **Phasengangs**: $B\Omega) = -\arg\{H(\exp(j \cdot \Omega))\} = \arctan \frac{Im\{H(j\Omega)\}}{Re\{H(j\Omega)\}} = \arctan \frac{a\sin(\Omega)}{1 - a\cos(\Omega)}$

- **Ergebnis**: $H(\exp(j \cdot \Omega)) = \frac{1}{\sqrt{1 + a^2 - 2a\cos(\Omega)}} \cdot \exp(-j \cdot (\arctan\frac{a\sin(\Omega)}{1 - a\cos(\Omega)}))$

(17) Aufgaben / Anregungen

Information in Systemen

Entropie von zwei Symbolen

Bezugsmodell: Münze
p(Kopf) = p(K) = p; p(Zahl) = p(Z) = 1 – p
Entropie H = - (p · ld(p) + (1 – p) · ld(1 – p)

Bei p = 0,5 erhalten wir den Entropiewert H = 1 Bit/Symbole

Mathematische Begründung für das Maximum bei p = 0,5:

$\frac{dH}{dp}$ = D(H) = 0

$0 = -(1 \cdot \ln(p) + 1) + (-1 \cdot \ln(1-p) + (1-p) \cdot \frac{1}{1-p} \cdot (-1))) \cdot \frac{1}{\ln(2)} =$

$= \ln(p) + 1 - \ln(1-p) - 1 = \ln(p) - \ln(1-p)$

$\rightarrow \ln(p) = \ln(1-p)$. Dies ist erfüllt für p = 0,5.

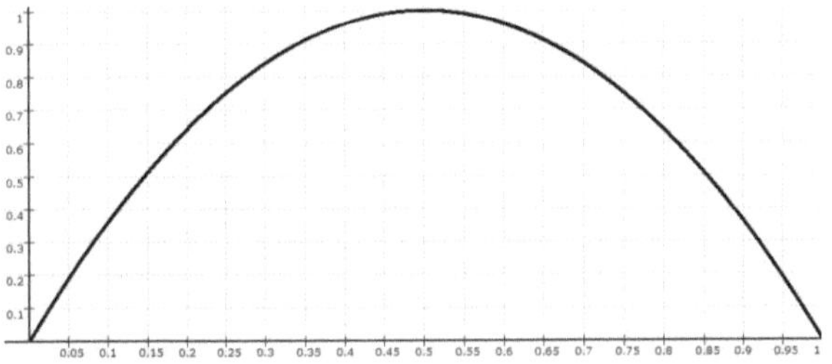

Huffmann-Codierung und Entropiewert

Der Informationswert gibt die untere Grenze an, die durch einen idealen Code erreicht werden kann. Jedoch werden mit den üblichen Verfahren nur optimale Werte erzielt, die aber sehr nah am Optimum liegen.

U. a. wird hierzu die Huffmann-Codierung verwendet.
Nach diesem Verfahren werden die Symbole nach ihrer Häufigkeit sortiert.
Beginnend bei den seltensten Symbolen werden zwei zu einer Einheit zusammengefasst.
Die Code-Werte 0 und 1 werden zugeordnet.
Unter Beachtung der Häufigkeit der Einheit werden die Symbole (bzw. Symboleinheiten neu sortiert.

Das Verfahren wird so lange durchgeführt, bis alle Symbole eine Code-Zuordnung erhalten haben.

So wird ein Präfixcode erzeugt.

Sein Entropiewert kommt nah an den idealen Code-Wert heran. Man spricht von einer optimalen Codierung.

Beispielaufgabe (Übertragung im Kanal)

Für einen konkreten Kanal gilt: $P(Y|X) = \begin{bmatrix} 0{,}6 & 0{,}1 & 0{,}3 \\ 0{,}1 & 0{,}1 & 0{,}8 \end{bmatrix}$.
Für die eingangsseitigen Signale x_1 und x_2 soll gelten:
$p(x_1) = 0{,}3$ und $p(x_2) = 0{,}7$.

Zu bestimmen sind die Ausgangswerte (y_1, y_2 und y_3) und die einzelnen Kanalentropien. Wir erhalten:

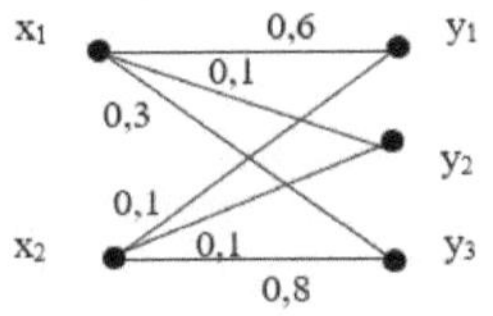

(Übertragungsdiagramm)

Die Ausgangswerte (y_j) errechnen sich wie folgt:
$(p(y_1), p(y_2), \ldots p(y_n)) = (p(x_1), p(x_2), \ldots p(x_m)) \cdot P(Y|X)$;

Wie in der Nachrichtentechnik üblich, gilt: $P_Y = P_X \cdot P(Y|X)$.

Und es folgt: $p(y_j) = \sum_{i=1}^{m} p(x_i) \cdot p(y_j|x_i)$

- $p(y_1) = 0{,}3 \cdot 0{,}6 + 0{,}7 \cdot 0{,}1 = \underline{0{,}25}$
- $p(y_2) = 0{,}1$; $p(y_3) = 0{,}65$

Für die Entropien folgt:

- ***H*(X)** = - 0,3 · ld(0,3) - 0,7 · ld(0,7) = 0,8813 bit/Symbol
- ***H*(Y)** = - 0,25 · ld(0,25) - 0,1· ld(0,1) - 0,65 · ld(0,65) = 1,2361 bit/Symbol

- *H*(Y|X) = - 0,3 · (0,6 · ld(0,6) + 0,1· ld(0,1) + 0,3 · ld(0,3))
  - 0,7 · (0,1 · ld(0,1) + 0,1 · ld(0,1) + 0,8 · ld(0,8))
  = 1,034 bit/Symbolpaar
- *H*(X|Y) = *H*(X) + *H*(Y|X) - *H*Y) = 0,679 bit/Symbolpaar
- *H*(X,Y) = *H*(X) + *H*(Y|X) = 1,9153 bit/Symbolpaar
- *H*(X;Y) = *H*(Y) - *H*(Y|X) = 0,2022 bit/Symbolpaar

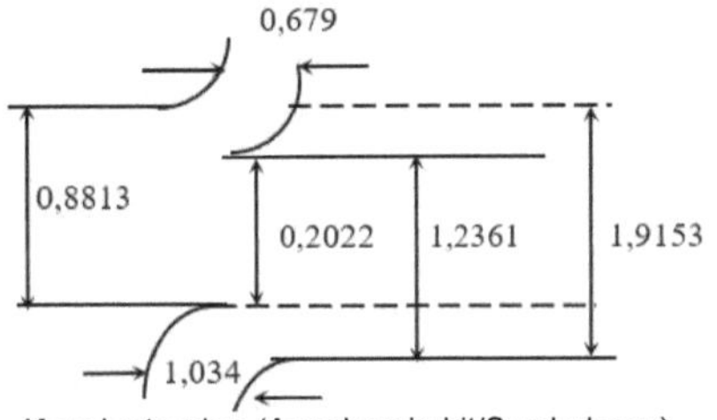

Kanalentropien (Angaben in bit/Symbolpaar)

Von der Eingangsentropie von ***H***(X) = 0,8813 bit/Symbol werden „netto" nur 0,2022 bit/Symbolpaar übertragen.
H(X|Y) = 0,679 bit/Symbolpaar gehen im Übertragungsvorgang verloren und ***H***(Y|X) = 1,034 bit/Symbolpaar werden als Rauschsignal dem Kanal und somit dem Ausgangssignal zugeführt.
Ausgangsseitig werden somit ***H***() = 1,2361 bit/Symbol empfangen. Maximal befindet sich im System eine Entropie (Information) von 1,9153 bit/Symbolpaar.

(18) Aufgaben / Anregungen

Optik – Brechung – Spektren

Fraunhofer (1787-1826) entdeckte im Licht der Sonne Linien (Fraunhofer-Linien), die physikalisch erst viel später durch die quantenmechanischen Beschreibungen erklärt werden konnten. Diese Linien sind der charakteristische Ausdruck der beteiligten chemischen Elemente. Sie entstehen durch den Übergang der Elektronen von einer ‚Bahn' zu einer anderen. Fraunhofer entdeckte ca. 570 Linien. Heutzutage sind über 25.000 Linien im Sonnenspektrum bekannt. Anhand der Linien können die Physiker die beteiligten chemischen Elemente in Sternen bestimmen.

(1) Fraunhofer-Linien von Wasserstoff im kontinuierlichen Spektrum.

(2) Lichtbrechung im Übergang zwischen zwei Medien.

(3) Spektralzerlegung von Licht im Prisma.

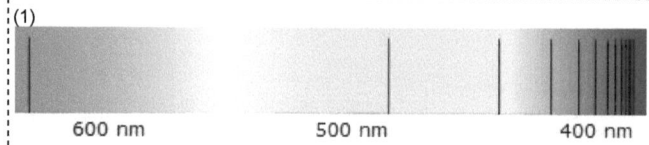

(1)

600 nm
500 nm
400 nm

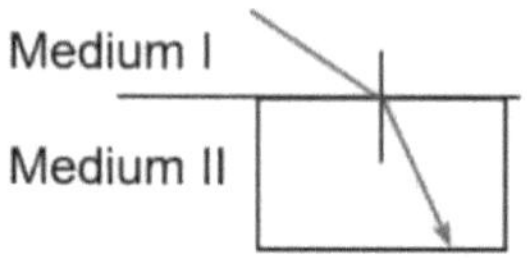

(2)

Befassen sich mit der Strahlbrechung, der Reflexion und Beugung beim Licht. Erkundigen Sie sich zu den Frauenhoferschen Linien. Zur Komplexität der Brechung/Reflexion siehe: Feynman, QED

Erst durch die Einsichten in die Struktur der Atome (Protonen, Neutronen und Elektronen; Atommodelle (Bohr ...) konnten die Physiker die Funktionsweise von Sternen verstehen und die kosmologischen Gegebenheiten näher aufklären.
Siehe dazu die Bethe-Weizsäcker-Formel (Strahlung der Sterne).
Und beachten Sie die 3 K – Hintergrundstrahlung und die neueren Überlegungen zum Vakuum.

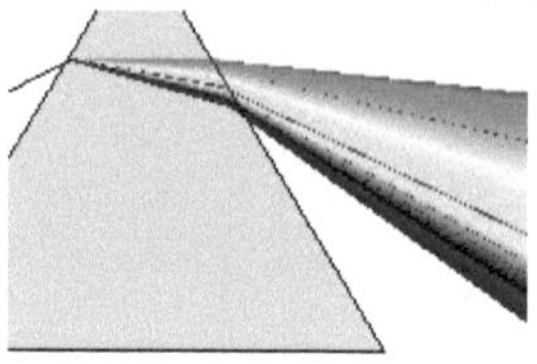
(rot)
(blau)

(3)

Bethe-Weizsäcker Formel

$B(N, Z) = aA - bA^{2/3} - c(N - Z)^2/A - dZ^2/A^{1/3} + \delta e/A^{3/4}$

B(N, Z): **Bindungsenergien**
N: Neutronenzahl; Z: Protonenzahl
A = N + Z: Massenzahl

Geeignete Werte:
a = 15,75 MeV
b = 17,8 MeV
c = 23,7 MeV
d = 0,710 MeV
e = 34 MeV

$$\delta = \begin{cases} +1 & \text{(gg) – Kerne} \\ 0 & \text{für (gu) und (ug) – Kerne} \\ -1 & \text{(uu) – Kern} \end{cases}$$

gg: gerade Protonen- und gerade Neutronenanzahl
gu: gerade Protonen- und ungerade Neutronenanzahl
ug: ungerade Protonen- und gerade Neutronenanzahl
uu: ungerade Protonen- u. ungerade Neutronenanzahl

Vakuum

- Unter der Annahme von etwa 10^{78} bis 10^{82} Nukleonen (Protonen, Neutronen) im Weltall ergibt sich im Mittel eine Dichte von ca. einem Teilchen pro m^3.

- Im Rahmen neuerer Theorien wird auch bezüglich des Raumvakuums von einem relativistischen Äther gesprochen (Laughlin).

Gemäß der elektromagnetischen Feldtheorie gilt:

- Felder-Energiedichte: $U = (\varepsilon_0/2) \cdot (\vec{E}^2 + c^2 \cdot \vec{B}^2)$

- Felder-Energie-Stromdichte ≡ Poynting-Vektor: $\vec{S}$

- $\vec{S} = \vec{E} \times \vec{H}$
- $\vec{S} = \varepsilon_0 \cdot c^2 \cdot (\vec{E} \times \vec{B})$
- $[\vec{S}]$ = (V/m) (A m) = $WS/(m^2s)$

Vakuum-Widerstand $\sqrt{\frac{\mu_0}{\varepsilon_0}}$ $(\mu_0/\varepsilon_0)^{0,5} = \mu_0 \cdot c = 376{,}73\ \Omega$

Bei sich im Vakuum ausbreitenden freien Wellen entspricht dieser Wert dem Verhältnis der Amplituden der elektrischen zu denen der magnetischen Feldstärken.

(19) Aufgaben / Anregungen

Systeme und Tests

Setzen Sie sich mit den Begriffen Tätigkeit, Handeln, Struktur und System auseinander.

Diskutieren Se die Bedeutung von Test und deren Gestaltung, Durchführung und Bewertung.

Verhalten, Handeln, Systeme, Tests

- Verhalten – (ein reaktives) Agieren
- Handeln unter Beachtung von zeitlichen und sinnbezogenen Kriterien (bewusstes, planvolles Tun)
- Im Rahmen der Systemtheorien werden die agierenden Subjekte als Teil systemischer Konfigurationen verstanden.
  In Reaktion auf Anforderungen (Signale ...) erfolgen Aktionen gemäß der Schema- und Plan-Strukturen bzw. -Konzeptionen.
  ›Zugleich‹ werden die inneren Reaktionsmöglichkeiten modifiziert. Hierbei liegt ein Zusammenspiel von assimilativen und akkommodierenden Kräften vor, die organisiert eine System-Adaption ermöglicht.
  Die Zieldefinition ermöglicht eine gleichgewichtige Fortentwicklung (Äquilibration).
- Im Bereich der (kognitiven) Psychologie von Jean Piaget Wurden diese Zusammenhänge ausgehend von empirischen Untersuchungen beispielhaft dargelegt.

Testziele

Das Ziel von Testuntersuchungen ist,

a) den Grad der Übereinstimmung einer gegebenen Realität mit einer Modellvorstellung zu bestimmen und

b) einen Zugriff auf zukünftige Entwicklungen (prognostischer Aspekt) zu ermitteln.

Hierzu werden ausgehend von stochastischen Modellannahmen Übereinstimmungen, Korrelationen und Näherungen berechnet.

Bedeutsam ist dabei die Qualität der Tests, die über Gütebetrachtungen näher dargelegt wird.

Gütekriterien für Tests

Hauptgütekriterien

- **Objektivität**
  Unabhängigkeit der Testergebnisse vom Untersucher
  (interpersonelle Übereinstimmung)
  Unterschieden wird zwischen der
  Durchführungs-,
  Auswertungs-,
  Interpretations- und
  Darbietungsobjektivität

- **Reliabilität (Zuverlässigkeit)**
  Generalisierbarkeit der Ergebnisse mit Blick auf das überprüfte Subjekt (Wiederholbarkeit der Testergebnisse – Intraobjektivität)
  Voraussetzung:
  Merkmalsstabilität
  stabile Durchführungsgestaltung
  Überprüfung der Testzuverlässigkeit durch
  i) parallele Testgestaltungen,
  ii) Wiederholung der Tests

- **Validität (Gültigkeit)**
  Verhältnis von Messaussage zum Messinhalt
  (Aussage und tatsächlicher Inhalt / Gegenstand)
  Unterschieden werden im Detail
  Inhaltliche Validität; kriterienbezogene Validität
  Prognostische Validität
  Theoretische Gültigkeit (Konstruktionsvalidität)

- **Normierung (Eichung)**
  Bezug zu den vorausgesetzten Normen
  (u. a. mit Blick auf die mathematische Aufbereitung der Testdaten, hierbei unter Beachtung der Mittelwerte, Varianz und Standardabweichung)
  Bezugsmodell
  (Normierung, Normenskalen, Messfehler und Vertrauensbereiche)

Nebengütekriterien:
Vergleichbarkeit
Ökonomie
Nützlichkeit

(20) Aufgaben / Anregungen: Abstraktion

Hintergründe

- Eine gedankliche Operation, die zu allgemeinen Einsichten führt. Unterschiedliche Realausprägungen werden durch verallgemeinerte Sätze, Formeln etc. erfasst. Dabei ist das Wort bereits eine Abstraktion von zum Beispiel realen Gegenständen, Aktionen und Empfindungen. Die Strukturen der Sprache – Sätze mit ihren Wort- und Satzgruppen – stellen eine abstrakte Beschreibungsmöglichkeit dar.

- In der Denk- und Abstraktionslehre (der Philosophie und Mathematik) werden Stufen der Abstraktion unterschieden.

- Zum Beispiel: Es soll die Summe einer Folge von natürlichen Zahlen gebildet werden; z. B.: $1 + 2 + 3 + \ldots + 1000$.
  Nun gilt: $[(1 + 1000) + (2 + 999) + (1000 + 1)] \cdot 0{,}5 =$
  $= 1001 \cdot 1000 \cdot 0{,}5 = 1001 \cdot 500 = 500500$
  Für die Folge von $n_i + n_{i+1} + \ldots + n_m$ (mit $n_j + 1 = n_{j+1}$ (für $i \leq j < m$) gilt allgemein: (*) $(n_i + n_m) \cdot (m - i + 1) \cdot 0{,}5$
  Durch die Abstraktion können mit dem allgemeinen Gesetz unter (*) die Rechnungen wesentlich vereinfacht, eventuell überhaupt erst ermöglicht werden.

- Bei großen Datensätzen (BIG-DATA) sollen abstrakte Beziehungen ermittelt werden. Zum Beispiel: Es werden die Beziehungen zwischen den Gästen einer Party untersucht. Von Interesse sei, ob sich Gruppen von sich kennenden bzw. sich nichtkennenden Gästen existieren.
  Gäste werden gemäß der Graphentheorie als Knoten (Eckpunkte) verstanden. Die Beziehungen werden als Äste (Linien, Kanten) dargestellt.

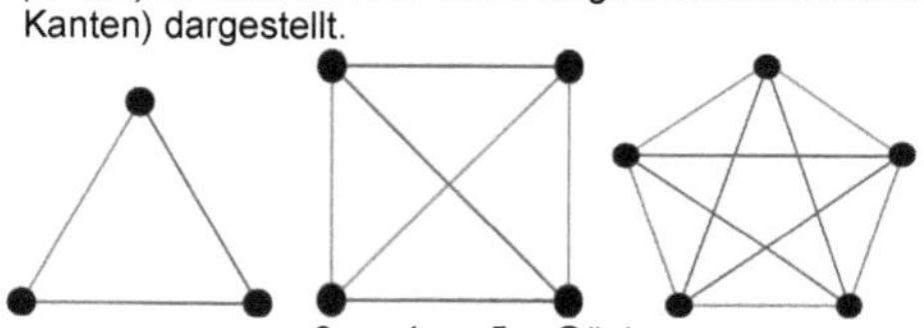

3er-, 4er-, 5er-Gästegruppe

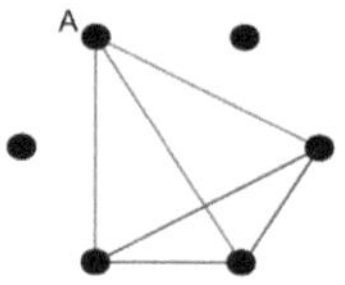

Es zeigt sich, dass erst bei sechs Gästen zumindest eine Dreier-Gruppe zwingend auftritt
(→ R(3,3) = 6).
Zwingend tritt eine rote, oder aber eine blaue Dreier-Gruppe auf.

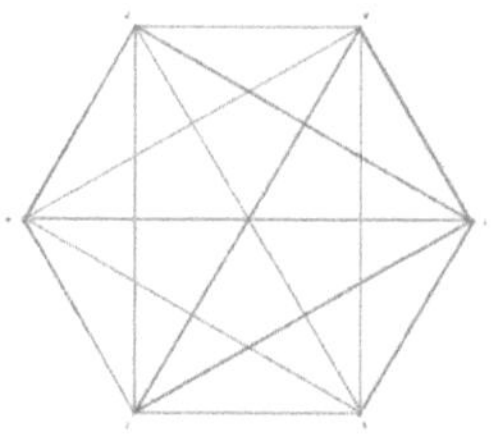

In dieser 6er-Gästegruppe treten sogar mehrere 3er-Teilgruppen auf:

Rot: 1-2-5
Grün: 2-3-6
Grün: 2-4-6
Grün: 3-5-6
Grün: 4-5-6

- Eine zwingende Gruppengröße von vier Personen tritt erst bei 18 Gästen (→ R(4,4) = 18) auf.

- Für R(5,5) ist der konkrete Lösungswert unbekannt. Es gilt jedoch: $43 \leq R(5,5) \leq 49$. Eine empirische Studie kann dies aufgrund der Komplexität der Beziehungen nicht auflösen (→ **Ramsey-Problem** der „Freunde-oder-Fremde“ auf Partys). Durch eine Abstraktion wird die Fragestellung gelöst.

Lernen und Rechnen

- KI-Systeme werden aktuell vom Ansatz her für spezielle Anwendungen eingesetzt, wie zum Beispiel
  als Sprachassistenten (Auskunftssysteme: alexa, siri, ...)
  für die Texterstellung und Programmierung
  (chat-gpt, ms bing, ...)
  für Präsentationen (beautiful.ai, ...)
  für die Musik- und Audio-Erzeugung (auphonic, brain.fm, ...)
  für die Erstellung von Bildern („Malen“: dall-e2, ...)
  für das Klonen von Stimmen (descript overdub, ...).
  Sehr wohl ist es denkbar, dass die einzelnen Systeme zu einem Gesamtsystem integriert werden.
  Weiterhin wäre ein Ziel, eine generalisierte KI-Intelligenz zu entwickeln.

- U. a. werden ausgehend von Trainingsdaten unter Verwendung stochastischer Verfahren Kompetenzen zur Problementwicklung herausgebildet.
  Folgende Methoden werden eingesetzt:
  Bestärkendes Lernen (Reinforcement Learning)
  GANs (Generative Adversarial Networks)
  Tiefes Lernen (Deep Learning)
  Transferlernen (Transfer Learning)
  Überwachtes Lernen (Supervised Learning)
  Unüberwachtes Lernen (Unsupervised Learning)

- Ein Problem bleibt, dass die Datensätze ein empirisches Lernen ermöglicht, das zu hilfreichen und komplexen Einsichten und Kompetenzen führt.
  Unabhängig davon gibt es jedoch logische und abstrahierende Lösungskompetenzen, die nur bedingt durch empirische Erarbeitungen gefunden werden können.
  So hat jedes Dreieck eine Innenwinkelsumme von 180°.
  Dies kann durch empirische Studien nahegelegt, aber nicht bewiesen werden. Dies gilt auch für vielfältige mathematische und logische Einsichten, die zum Bespiel für Suchprozesse und Mustererkennungen bedeutsam sind.

Beispiel

Zur **Winkelsumme in einem Dreieck** auf einer planen (euklidischen) Ebene:
Ausgehend von einem Punkt auf einer Dreieckseite wandert man zu einem Eckpunkt. Die Ausrichtung der Bewegung zum Eckpunkt soll genau 0° sein. Hier dreht man sich auf die folgende Dreieckseite. Der Drehwinkel entspricht dem zugehörigen Dreieckswinkel am konkreten Eckpunkt. Entsprechend erfolgen die Drehungen an den nachfolgenden Eckpunkten. Kommt man zum Ausgangspunkt der Bewegung zurück, dann hat sich die Ausrichtung der Bewegung um genau 180° gedreht (Pos. 1 zur Pos. 2). Diese Drehung entspricht genau der Winkelsumme der drei Eckwinkel im Dreieck und ist gültig für alle möglichen Dreieckgestaltungen auf der euklidischen Ebene.

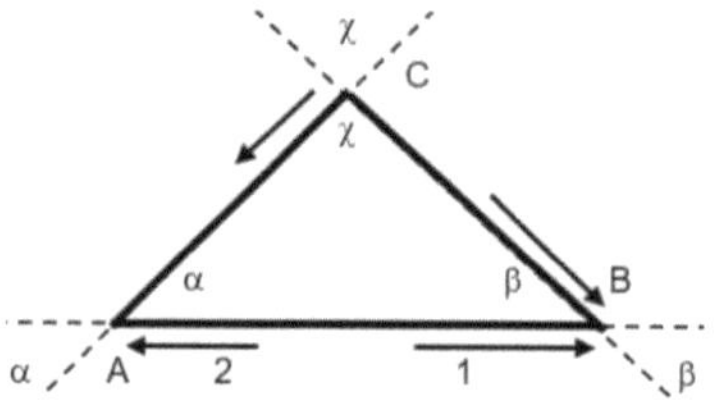

(21) Aufgaben / Anregungen: Problemlösungen

Ansätze

- Problemlösungen beziehen sich im Leben oftmals auf konkrete Alltagsprobleme, die theoretisch geeignet eingebettet werden müssen.

- Am Beispiel von Spielen können elementare Lösungsbarkeiten und Lösungsstrategien erkundet und analysiert werden. Bedeutsam sind hierbei Karten- und Brettspiele, wie zum Beispiel Skat, Kanaster, Schach und Go.
  Daneben werden mit entsprechenden Methoden auch kommunikative Situationen in Familien, sozialen Gruppen, Unternehmen, aber auch mit Blick auf staatliche und militärische Gegebenheiten analysiert. Dies fällt in den Bereich der (mathematisch-sozialen) **Spieltheorie** und **Entscheidungstheorie**.

- Maschinelle Lösung für Brettspiele werden als Beispiel für die algorithmische Lösungsverfahren und deren Effizienz genommen. Im Jahr 1997 besiegte zum ersten Mal unter Turniervorgaben ein Schachcomputer (Deep Blue) einen menschlichen Schachweltmeister (Kasparow).

- **Problem-Lösungsfragen**
  - Sind Lösungen im Rahmen der vorgestellten Problemstellung möglich? Benötigt eine Lösung einen (kreativen) Impuls aus einem externen (umfassenderen, übergreifenden) Kontext?
  - Gibt es jeweils exakte Lösungen?
  - Welche Bedeutung nimmt das Raten und Probieren ein?
  - Auf welcher Basis können Näherungen bestimmt werden?
  - Können Näherungen beliebig genau bestimmt werden?
  - Sind Lösung prinzipiell der menschlichen und maschinellen Lösung zugänglich?

Schach

- Ein Spiel wird mit jeweils 16 Figuren (weiß bzw. schwarz) auf jeder Spielseite gespielt:

Figur	**Anzahl**	**„Spielwert“**
König; K	1	„unendlich“
Dame; D	1	9
Turm; T	2	5
Springer; S	2	3
Läufer, L	2	3
Bauer, B	8	1

Typische Symbole

- Der Spieler mit den weißen Figuren beginnt. Die Figuren werden gemäß konkreter Zugmöglichkeiten bewegt.

- In der Schachtheorie werden verschiedene Eröffnungen unter anderem mit Blick auf den ersten Zug unterschieden:
  - e4: Sicilian Defense, Italian Game, ...
  - d4: Dutch Defense, Grünfeld Defense, ...

King's Gambit

Rèti Opening

Backtracking

- **Backtracking:** (engl.) - Rückverfolgung

- Auflösungsverfahren für das ›Damenproblem‹
  Auf einem Schachbrett (64 Felder) sollen acht Damen so platziert werden, dass sie sich gegenseitig nicht bedrohen. Die angegebene (nachfolgende) Konfiguration (d1 bis d8) ist bis zur siebten Stellung korrekt. Jedoch steht dann d8 auf der Diagonalen zu d1. Insofern ist die Lösung nicht richtig.

›Ausgangslösung‹

8								d8
7				d4				
6							d7	
5			d3					
4						d6		
3		d2						
2					d5			
1	d1							
	A	B	C	D	E	F	G	H

›Korrekturschritte‹

Zur Korrektur wird die Dame d8 entfernt. (Rücknahme des letzten Schritts (›back-tracking‹).) Und es wird nach einer alternativen Lösung gesucht. Jedoch muss ein Rückgang bis zu d2 erfolgen, damit eine Lösung gefunden werden kann.

8			d3					
7						d6		
6				d4				
5		d2						
4								d8
3					d5			
2							d7	
1	d1							
	A	B	C	D	E	F	G	H

Insgesamt gibt es 90 Lösungen unter ca. $4 \cdot 10^9$ Aufstellungsmöglichkeiten.

Auflösungsprobleme

- Grundlegend bleibt die Frage für die Informatik, (numerische) Mathematik und Philosophie erhalten, ob in endlicher Zeit vollständige Auflösungen bestimmt werden können.

- Dazu gehören Fragen, ob die Komplexität von Systemen der rationalen Beschreibung vollständig zugänglich gemacht werden kann. Erörtert wird dies im Zusammenhang mit finiten und infiniten Lösungen.

- Dies berührt die Leistungsfähigkeit er Suchalgorithmen. Untersucht wird dies zum Beispiel mit Betrachtungen innerhalb des wissenschaftlichen Rechnens (siehe dazu die Probleme im Zusammenhang mit den Borwein-Integralen).

(22) Aufgaben / Anregungen: Problemlösungen

Unendlichkeit Zahlmengen

- Problematisch sind Lösungen bei umfangreichen (komplexen, gar unendlichen) Bezügen, Strukturen bzw. Räumen.

- Der Begriff der Unendlichkeit tritt konkretisiert bei Zahlmengen und in der Folge bei numerischen (algorithmischen) Fragestellungen (- u.a. Reihen und deren Konvergenz -) auf. Cantor zeigte mit seinem Diagonalverfahren, dass die Unendlichkeit der natürlichen und rationalen Zahlen gleichmächtig ist. Davon ist die Mächtigkeit der reellen Zahlen zu unterscheiden, da sich diese nicht ›abzählen‹ lassen. Sie sind überabzählbar.

- Prinzipiell kann gezeigt werden, dass zum Beispiel die Anzahl der Primzahlen unendlich ist.

- Von besonderer Bedeutung sind die transzendenten Zahlen. Sie sind nicht von algebraischer Struktur, aber (abgeschlossen) approximierbar.
  Algebraische Zahlen sind zum Beispiel: $\frac{a}{b}$, $\sqrt{2}, \sqrt{3}$.
  Transzendente Zahlen sind dagegen nur als unendliche Reihen darstellbar. So zum Beispiel die Zahlen π, e.

- Die rationalen Zahlen (|Q) können unter Beachtung von Modifikationen eineindeutig der Abfolge der natürlichen Zahlen (|N) zugeordnet werden:

$$\begin{array}{cccccccccccccccc}
0 & 1 & -1 & \frac{1}{2} & -\frac{1}{2} & 2 & -2 & 3 & -3 & \frac{1}{3} & -\frac{1}{3} & \frac{1}{4} & -\frac{1}{4} & \frac{2}{3} & -\frac{2}{3} & \cdots \\
\downarrow & \downarrow & \downarrow & \downarrow & \downarrow & \downarrow & \downarrow & \downarrow & \downarrow & \downarrow & \downarrow & \downarrow & \downarrow & \downarrow & \downarrow & \downarrow \\
1 & 2 & 3 & 4 & 5 & 6 & 7 & 8 & 9 & 10 & 11 & 12 & 13 & 14 & 15 & \cdots
\end{array}$$

Diagonalverfahren nach Cantor

- Durch eine geeignete Anordnung der rationalen Zahlen wird deutlich, dass diese durch eine einfaches Aufführungsverfahren übersichtlich (rational nachvollziehbar) erzeugt werden können.

$$\begin{array}{cccccccccc}
\frac{1}{1}\ (1) & \rightarrow & \frac{1}{2}\ (2) & & \frac{1}{3}\ (5) & \rightarrow & \frac{1}{4}\ (6) & & \frac{1}{5}\ (11) & \rightarrow \\
 & \swarrow & & \nearrow & & \swarrow & & \nearrow & & \\
\frac{2}{1}\ (3) & & \frac{2}{2}\ (\cdot) & & \frac{2}{3}\ (7) & & \frac{2}{4}\ (\cdot) & & \frac{2}{5} & \cdots \\
\downarrow & \nearrow & & \swarrow & & \nearrow & & & & \\
\frac{3}{1}\ (4) & & \frac{3}{2}\ (8) & & \frac{3}{3}\ (\cdot) & & \frac{3}{4} & & \frac{3}{5} & \cdots \\
 & \swarrow & & \nearrow & & & & & & \\
\frac{4}{1}\ (9) & & \frac{4}{2}\ (\cdot) & & \frac{4}{3} & & \frac{4}{4} & & \frac{4}{5} & \cdots \\
\downarrow & \nearrow & & & & & & & & \\
\frac{5}{1}\ (10) & & \frac{5}{2} & & \frac{5}{3} & & \frac{5}{4} & & \frac{5}{5} & \cdots \\
\vdots & & \vdots & & \vdots & & \vdots & & \vdots &
\end{array}$$

- Die Mächtigkeit von |N wird $\aleph_0$ (›Aleph-Null‹) genannt.
  Es gilt: $\aleph_0 + 1 = \aleph_0$; $\aleph_0 + \aleph_0 = \aleph_0$; $\aleph_0 \cdot n = \aleph_0$; $\aleph_0 \cdot \aleph_0 = \aleph_0$

- Dagegen zeigt sich, dass die Mächtigkeit der reellen Zahlen größer ist als $\aleph_0$. Somit sind die reellen Zahlen nicht mit der Unendlichkeit der rationalen Zahlen vergleichbar.
  Die reellen Zahlen sind überabzählbar. (Diese Argumentation wird nicht von allen Mathematikern bzw. Philosophen geteilt.)

- Dimensionen der Unendlichkeit: In neueren Arbeiten wird bzgl. der Struktur der Unendichkeit über eine Strukturiertheit nachgedacht. Erörtert wird folgende Ordnung des Unendlichen unter Beachtung der Zermelo-Fraenkel-Mengenlehre:
  $\aleph_0$ </≤ $\aleph_1$ </≤ add(N) </≤ cov(N) </≤ b </≤ non(M) </≤ cov(M) </≤ d </≤ non(N) </≤ cof(M) </≤ 2^$\aleph_0$
  (Hinweis: </≤ steht für < oder aber ≤.)

Informations-Speicherdaten

Technische Speicherdaten

Inhalt	Typischer Speicherwert	Inhalt	Typischer Speicherwert
Buchstabe	1 Byte	Weltweite Wissensproduktion	Ca. 200 TiByte
Schreibmaschinenseite	2 kiByte	im Jahr (Bezug: 2000)	(davon etwa 2 TiByte in Fachzeitungen und Büchern
Passphoto	50 kiByte		
Magazin / Wochenzeitung	500 kiByte – 1 MiByte	5.000 Kinofilme (weltweite Jahresproduktion)	Ca. 200 TiByte
Die Bibel	3 MiByte		
CD (Musik)	650 MiByte = 0,65 GiByte	Alle Fernsehfilme (weltweit)	Ca. 100 PiBytes
Spielfilm	5 GiByte (komprimiert)	Telefon (weltweit im Jahr)	Ca. 4000 Pi Bytes
Festplatte	2 TiByte		

Daten zum Menschen

Gedächtnisart	Speichervolumen	Gedächtnisart	Speichervolumen
Arbeitsgedächtnis (auch *Kurzzeitgedächtnis*)	5 bis 9 Informationseinheiten	Individuelles menschliches Gedächtnis über 60 Lebensjahre	Ca. 200 MiBytes
Menschliches Genom (DNA)	Ca. 10 GiByte (10^{11} bit)	Nervensystem	Ca. 100 TiByte (10^{15} bit)

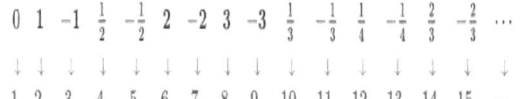

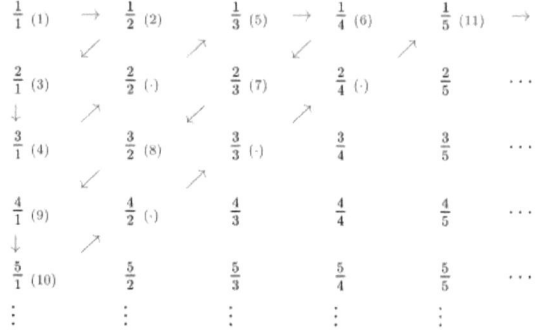

Zur Geschichte der Mathematik

Jahr	Person	Stichwort zum Inhalt
ca. 580 v. Chr.	Thales von Milet	Beweise für geometrische Sätze
570 – 480	Pythagoras	$c^2 = a^2 + b^2$ (im rechtwinkligen Dreieck)
um 300 v. Chr.	Euklid	„Elemente“
ca. 240 v. Chr.	Archimedes	Methodenlehre
um 250	Diophant	Lösungen für Gleichungen bis zum 6. Grad
um 260	Liu Hui	Negative Zahlen; Brüche
um 815	Al Khwarizmi	Lösungen für lineare und quadratische Gleichungen
um 1020	Ibn al Haitham	Parallelenpostulat
1545	G. Cardano	Lösung kubischer und biquad. Gleichungen (N. Taraglia (1535) u. L. Ferrari (1542))
1579	F. Vieta	Goniometrie
um 1590	J. Napier und J. Bürgi	Logarithmen
1623	W. Schickard	Rechenmaschine für die Grundrechenarten
1636 /37	P. de Fermat; R. Descartes	Analytische Geometrie (Vektorrechnung)
1654	B. Pascal und P. de Fermat	Grundlagen der Wahrscheinlichkeitslehre
um 1664	I. Newton	Infinitesimalrechnung
1668	J. Gregory	Fundamentalsatz der Analysis
1669	I. Newton	Reihenlehre
1675-86	G. W. Leibniz	Grundkonzepte der Infinitesimalrechnung
1713	Jak. Bernoulli	‚Ars conjectandi' (Wahrscheinlichkeitslehre)
1718	A. de Moivre	‚A doctrine of Chance' (Wahrscheinlichkeitslehre)
1727-51	L. Euler	Differenzialgleichungen; Variationsrechnung, Funktionsbegriff, Polyedersatz
1755	J.-L. Lagrange	Lösung von Variationsproblemen
1763	T. Bayes	Bestimmung bedingter Wahrscheinlichkeiten
1766	J. H. Lambert	Überlegungen zur nichteuklidischen Geometrie
um 1790	P. S. Laplace	Mathematische Himmelsmechanik
1796 ff.	C. F. Gauß	Konstruktion eines regulären 17-Eck, Fundamentalsatz der Algebra etc.
1797	J.-L. Lagrange	Infinitesimalrechnung ohne Grenzwertbegriff
1807	J. Fourier	Theorie der Fourierreihen
1817	B. Bolzano	Zwischenwertsatz
1821	A. L. Cauchy	Aufbau der Analysis
1826	N. I. Lobatschewski	Nichteuklidische Geometrie
1826	N. H. Abel	Begrenzte Lösbarkeit von algebraischen Gleichungen mit dem Grad $n \geq 5$
1827	N. H. Abel u. C. G. J. Jakobi	Theorie der elliptischen Funktionen
1832	E. Galois	Gruppentheorie
1843	W. R. Hamilton	Quaternionen (hyperkomplexe Zahlen)
1846	P. L. Tschebyschew	Wahrscheinlichkeitstheorie
1847	G. Boole	Symbolische Logik
1851	B. Riemann	Funktionstheorie; Zetafunktion
ab 1856	K. Weierstraß	Theorie der analytischen Funktionen
1872	R. Dedekind	Dedekindsche Schnitte (IR)
1872	F. Klein	Erlangener Programm
1874	G. Cantor	Mengenlehre
1885	H. Poincaré	Topologie
1889	G. Peano	Natürliche Zahlen
1899 ff.	D. Hilbert	Axiomatisierung der Geometrie etc
1904	E. Zermelo	Auswahlaxiom; Wohlordnungssatz
1910	E. Steinitz	Körpertheorie
1913	H. Weyl	Riemannsche Fläche
1915	A. Einstein	Allgemeine Relativitätstheorie
1919	F. Hausdorff	Hausdorff-Dimension
1920	E. Noether	Idealtheorie
1930	B. L. Waerden	Moderne Algebra
1931	K. Gödel	Unvollständigkeitssätze
1933	A. N. Kolmogorow	Wahrscheinlichkeitslehre
1975	B. Mandelbrot	Fraktale
1983	G. Faltings	Beweis der Mordellsche Vermutung
1993	A. Wiles	Beweis: Großer Fermatscher Satz
2002	G. Perelmann	Beweis der Poincaréschen Vermutung

Kurze Geschichte der Physikexperimente, Beobachtungen und Ideen

Nr.	Zeit	Person	Inhalt
1	ca. 250 v. Chr.	Archimedes (ca. 287 v. Chr. – 212 v. Chr.)	Auftrieb eines Körpers in Flüssigkeiten (Masse eines Körpers; Verdrängung im Wasser)
2	ca. 220 v. Chr.	Eratosthenes (von Kyrene) (276 v. Chr. – 194 v. Chr.)	Erdumfang (Kugelgestalt der Erde; Durchmesser der Erde)
3	1600	Galileis, Galileo	Fallende Körper; schiefe Ebene
4	1666	Newton, Isaak (1643 – 1727)	Spektrale Zerlegung des Sonnenlichts
5	1675/76	Römer, Ole (Dänemark) (1644-1710)	Erste Bestimmung der Lichtgeschwindigkeit (Beobachtung eines Jupitermondes) - (Erste Hinweise zur Endlichkeit der Lichtgeschwindigkeit bei Empedokles.)
6	1797	Cavendish, Henry (1731 – 1810)	Torsionsbalkenexperiment (Bestimmung der Gravitationskonstante und der Erdmasse)
7	1800	Young, Thomas (1173 - 1829)	Interferenznachweis bei Licht (→ Licht als Welle; Doppelspaltversuch); Versuchsdurchführung durch Augustin Jean Fresnel im Jahr 1822
8	1812	Arago, François (1786 – 1853)	Polarisiertes Licht kann interferieren; Nachweis der Lichtbeugung (Experiment in Folge von Überlegungen von Poisson (1781 – 1840))
9	1817/22	Fresnel, Augustin Jean (1788 – 1827)	Nachweis des transversalen Charakters der Lichtwellen (in Folge zu Überlegungen von Arago)
10	1819	Orsted, Hans Christian	bewegter elektrischer Strom erzeugt ein Magnetfeld
11	1839	Becquerel, Alexandre E. (1852 – 1908)	Photoelektrischer Effekt
12	1849	Fizeau, H.	Erste irdische Bestimmung der Lichtgeschwindigkeit
13	1851	Foucault, Jean B. L. (1819 – 1868)	Rotationsbestimmung der Erde mit dem Foucaultschen Pendel
14		Faraday	
15		Maxwell	Maxwellsche Gleichungen
16	1854	Riemann, Georg Friedrich Bernhard	Theorie der nichteuklidischen Geometrie
17	1873/74	Ferdinand Braun (1850 – 1918)	Halbleitereffekt (Gleichrichtereffekt bei Kristallen); später Kathodenstrahlröhre (Braunsche Röhre)
18	1887	Hertz, Heinrich (1857 – 1894)	Wellencharakter elektromagnetischer Strahlung
19	1887	Michelson, Abraham (1852 – 1931); Morley, Edward W. (1838 – 1923)	Äther; Lichtgeschwindigkeit
20	1892	Foucault	Bestimmt der Lichtausbreitungsgeschwindigkeit in Medien
21	1897	Thomson, J. J.	Entdeckung des Elektrons
22	1899/1900	Planck, Max	Gequantelte Energieübertragung mit $E = h \cdot f$; $h = 6{,}62606891 \cdot 10^{-34}$ J · s
23	1905	Einstein, Albert	Photoelektrischer Effekt / Brownsche Molekularbewegung; $E = m \cdot c^2$
24	1905	Einstein, Albert	Spezielle Relativitätstheorie (u.a.: c ist konstant; $E = m \cdot c^2$)
25	1910	Millikan, Robert A. (1868 – 1953)	Öltröpfchenexperiment zur Ermittlung der Größe von Elementarladungen
26	1911	Geiger, Hans; Marsden, Ernest; Rutherford, Ernest	Atomkernbestimmung
27	1915	Einstein, Albert	Allgemeine Relativitätstheorie: $R_{\mu\nu} - ½ \cdot g_{\mu\nu} \cdot R = 8\pi G T_{\mu\nu}/c^4$; $R_{\mu\nu}$: Ricci Krümmungstensorπ
28	1919	Eddington; Dyson	Nachweis der Lichtablenkung im Schwerefeld der Sonne
29	1919	Kaluza, Theodor	Idee einer vierten Raumdimension
30	1922/23	Compton, Arthur (1892 – 1962)	Streuung von Potonen an Elektronen (Teilchennatur der Lichtquanten)
31	1926	Klein, Oskar	Quantifizierung der räumlichen Zusatzdimension (nach Kaluza, 1919): 10^{-33} cm
32	1927	Heisenberg, Werner	Unschärferelation: $\Delta x \cdot \Delta p \geq h/2\pi$; $\Delta E \cdot \Delta t \geq h/2\pi$
33		Schrödinger, Erwin	Wellengleichung
34	1957	Wu, Chien-Shiung	Links-Rechts-Asymmetrieverletzung beim Betazerfall von Kobalt-60
35	1958	Mößbauer, Rudolf (1929)	rückstoßfreie Kernresonanzabsorption (Mößbauereffekt)
36	1959/61	Jönsson, Claus (1930)	Interferenz von Elektronen (Doppelspaltexperiment mit Elektronen)
37	1980	von Klitzing, Klaus (1943)	Quantenhalleffekt
38	1981	Binnig, G. (1947), Rohrer, H. (1933)	Tunnelrasterelektronenmikroskop
39	1982	Aspect, Alain (1947)	Nachweis der Verletzung der Bellschen Ungleichung bei verschränkten Photonen (Nachweis, dass die QM nicht als lokale Theorie verborgener Parameter verstanden werden kann bei gleichzeitiger Annahme eines überlieferten Realismus Verständnisses.
40	2001	Cornell, Ketterle, Wiemann	Nobelpreis für den Nachweis des Bose-Einstein-Kondensats

Zu IT-Denkern

***Person* mit Angabe der Lebenszeit**	**Beiträge und Wirkung**
Thales (624-546 v. Chr.); *Pythagoras* (580-500 v. Chr.) *Sokrates* (469-399 v. Chr.); *Platon* (428-348 v. Chr.) *Aristoteles* (384-322 v. Chr.); *Th. v. Aquino* (1225-1274)	Umfassende und zusammenhängende Beschreibung der Realität und des Denkens. Begründung philosophischer Kernideen.
Descartes, R. (1596-1650); *Pascal*, B. (1623-1662) *Newton, I. W.* (1642-1720);	*Descartes:* Grundsätzlicher Neubeginn im Denken. Über einen Prozess der radikalen Bezweiflung werden unhintergehbare Bezugsgrößen ermittelt. Ich als Ausgangsgröße; Idee einer Universalmathematik (mathesis universal). - ***Pascal:*** erste Addiermaschine
Leibniz, G. W. (1646-1716) *Euler, L.* (1707-1783)	***Leibniz:*** Umfassendes Konzept für eine Maschine, die intellektuelle Operationen vornehmen soll. 1703: Schrift zum dualen Zahlensystem; Überlegungen zu einem Konzept der „Möglichen Welten" (→ Modallogik); ***Euler:*** Beiträge zur Graphentheorie u. zur Beschreibung von Netzen.
Kant, I. (1724-1804) *Fichte, J. G.* (1762-1814)	Kritische (Selbst-)Beschreibung der Vernunft. Formulierung eines transzendentalen Philosophiesystems. Bestimmung der Grenzen reiner Verstandeserkenntnis.
Hegel, G.W. F. (1770-1831) *Schelling, F.W.* (1775-1854) *Babbage, C.* (1792-1871)	Ausgehend von Kant wird unter Beachtung einer Entwicklungslogik ein umfassender Systemansatz formuliert. ***Hegel*** beschreibt in der 'Wissenschaft der Logik' die folgerichtige Herausentwicklung der logischen Kategorien. ***Babbage*** 1833: erster Lochkarten-Rechner
Gauss, C. F. (1777-1855)	„Fürst" der Mathematik
Schopenhauer, A. (1788-1860) *Feuerbach, A. v.* (1804-1872); *Marx, K.* (1818-1883)	Fortführung der Überlegungen von 12 - 15 unter verschiedenen Einzelperspektiven.
Hamilton, W. R. (1805-1865); *Liouville, J.* (1809-1882) *Galois, E.* (1811-1832); *Graßmann, H.* (1809-1877)	***G.***: Abstrakte Theorie zu algebraischen Gleichungen (Gruppenbegriff)
Boole, G. (1815-1869)	Begründung der ***Boolschen*** Algebra: Bedeutsam für digitale Schaltungen.
Weierstraß, K. (1815-1897); *Cayley, A.* (1821-1895) *Kroneker, L.* (1823-1891); *Riemann, B.* (1826-1866) *Dedekind, R.* (1831-1916); *Lipschütz, R.* (1832-1903)	***C.***: Beschreibung von Netzen; ***K.***: Vorbereitende Überlegungen zur intuitionistischen Richtung in der Mathematik und Logik
Peirce, C. S. (1839-1914) *Lie, S.* (1842-1899); *Cantor, G.* (1845-1918)	***P.***: Überlegungen zur Logik (*Peirce*-Funktion = NOR-Funktion) ***L.***: Entwicklung der *Lie*-Gruppe ***C.***: Begründung der Mengenlehre
Frege, G. (1848-1925) Poincaré, J. H. (1854-1912) *Markow, A.* (1856-1922) *Peano, G.* (1858-1932) *Husserl, E.* (1859-1938) *Hilbert, David* (1862-1943) *Minkowski, H.* (1864-1909) *Hausdorff, F.* (1868-1942)	***Fr.***: Ansätze zur formalen Beschreibung der Sprache und der Logik (erste Ansätze zur Prädikatenlogik) („Begriffsschrift"); P.: Grundlegende Arbeiten zur Funktionentheorie. ***Markow (Markoff)***: Arbeiten zur Zahlentheorie; Wahrscheinlichkeitslehre; Algorithmentheorie ***Peano***: Axiomatische Begründung der natürlichen Zahlen ***Husserl***: Ausgehend v. *Bretano* Begründung d. „Philosophie als reine Wissenschaft" ***Hilbert***: Unter anderem Arbeiten zur Metamathematik (Begründung der Logik) ***Hausdorff***: Beschreibung der *Hausdorffschen* Mengen
Küpfmüller, Karl (1897-1977) *Russel, B.* (1872-1970) *Erlang, Agner K.* (1878-1929) *Wittgenstein, L.* (1889-1951) *Carnap, Rudolf* (1891-1970) *Nyquist, Harry* (1889-1976) *Wiener, Norbert* (1894-1964) *Piaget, Jean* (1898-1980)	***Küpfmüller***: Systemtheorie in der Nachrichtentheorie (1924) ***Russel***: (mit *Whitehead)* Entwicklung einer Typenlehre in der Logik („Principia Mathematica") ***Erlang***: Begründer der mathematischen Verkehrstheorie (Bedienmodelle) ***Wittgenstein***: Umfassendes Konzept z. sprachlogischen Beschreibung der Realität; ***Carnap***: Analyse von philosophischen Scheinsätzen; Überlegungen zur (Modal-)Logik ***Nyquist***: Beschreibung des Abtasttheorems; ***Wittgenstein***: Begründer der Kybernetik; Entwicklungen zur *Fourier*-Transformation; ***Piaget***: Begründer der genetischen Epistemologie; empirische Untersuchungen zu den der menschlichen Erkenntnis- und Logik-Strukturen
Tarski, A. (1901-1983) *Neumann, J. v.* (1903-1957) *Church, A.* (*1903) *Quine, W. v. O.* (1908-2001) *Kleene, S. C.* (1909-1994) *Zuse, K.* (1910-1995) *Austin, J. L.* (1911-1960) *Turing, A. M.* (1912-1954) *Shannon, C.E.* (1916-2001)	***Ta.***: Arbeiten zum Verhältnis von Semantik und Wahrheit („semantische Wahrheitsdefinition") und zu den Zylinderalgebren; ***Neu.***: Entwicklung der *Neumannschen* Rechnerarchitektur; Entwicklung von Flußdiagrammdarstellungen für die Programmierentwicklung; Erste Arbeiten zur sogenannten Quantenlogik (Wahrscheinlichkeitslogik); ***Church***: Nachweis d. Grenzen z. Lösung log. Probleme durch mechanische Verfahren; ***Quine***: Arbeiten zur Prädikatenlogik und besonders zum λ-Kalkül; ***Kleene***: Arbeiten zur Theorie der rekursiven Funktionen; ***Zuse***: Erster elektronisch realisierter Rechner ***Turing***: Konzeption der *Turing*maschine und des *Turing*tests zur Ermittlung der Intelligenz einer Maschine; ***Shannon***: Mathematische Konzeption der Information über den Begriff der Entropie
Mackie, John L. (1917-1981) *Dummett, M.* (* 1925) *Montague*, R. (1930 - 1971) *Searle, John R.* (* 1932); *Kripke, Saul A.* (* 1940) *Sneed, John D.* *Benacerraf, Paul*; *Zadeh, Lofti Asker* (*1906)	***Ma.***: Empirische Untersuchungen zur Geltung des Normativen ***Mo.***: Zur Theorie der natürlichen Grammatik ***Se.***: Begründung einer Sprechakttheorie ***Kr.***: Überlegungen zur Modallogik (Fortführung von Ideen von *Leibniz*) ***Sn.***: Umfassender strukturtheoretischer Beschreibungsansatz zur Erfassung der wissenschaftlichen Qualität von Theorien („rationale Rekonstruktion") ***Be.***: *Benacerraf:* Philosophie der Mathematik - seit 1973 erneute und vertiefte Frage nach der Wahrheit mathematischer Sätze; *Zadeh:* Arbeiten zur Fuzzy-Logik

Einschätzungen: Mathematik – Realität

1	Mathe ist wie Liebe: Eine einfache Idee, aber sie kann kompliziert werden. R. Drabek	11	Der Wissenschaftler findet seine Belohnung in dem, was Poincaré die Freude am Verstehen nennt, nicht in den Anwendungsmöglichkeiten seiner Erfindung. Albert Einstein
2	Ein Mathematiker ist eine Maschine, die Kaffee in Theoreme verwandelt. Paul Erdös	12	Das entscheidende Kriterium ist Schönheit; für hässliche Mathematik ist auf dieser Welt kein beständiger Platz. Godefrey Harold Hardy
3	'Offensichtlich' ist das gefährlichste Wort in der Mathematik. Eric Temple Bell	13	Es ist nicht gewiss, dass alles ungewiss sei. Blaise Pascal
4	Seit man begonnen hat, die einfachsten Behauptungen zu beweisen, erwiesen sich viele von ihnen als falsch. Bertrand Russell	14	Es kann nicht geleugnet werden, dass ein großer Teil der elementaren Mathematik von erheblichem prak-tischen Nutzen ist. Aber diese Teile der Mathematik sind, insgesamt betrachtet, ziemlich langweilig. Dies sind genau diejenigen Teile der Mathematik, die den geringsten ästhetischen Wert haben. Die "echte" Mathematik der "echten" Mathematiker, die Mathematik von Fermat, Gauß, Abel und Riemann ist fast völlig „nutzlos". Godefrey Harold Hardy
5	Ich glaube, dass es, im strengsten Verstand, für den Menschen nur eine einzige Wissenschaft gibt, und diese ist reine Mathematik. Hierzu bedürfen wir nichts weiter als unseren Geist. Georg Ch. Lichtenberg		
6	So kann also die Mathematik definiert werden als diejenige Wissenschaft, in der wir niemals das kennen, worüber wir sprechen, und niemals wissen, ob das, was wir sagen, wahr ist. Bertrand Russell	15	Insofern sich die Sätze der Mathematik auf die Wirklichkeit beziehen, sind sie nicht sicher, und insofern sie sicher sind, beziehen sie sich nicht auf die Wirklichkeit. Albert Einstein
7	Religion und Mathematik sind nur verschiedene Ausdrucksformen derselben göttlichen Exaktheit. Kardinal Michael Faulhaber	16	Ein Gesichtspunkt ist ein geistiger Horizont mit dem Radius Null. Bertrand Russel
8	Die Mathematik ist eine Art Spielzeug, welches die Natur uns zuwarf zum Troste und zur Unterhaltung in der Finsternis. Jean-Baptist le Rond d'Alembert	17	Mir wird applaudiert, weil mich jeder versteht, und Ihnen, weil Sie niemand versteht. Chaplin zu Einstein
9	Ich glaube nicht an Fügung und Schicksal, als Tech-niker bin ich gewohnt, mit den Formeln der Wahrscheinlichkeit zu rechnen. (...) Das Wahrscheinliche (...) und das Unwahrscheinliche (...) unterscheiden sich nicht dem Wesen nach, sondern nur der Häufigkeit nach, wo-bei das Häufigere von vornherein als glaubwürdiger erscheint. (...) Max Frisch (1)	18	Das Buch der Natur ist mit mathematischen Symbolen geschrieben. Galileo Galilei
		19	Nach unserer bisherigen Erfahrung sind wir zum Vertrauen berechtigt, dass die Natur die Realisierung des mathematisch denkbar Einfachsten ist. A. Einstein
10	Wissen hält nicht länger als Fisch. Alfred North Whitehead	20	Eine Mathematik, die in der Physik fruchtbar wäre (...) existiert bisher nicht. Carl Friedrich v. Weizsäcker (2)

Zitate: (1) Frisch (1994, S. 22); (2) Weizsäcker (2002, S. 166)

Bezüge / Literatur

Feynman, R., QED, Piper

Gößwein, A., Vogl, K., Funktionen im Reellen, Handwerk und Technik

Habetha, K., Höhere Mathematik für Ingenieure und Physiker (Bände 1-3), Klett

Rathgeber, C., Petersen, H.-J., Hübscher, H. et al., IT-Handbuch (Fachinformatiker/-in, IT-System-Elektroniker/-in), Westermann

Schwichtenberg, J., Durch Symmetrie die moderne Physik verstehen, Springer

Shannon, C. E., A Mathematical Theory of Communication, (PDF - Bell System Technical Journal/Internet)

Tietze, H., Gelöste und ungelöste mathematische Probleme aus alter und neuer Zeit, dtv

Wallace, D. F., Die Entdeckung des Unendlichen, Piper

Zitierte Werke

Frisch, M. (1994). Homo Faber. Frankfurt/Main: Suhrkamp Verlag

Weizsäcker (2002). Große Physiker. München: dtv

Autor / Kontakt

carsten.rathgeber@gmx.de

carstenrathgeber.wordpress.com

„Verschlüsselung“

Buchstabiertafeln (*: Deutsche Buchstabiertafel für Wirtschaft und Verwaltung)

Buchstabe	German	(*) Deutschland	English	American	NATO	International
A	Anton	Aachen	Andrew	Abel('eibel)	Alfa	Amsterdam
Ä	Ärger	Umlaut Aachen				
B	Berta	Berlin	Benjamin	Baker	Bravo	Baltimore
C	Cäsar	Chemnitz	Charlie	Charlie	Charlie	Casablanca
CH	Charlotte					
D	Dora	Düsseldorf	David	Dog	Delta	Dänemark
E	Emile	Essen	Edward	Easy	Echo	Edison
F	Friedrich	Frankfurt	Frederick	Fox	Foxtrot	Florida
G	Gustav	Goslar	George	George	Golf	Gallipoli
H	Heinrich	Hamburg	Harry	How	Hotel	Havanna
I	Ida	Ingelheim	Isaac	Item	India	Italia
J	Julius	Jena	Jack	Jig	Juliet	Jerusalem
K	Kaufmann	Köln	King	King	Kilo	Kilogramm
L	Ludwig	Leipzig	Lucy	Love	Lima	Liverpool
M	Martha	München	Mary	Mike	Mike	Madagaskar
N	Nordpol	Nürnberg	Nellie	Nan	November	New York
O	Otto	Offenbach	Oliver	Oboe ('oubou)	Oscar	Oslo
Ö	Ökonom	Umlaut Offenbach				
P	Paula	Potsdam	Peter	Peter	Papa	Paris
Q	Quelle	Quickborn	Queenie	Queen	Quebec	Quebec
R	Richard	Rostock	Robert	Roger	Romeo	Roma
S	Samuel	Salzwedel	Sugar	Sugar	Sierra	Santiago
Sch	Schule					
ß		Eszell				
T	Theodar	Tübingen	Tommy	Tare	Tango	Tripoli
U	Ulrich	Unna	Uncle	Uncle	Uniform	Uppsala
Ü	Übermut	Umlaut Unna				
V	Viktor	Völkingen	Victor	Victor	Victor	Valencia
W	Wilhelm	Wuppertal	William	William	Whiskey	Washington
X	Xanthippe	Xanten	Xmas	X (eks)	X-Ray	Xanthippe
Y	Ypsilon	Ypsilon	Yellow	Yoke	Yankee	Yokohama
Z	Zeppelin	Zwickau	Zebra	Zebra	Zulu	Zürich

Morse-Code

Steuerzeichen	Signalfolge
Verstanden	••• - •
Warten	• - •••
Abschluss	• - • - •
Irrtum	••••••••

Symbol	Morsesignalfolge
Auslassungszeichen'	• - - - - •
Bindestrich –	- •••• -
Bruchstrich /	- •• - •
Doppelpunkt :	- - - ••
Doppelstrich =	- ••• -
Fragezeichen ?	•• - - ••
Klammern ( )	- • - - • -
Komma ,	- - •• - -
Punkt .	• - • - • -
1	• - - - -
2	•• - - -
3	••• - -
4	•••• -
5	•••••

Symbol	Morsesignalfolge
A	• -
B	- •••
C	- • - •
D	- ••
E	•
F	•• - •
G	- - •
H	••••
I	••
J	• - - -
K	- • - •
L	• - ••
M	- -
N	- •
O	- - -
6	- ••••
7	- - •••
8	- - - ••
9	- - - - •
0	- - - - -

Symbol	Morsesignalfolge
P	• - - •
Q	- - • -
R	• - •
S	•••
T	-
U	•• - -
V	••• -
W	• - -
X	- •• -
Y	- • - -
Z	- - ••

Zeitdauer
• eine Zeiteinheit (ein „Punkt“)
- drei Zeiteinheiten (ein „Strich“)

Der Morsecode **ist kein Präfixcode**, da die einzelnen Codesymbole im Baum zum Teil Symbolfolgenanteile anderer Symbole sind.